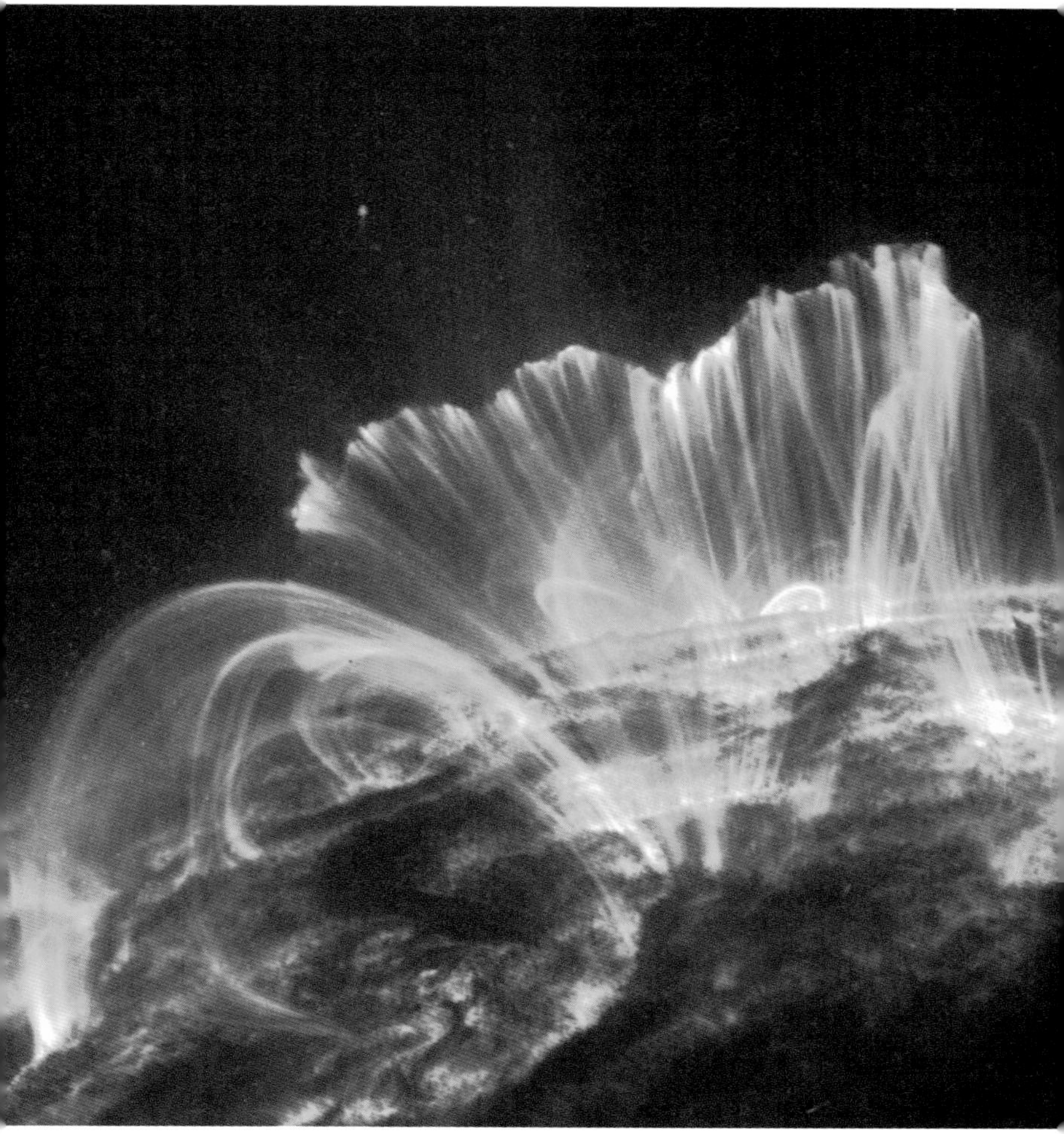

太陽面から立ち上がる、高温ガスを含んだ磁気ループのアーケード。太陽観測衛星 TRACE がとらえた画像。

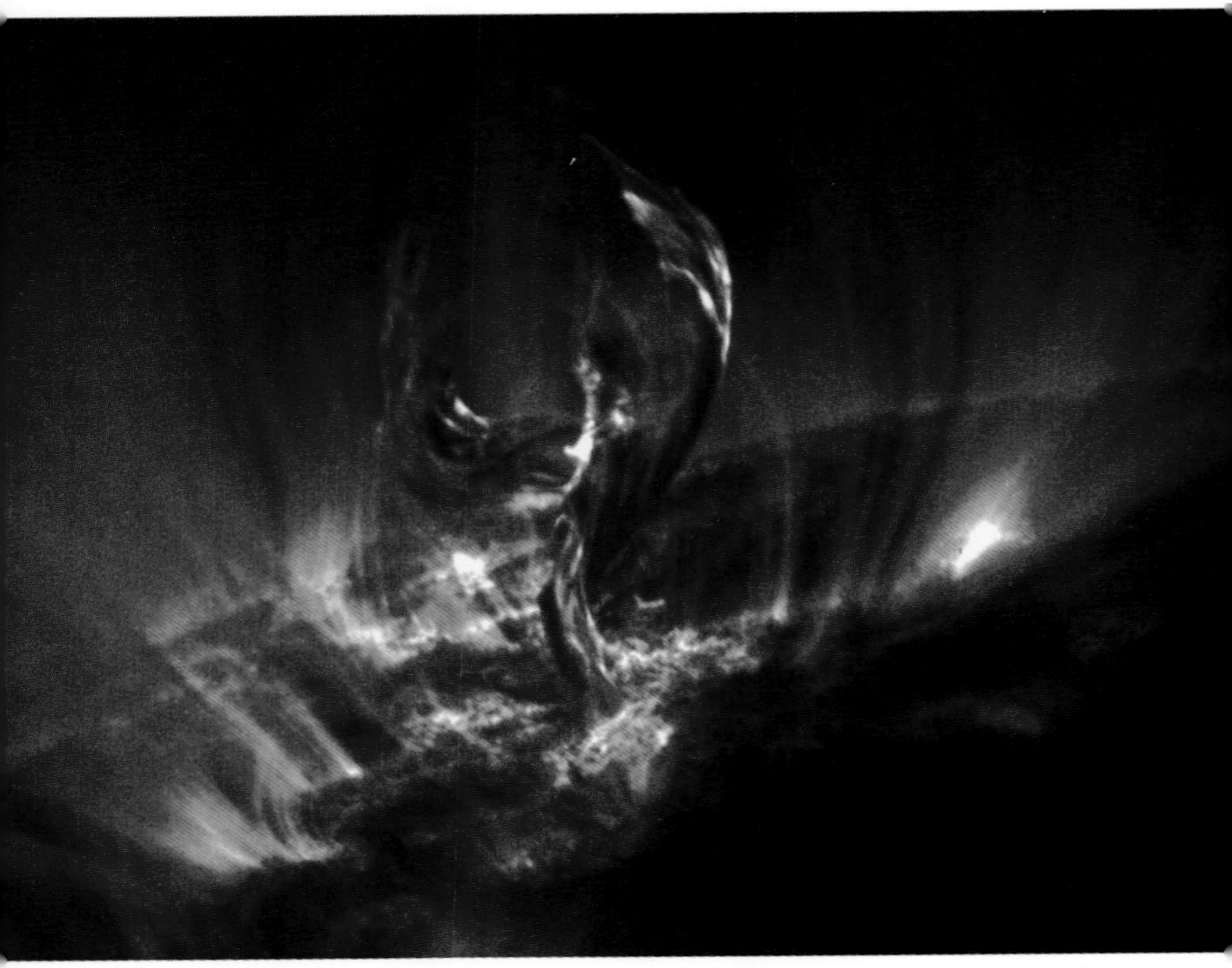

太陽面の磁気カオス。表面下から生じた磁気ループが最も高温のガスを封じ込めている。太陽観測衛星 TRACE がとらえた画像。

唯一神アテンラーの光のもとで祈る、ファラオのアクエンアテンとその正妃ネフェルティティ。

フィンランドでユハ・キンヌネンと娘のノーラが目にしたような、壮大なオーロラ。

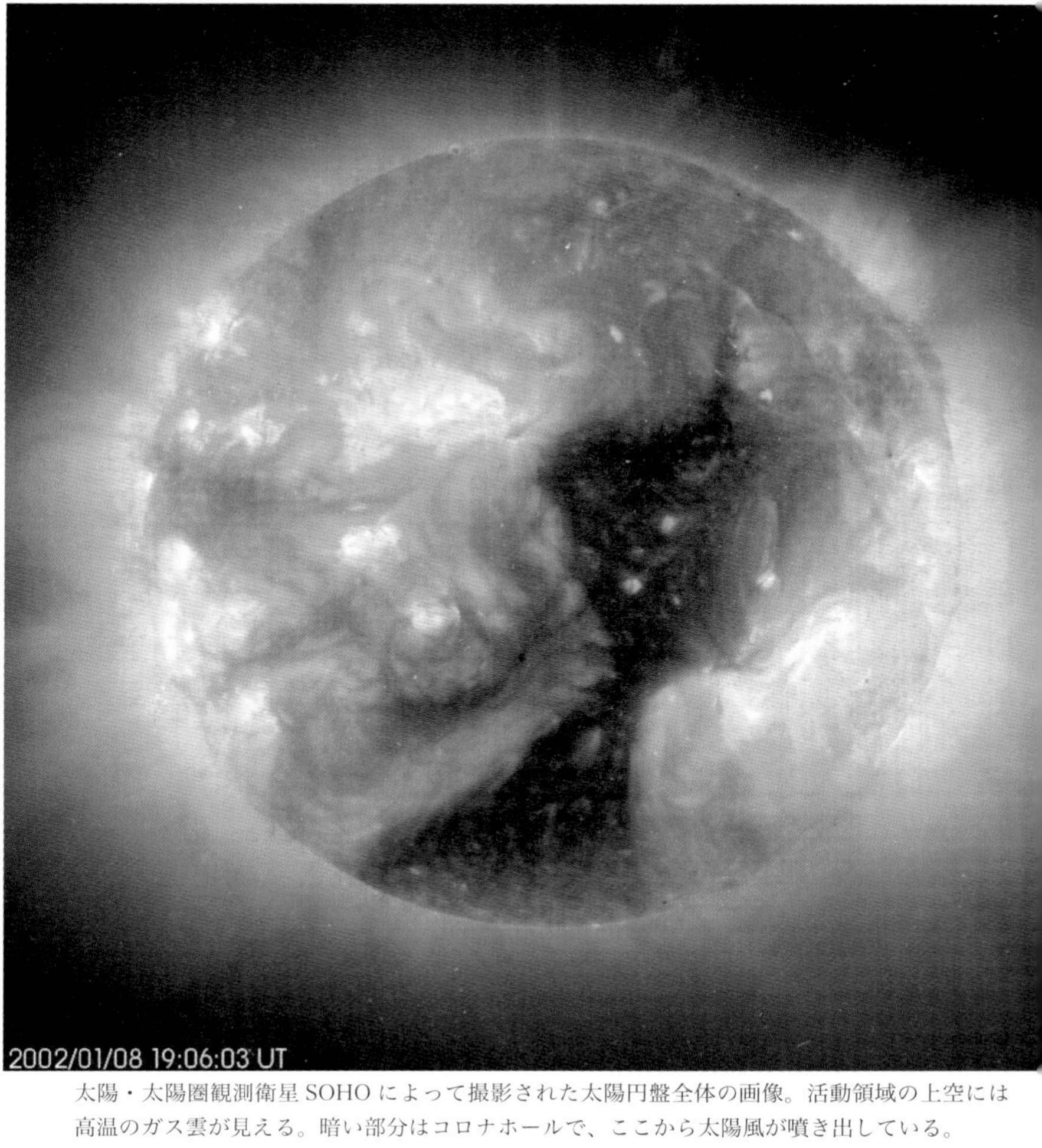

太陽・太陽圏観測衛星 SOHO によって撮影された太陽円盤全体の画像。活動領域の上空には高温のガス雲が見える。暗い部分はコロナホールで、ここから太陽風が噴き出している。

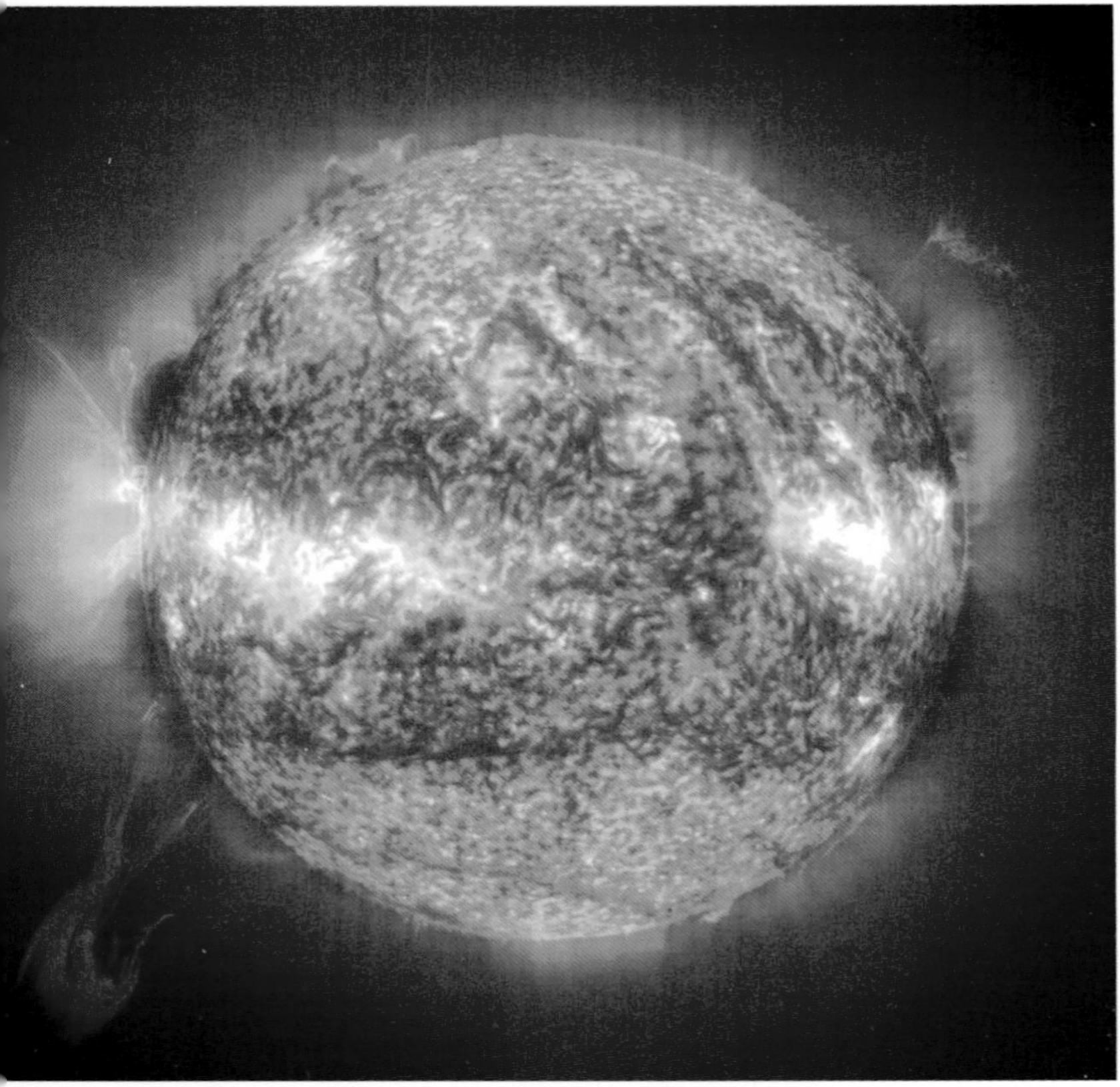

太陽の両側から巻き上がった巨大なプロミネンス。太陽・太陽圏観測衛星 SOHO に搭載された紫外線望遠鏡がとらえた画像。

太陽面から伸びた磁気ループの、ほぼ完璧な対称性。高温ガスによって満たされ、こうしたループが見られる場所では、磁気エネルギーの解放によって太陽フレア（太陽表面の巨大爆発）が生じる。

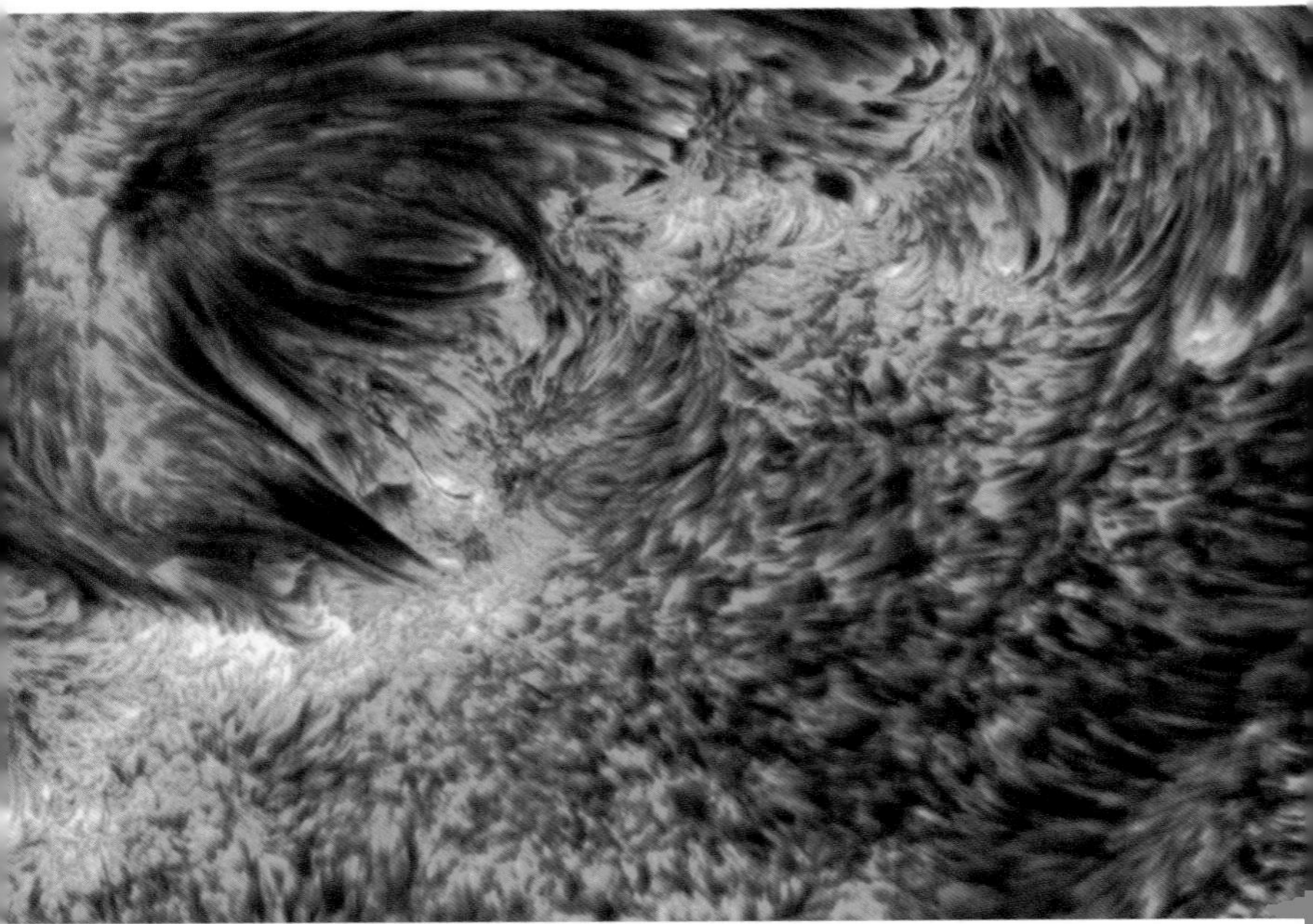

これまでに撮影された最も詳細な太陽面の画像のひとつ。ラ・パルマ島のスウェーデン太陽望遠鏡がとらえたこの神秘的なスピキュールは、幅がひとつの国くらい、長さが地球の直径の半分からそれ以上もある。

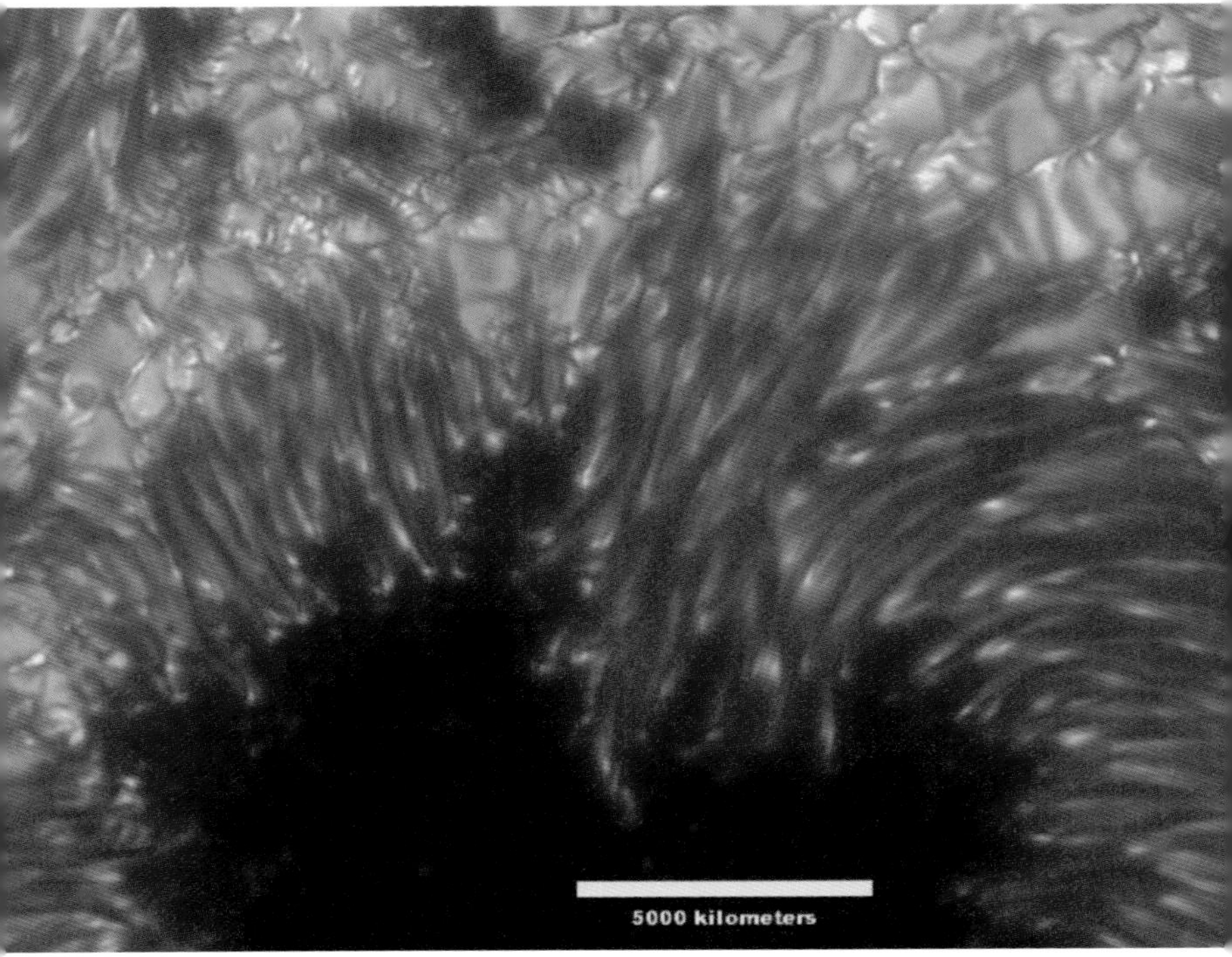

黒点の周辺部。湧き出してくる磁場が外向きのエネルギーの流れを抑制し、太陽の表面をわずかに冷やしている。スウェーデン太陽望遠鏡で観測したこの黒点は、地球より大きい。

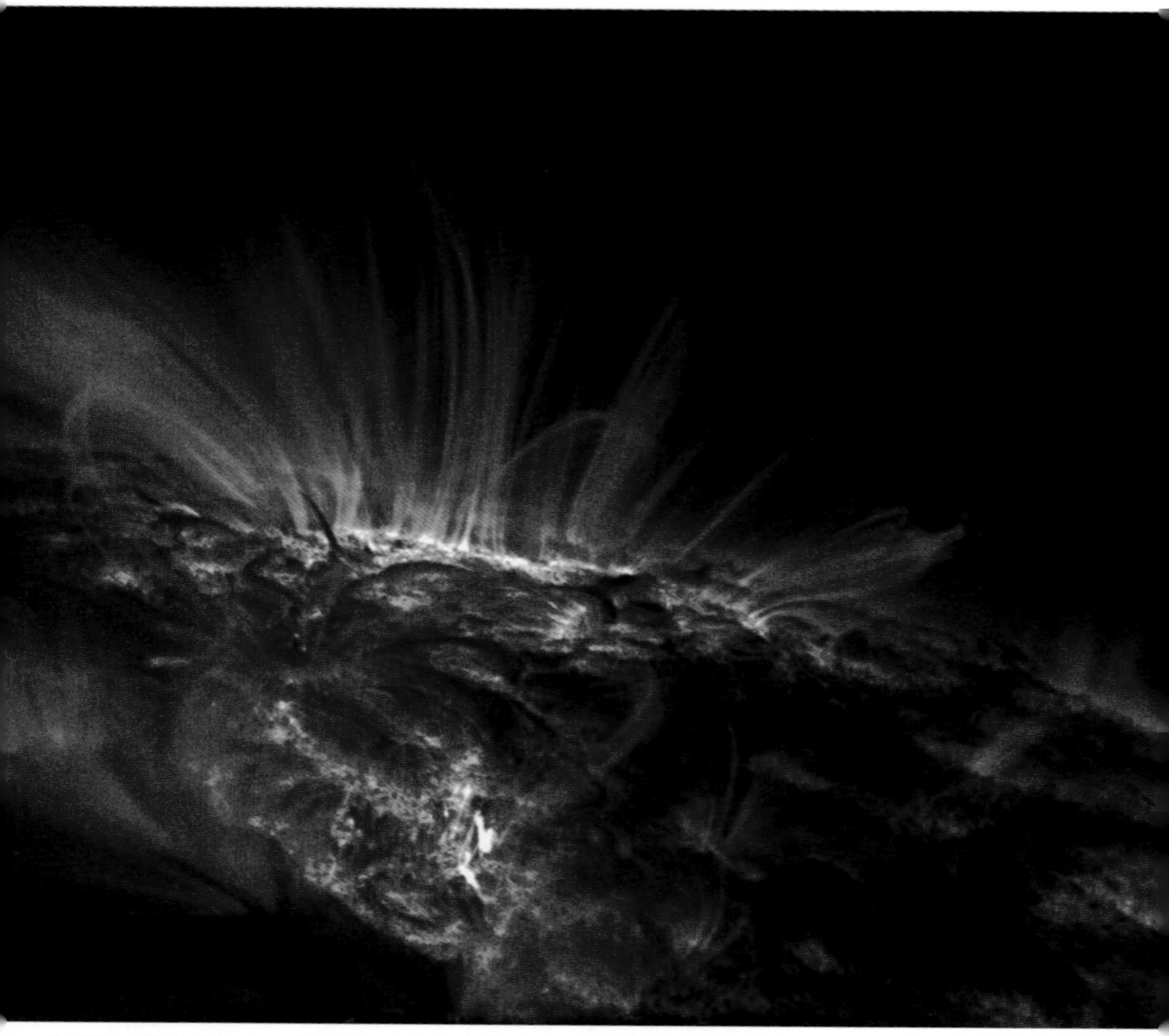

太陽面の磁気カオス。表面下から生じた磁気ループが最も高温のガスを閉じ込めている。太陽観測衛星 TRACE がとらえた画像。

太陽・太陽圏観測衛星 SOHO が撮影した画像を重ね合わせた、太陽のカラー合成画像。大小さまざまな規模の活動領域の上空に高温ガスの渦が見える。

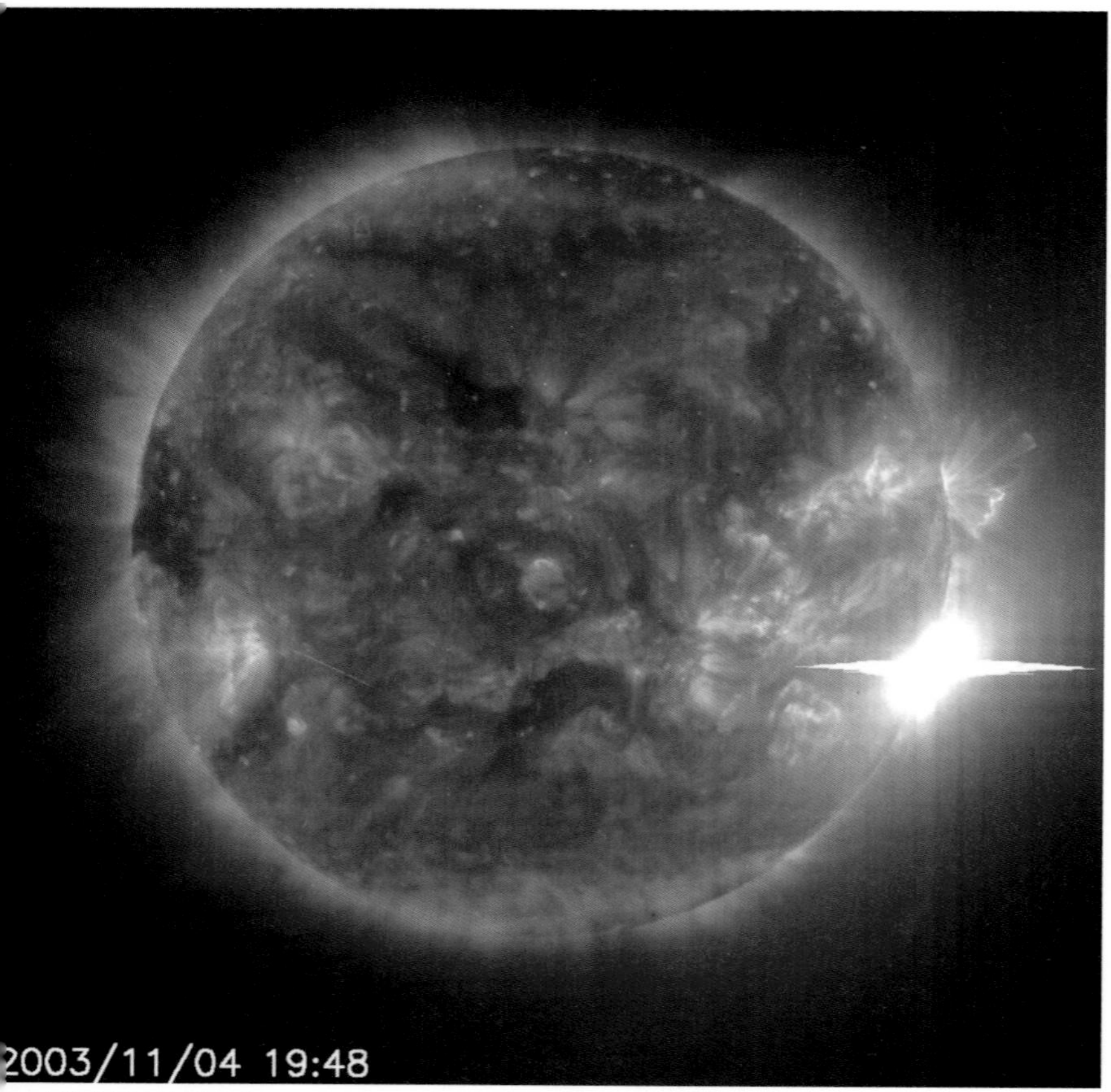

太陽表面から噴出する、これまでに観測されたなかで最大規模のフレア。2003 年 11 月 4 日に太陽・太陽圏観測衛星 SOHO がとらえた画像。

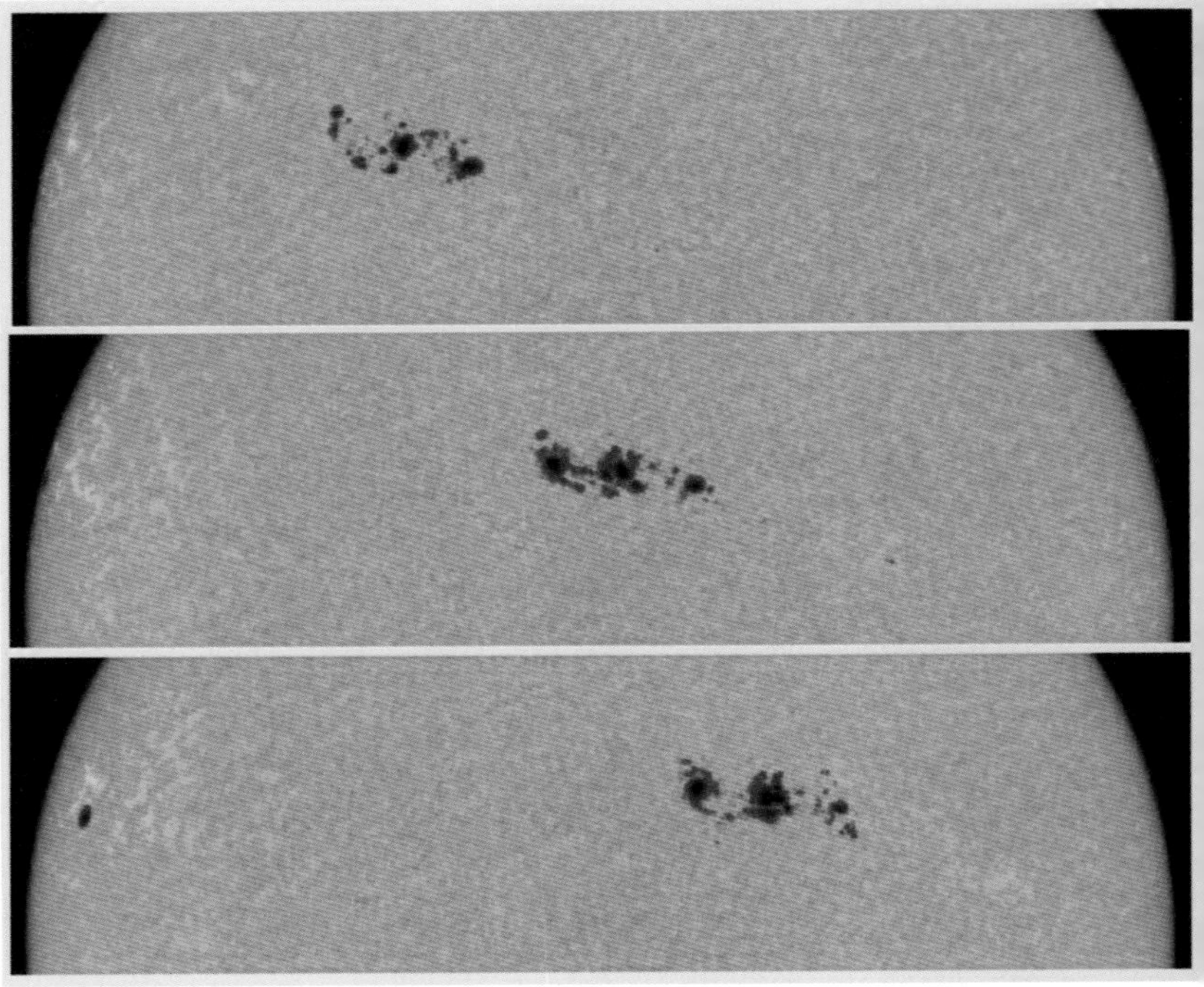

地球の大きさのほぼ10倍の領域を占める黒点。太陽の自転に伴って太陽面を移動し、上から順に、2002年7月15日、7月16日、7月17日に観測された画像を示している。

人類がはじめて太陽の威力を引き出した史上初の水爆実験と、太平洋のエニウェトク環礁。
1952 年 11 月 1 日。

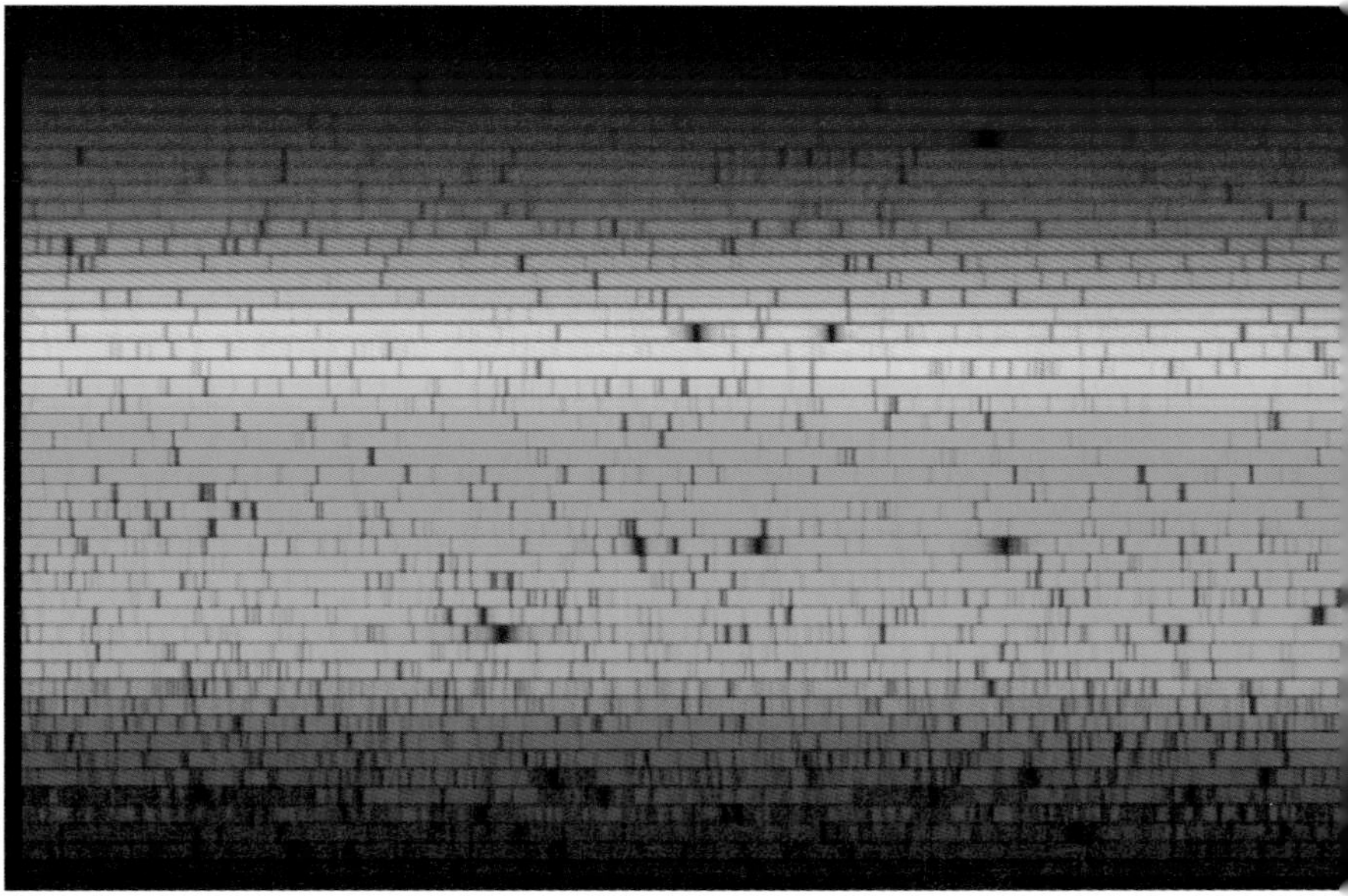

マクマス・ピアス太陽望遠鏡がとらえた、太陽スペクトルの目に見えるすべての色。黄色く光って見える私たちの恒星は、あらゆる色の光を放っている。

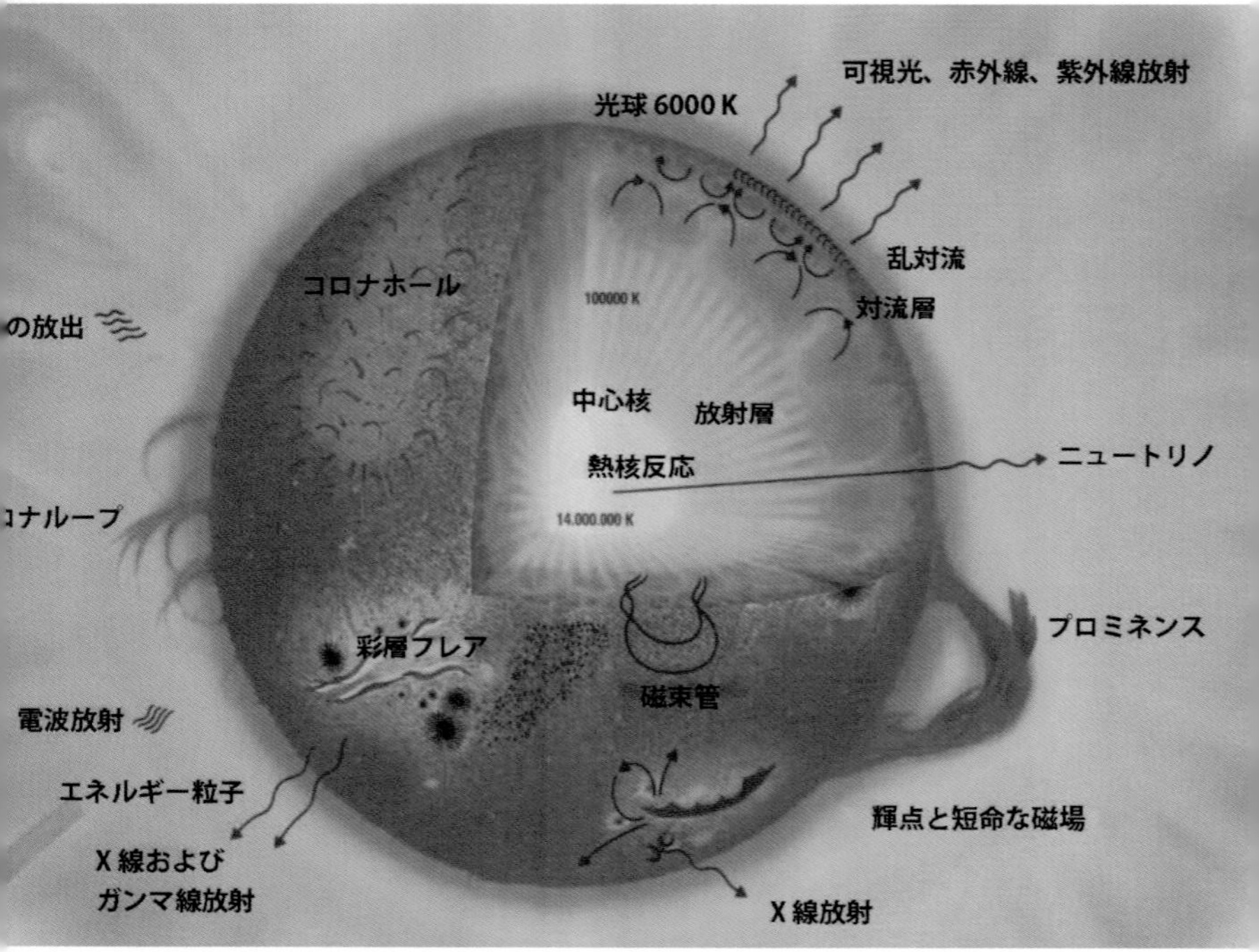

太陽の内部構造を示した図。特に、放射層と対流層のあいだの界面と表面の磁気現象を詳しく説明している。(『サイエンティフィック・アメリカン』誌より)

太陽の支配

神の追放、ゆがむ磁場からうつ病まで

DAVID WHITEHOUSE
THE SUN
A BIOGRAPHY

デイビッド・ホワイトハウス［著］
西田美緒子［訳］

築地書館

THE SUN : A BIOGRAPHY
by David Whitehouse

Japanese translation by Mioko Nishida
Published in Japan by Tsukiji Shokan Publishing Co., Ltd., Tokyo

はじめに

星のかけら

米国大統領、行方不明事件——一九八四年四月二十四日の午前、ロナルド・レーガンは大統領専用機エアフォースワンで太平洋上を飛んでいた。ホノルルのヒッカム空軍基地を離陸したのち、グアム経由で趙紫陽首相と会談を行なう中国に向かうところだ。だが機上の執務室でワシントンにいる補佐官と話している最中に、突然、回線が途切れた。エアフォースワンと外界との通信チャネルはすべて遮断されたと、パイロットが言った。世界最強の人物が一時間以上にわたって音信不通に陥った。

ソ連を責めてはいけない。彼らも同じく通信障害に手こずっていたのだから。だが大統領専用機のパイロットは十分に経験豊かで、何が起きているかをしっかり把握できていた。責められるべきは一億五〇〇〇万キロメートル離れた太陽だった。太陽の表面で黒点が帯状に連なり、その長さは二八万キロメートル以上、なんと地球の直径の二〇倍以上にもなっていた。活動領域４４７４に指定されたその発光領域は、すでに何日も前から天文学者たちの詳しい観測対象だった。観測する日は数多く、カリフォルニア州のウィルソン山天文台にある太陽塔望遠鏡、アリゾナ州のキットピーク国立天文台にある太陽観測塔、ニューメキシコ州のサクラメントピークにある太陽観測施設、世界中のいたるところに設置された電波望遠鏡、地球周回軌道を巡る衛星、数千人もの裏庭アマチュア天文家、といった具合だ。その太陽活動領域には電気エネルギーと磁気エネルギーが蓄積されて、フレアと呼ばれる巨大爆発現象が起きており、強力な電磁波の放射、非常に稀な白色光フレア、そして観測史上最強のX線放射が見られた。十一年という通常の太陽活動周期に沿って、それまでの数年は太陽表面の活動が弱まったのだが、再び劇的に活動を活発化させていたのだ。

天文学者たちの観測によれば、活動領域４４７４は数十億メガトンの水素爆弾に相当する爆発によって太陽大気を摂氏数千万度の高温に熱し、一兆キログラムものガスを宇宙に放出していた。放出されたガス雲がそこに封じ込められた磁気エネルギーとともに地球に達し、その磁場が地球の磁場を攪乱して、いわゆる磁気嵐を引き起こしたために、無線通信のブラックアウトが発生したというわけだ。だがその程度のエネルギーは、人間の尺度で考えれば巨大なものであっても、太陽が放出しているエネルギー全体から見ればほんの小さなゆらぎで、太陽がたった一〇〇分の一秒間に放出する量にすぎない。それでも、そのエネルギーのすべてを地球上でとらえることができたなら、人類が必要とするエネルギー一万年分を確保できてしまう。太陽のことを知ると、私たち人間が求めているエネルギー、そして手にしているエネルギーの量など、どれだけちっぽけなものかと思い知らされるばかりだ。

活動領域４４７４のフレアは、太陽活動周期のピークだった一九八〇年から地球を周回していた人工衛星ソーラーマックス（ＳＭＭ）によって観測された。ＳＭＭには最先端の太陽観測機器が搭載され、なかでもフレアとその放射総量の観測に重点が置かれていた。興味深いことに、最初の五年間のデータによれば太陽はゆっくりと暗くなりつつあり、わずかではあるが一年ごとにはっきりした割合（〇・〇二パーセント）で明るさを失っている。これについては頭を悩ます天文学者もいて、太陽はずっと暗くなり続けるのか、あるいは周期的な現象にすぎず、また少しずつ明るくなるのか、疑問の余地があると考えている。ロケットと気球による観測結果も活動の衰えを示し、さらに謎が深まっている。

通信障害が起きた四月のはじめには、スペースシャトル・ミッション41－CがSMMに到達し、修理を済ませていた。SMMはミッション開始後まもなく故障していたので、宇宙飛行士たちは史上はじめて宇宙空間で衛星を捕獲し、シャトルの貨物室に引き入れ、修理を完了させてから再び軌道に戻したのだ。さいわい、シャトルは四月十三日に地球に帰還したため、太陽表面の巨大爆発によって乗組員が危険にさらされるという問題は回避することができた。ただ――その当時は重要性がはっきりわからなかったのだが――帰還後の検査で、そのスペースシャトルには「右側ノズル接合部でのプライマリOリングの摩耗」とされる現象が起きていた。二年後、そのシャトル「チャレンジャー号」は、右側固体燃料補助ロケットのOリングの破損によって爆発を起こし、乗組員の命が奪われることになった。そのミッションの機長ディック・スコビーは、SMMを修理したミッションにも乗組員として搭乗していた。

人類は太陽の気まぐれによって生まれた。大統領も太陽の前では力をもたず、地球周回軌道を巡る宇宙飛行士は太陽に比べていかにも弱々しく、つねになすがままだ。太陽が放つ力に応えて地球は震え、揺れる。太陽活動のわずかな変化が地球を温めたり冷やしたりし、気候帯を動かし、緑豊かな大地を砂漠に変え、文明の運命を、おそらく私たち人類の運命も含めて、変えてしまう。

では、太陽はいったいどこからやってきたのだろうか。そして、どれくらい長く燃え続けるのだろうか。

太陽の支配　目次

1　おあつらえ向きの星

誰もがよく知っているとおりに、きょうもまたやってくる——一日の幕開けを告げる瞬間が。エジプトの太陽神ラーは黄泉《よみ》の国の旅を終え、サソリと対峙したのちに勝利して戻ってきた。インカ帝国の太陽神インティも再び姿を見せ、人々に人身御供《ひとみごくう》を求める。コンゴの全知の神ンザンビは、世界をもう一度見渡すと、自分が不在のあいだに旅立った霊を冷静に数える。若く美しいギリシャの太陽神ヘリオスは戦車の上で長い衣をなびかせながら、手綱を引いて四頭の白馬に命令を下す。パイロア、エオス、エトン、フレゴンの四頭はたてがみを振るうと、神々が見守るなか、大洋オケアノスの岸辺から大空に向かって跳躍するのだ。一〇八の名をもつインドの太陽神スーリヤは、五頭の馬を駆って戦車を走らせるので、すべての人々がその英知と仁愛を目にすることができる。

コート・ダジュールで、ボンダイとマリブのビーチで、日光浴を愛する人々が敬意を表そうと待ち構える。大切なトウモロコシを育てているブラジルの農民は、きょう一日の日差しが厳しすぎないことを願う。南アフリカでは朝靄《あさもや》に包まれたブドウの木から実を一粒もぎとって味見をした人が、「もっと日光が必要だ」とつぶやく。夏の太陽が生み出す熱によってアラビア海から蒸発した水分が、巨大な雲となり、インド亜大陸に雨季の到来を告げる。葉は太陽の光を浴びて炭水化物を作りはじめる。日光を原動力として地球全体を巡る海流は、海岸線から氷を押し流し、温暖な地域を生み出す。そして地球上のどこに行っても、日の出は一日の仕事をはじめる合図だ。

きょうも南極大陸の沿岸に点在する観測基地で、カナダとスカンジナビアの北部で、大勢の人々が夜空に揺れる緑や赤の光を見つめている。航空機のパイロットは放射線の増加に対応して飛行経路を調整し、エンジニアは大陸横断パイプラインの点検を怠らず、制御装置が電力網の継電器に目を光らせ、衛星の運用担当者は神経質に画面を見つめる。

太陽に退屈な一日など存在しない。おびただしい数の天文学者と宇宙探査機が、来る日も来る日も、つねに変化するその表面を研究している。温度ごとに色分けされた画像は、基本的な力が支配する領域でいくつもの特徴が生まれたり消えたりする様子を伝えてくれる。そこにあるのは驚くべき世界、地球より大きい黒点、地球一〇個分もの高さに燃え上がる超高温ガスのループ、想像を絶する規模の爆発、物質がもつ神秘に満ちた謎だ。

あらゆる場所で太陽観測

ニューメキシコ州のサクラメントピークにある米国立太陽天文台では、巨大な太陽光反射鏡――ヘリオスタット――が回転しながら、巨大な長い筒に太陽の像を導いている。気流によって像が歪むことがないよう真空に保たれたその筒を、サングラスをかけた天文学者たちが取り囲む。アリゾナ州のキットピーク国立天文台でも世界最大の太陽望遠鏡マックマス・ソーラー・テレスコープが昇る太陽を見つめ、カリフォルニア州パサデナにあるビッグベア太陽天文台も同じだ。この天文台は高地の湖のなかに突き出た場所にあるため、低温によって望遠鏡を取り囲む気流が安定しており、より鮮明な画像を見られるようになっている。

フランスのナンセ電波ヘリオグラフも、数多くのパラボラアンテナを太陽に向けて、太陽を取り巻く高温ガスからの電波放射を丹念に調べている。カール・ジャンスキーVLA（超大型干渉電波望遠鏡群）――ニューメキシコ州にあるY字型に配置された一連の電波望遠鏡――の二七基のパラボラアンテナは、その高い性能を活かして太陽面の爆発現象をとらえ、ラ・パルマ島のスウェーデン太陽望遠鏡は黒点に注目してこれまでになく詳細な画像を提供する。太陽天文学者たちはこうした施設のおかげで、直径が一四九万キロメートルもある巨大ガス球上で長さ七〇キロメートルという細部を観測し、写真に残すことができる。

地球の太陽側で重力が安定した点に静止している太陽・太陽圏観測衛星SOHOにとって、日の出は存在しない。この衛星のセンサーはさまざまな事象を観測するとともに太陽の外層をさざ波のように揺らす音波を追跡しており、それによって摂氏六〇〇〇度の表面の下に何が隠されているかについて、多くのことがわかってきている。その情報は、異なるセンサー群を搭載した太陽観測衛星SDO（ソーラー・ダイナミクス・オブザーバトリー）と、さらに太陽周回軌道上で地球側とその反対側を巡る二機が対《つい》になった太陽観測衛星STEREOとも共有されている。これらの衛星は太陽面で起きている爆発の3D画像を作り上げることによって、そうした爆発が地球の方向に向かうかどうかを判断する役割を果たしているのだ。このように太陽系のあちこちに数多くの宇宙探査機が投入され、太陽から絶えず放出される粒子のサンプリングを続けている。

創世記には「二つの大きな光」という記述があって、大きい光は昼をつかさどるもの、小さい光は夜をつかさどるものだ。私たちの昼は、おしなべて太陽に支配されている。どんな文化も文明もそのことを知っていた。古代世界では、唯一の神であれ多くの神のひとりであれ、太陽はつねに最強の存在だった。神！　たしかに、私たちはその姿を見つめることができない。マヤ文明の太陽神キニチ・アハウは、寄り目の姿に描かれた。でも私たちが腕を伸ばせば親指だけでこの神を覆い隠せてしまう。そこに地球を一〇〇万個入れられるほど大きいこともわかっている。それでもまだ太陽は私たちのすべてを支配しているのだから、ある種の神なのだろう。この広い宇宙のなかで、私たちにとって地球のほかに必要なものは太陽だけだ。ほかに何もなくてもやっていける。ほかの惑星や恒星や銀河がひとつ残らずなくなったとしても、問題はない。でも太陽だけは、なくてはならない存在で、ほとんど真っ暗闇の宇宙のなかで温もりと安全とを私たちにもたらしている。

ある意味、現代は太陽を扱う科学にとっての黄金期だと言える。人類は目覚ましい発見をし、驚くような新しい機器と衛星を揃えて太陽の最深部に潜む秘密を探査できるようになり、その運命を解明した。おそらく私たち自身の運命をも知った。本書にこれから登場することになる科学者のアーサー・スタンレー・エディントン卿は、それほど遠くない将来に恒星のような単純なものを理解できる望みがある、と書いている。そして今日、私たちはそれを理解していると考えられる。エディントン卿はまた、私たち人間は偶然に冷えた星屑、壊れた恒星のかけらであるとも書いた。それについても本書でこれから見ていく。

太陽に似た星たち

広い宇宙には、私たちの太陽と同じような別の恒星がある――ちなみに、そうした星は宇宙全体に数えきれないほどたくさん存在している。太陽はごく平均的な恒星で、おあつらえ向きの星と表現してもよく、熱すぎることも冷たすぎることもない。長持ちして行儀がよく、おそらく私たちが存在する理由はそこにあるだろう。また、私たちの太陽は単独で存在しているのに対して、ほとんどの恒星はそうではないように見える。

広大な宇宙のなかで、地球から最も近い恒星系を見てみよう――ケンタウルス座アルファ（α）星だ。太陽系から四・三五光年（およそ四一兆キロメートル）離れた場所にあり、互いを巡る三個の恒星をもつ。ケンタウルス座α星Aとケンタウルス座α星Bの二つが連星で、互いを八十年かけて公転している。三つ目のケンタウルス座α星C（地球から最も近いことからプロキシマ・ケンタウリと呼ばれることが多い――プロキシマは、「最も近い」という意味のラテン語）は、二つからは遠く離れた矮星《わいせい》で、百万年ほどするとこの恒星系から完全に離れてしまうかもしれない。ケンタウルス座α星Aは太陽によく似たG2V型黄色矮星だ。夜空で四番目に明るく輝く星だが、それだけ明るく見えるのは地球の近くにあるからにすぎない。

いわゆる太陽類似星――私たちの太陽とほぼ同じ恒星――はほかにもあって、一部をあげるだけでも、LQ Hydra、HD 44594、HD 190406、はくちょう座16番星A、そして最もよく似ているさそり座18番星などがある。つまり私たちの太陽の物語は、これまで宇宙のいたるところで繰り返されてきたし、今も繰り返されているわけで、唯一無二というわけではない。そのため、私たちがいる天の川銀河に散らばった星々のなかに、また地球から見える最も遠い銀河から届くわずかなきらめきのなかに、太陽によく似た恒星が存在していることになる。この宇宙で何かが起きれば、ほとんどの場合その光が届く範囲に太陽型恒星がある。その一生は典型的なものだとはいえ、それでもなお驚くべきものであることに変わりはない。

比較的最近になるまで、太陽以外の恒星を巡る惑星があるかどうか、よくわかっていない状態だったが、ここ数十年のあいだにその考えはすっかり変化した。今では地球に近い恒星の多くが、木星のような巨大ガス惑星、さらにもっと小さい岩石の惑星をもつことが明らかになっている。今後は宇宙ベースの天文台がそうした惑星を見つけていけるだろう。さらに、若い恒星を円盤状に取り囲んでいる塵《ちり》も見え、それらはやがて惑星になると考えられている。私たちの太陽につき従っている惑星群は、たしかに宇宙では無二の存在ではなく、生命についても、さまざまな形態のものが太陽に似た黄色矮星の光のもとで暮らしているのだろう。私は宇宙が生命で満ちあふれていると信じてやまない。事実、太陽のような恒星が宇宙の生命の源となり、生命が誕生して繁栄するための条件を作り出している可能性がある。もし人類が、この太陽系の外にある恒星のもとで育まれた地球外知的生命体と連絡をとれるなら、多くの共通点があると気づくことになるだろう。そしてその共通点のひとつは、生みの親である太陽だ。

今では私たちの太陽に似た恒星が生まれる様子、それらが死んでいく様子を見ることができ、そうした観測結果から太陽が今後どうなっていくかもわかっている。もし私たちが地球外知的生命体に出会えるとするなら、それはずっと古くからあったものだろう。人類が天空で生命の兆しを探したり、自分たちがいるという合図を宇宙に向かって発信したりする技術を手にしたのはつい最近のことで、見つかる確率はそれより長く存在してきた文明のほうが高いからだ。そのような生命体は、自分たちの太陽の周辺での暮らしについてだけでなく、ある日そのもとを去らなければならなくなった経緯も話してくれるかもしれない。彼らの太陽だった恒星は宇宙がまだ若いうちに生まれたもので、その寿命は終わりを迎えているはずだ。それでも、私たちの太陽の寿命が尽きるのはまだまだ先の話。太陽誕生の物語にとりかかる前に、まずは宇宙全体を見渡して、私たちの小さな星が生まれた背景をおさらいしておくことにしよう。

2 通常物質と暗黒物質が混じり合った世界

まるでビロードを敷き詰めたような暖かい夏の夜空でも、暗く凍える十一月の夜空でも、雲のない日に見上げれば数千個の星を肉眼で見ることができる。でもそれらは私たちが住む天の川銀河のなかの、地球から近いほんの狭い範囲にある星だけだ。天体望遠鏡を覗けば数十億の銀河から届く広大な範囲の光が見え、それぞれの銀河にはさらに数十億個の星が集まっている。

そして天文学者たちは、宇宙には輝いて見える星だけでなく、もっともっとたくさんのものがあることを理解している。宇宙の大半は暗闇で、光を発しない物質でできており、その性質について私たちは苛立たしいほど何も知らない。そこに重力があるから存在していることはわかっているのに、見えないのだ。地球という惑星から宇宙空間を眺めると、宇宙の微量成分や不純物でできた恒星と惑星がポツポツと散らばっているだけに見える。だが宇宙には、謎めいた暗黒エネルギー（宇宙全体のおよそ七〇パーセント）および未発見の暗黒物質《ダークマター》（同じく二五パーセント）が存在する。原子は物質のおよそ五パーセントを占めているにすぎない。宇宙には、目に見えないもののほうが多く存在しているというわけだ。

こうした不可解だが興味をそそる状況（宇宙の全容がほとんど解き明かされてしまったら、どんなに退屈なことだろう）はあるものの、私は恒星が原子と同じように基本的な存在だと思っている。宇宙の深奥に目をこらすと、私たちがいる天の川銀河の周縁部で、また銀河と銀河のあいだにある広大な空間で、恒星が放つ光を見ることができる。そうした恒星の集まり――銀河――と、それら銀河の配置を通して、宇宙をあらわす天体図を描くことが可能になる。さらに惑星と生命そのものも、恒星から生まれることになる。恒星はほとんどどこにでもあるが、これまでずっとその状態が続いていたわけではない。太陽の話をはじめる前に、宇宙が何の特色ももたず、ただの真っ暗闇だった時代に戻ってみる必要がある――恒星が生まれる前の時代だ。

恒星が生まれる前

今では、物質、空間、エネルギーのすべてがビッグバンで誕生したと考えられている。それは百三十七億年ほど前に起きた出来事だった。ビッグバンの瞬間には、あらゆるものが、どんな測定も不可能なほど高い熱をもっていた。エネルギーと物質、空間と時間は、区別がつかず、互いに置き換えが可能なものだった。最初の一秒もたたないうちにプラズマと呼ばれる超高温ガス――太陽はこの超高温ガスでできている――が冷やされ、エネルギーから凝縮されたクォークと呼ばれる粒子が組み合わさって陽子と中性子が生じた。原子の構成要素だ。およそ三分が経過したころ、中性子のほんの一部が陽子と結合する。それから数十万年ほどのあいだは摂氏約一〇億度という超高温の状態が続いたために、通常の原子は形成されなかった。

およそ三十万年から四十万年が過ぎると、高温のプラズマがようやく冷えて原子核が電子と結びつくようになり、水素とヘリウムの原子が誕生した。それから宇宙は暗黒時代に突入し、存在するのはガス、暗黒物質、そして重要な重力のみという状態が続く。

現在、電波望遠鏡によってビッグバンの名残をとらえることができる。宇宙マイクロ波背景放射と呼ばれる、天球の全方向からやってくるマイクロ波だ。宇宙誕生の残響とも言えるこのマイクロ波は、ビッグバンからおよそ三十八万年後、はじめて原子が形成されたころに発せられたもので、その特性から初期の宇宙は驚くほど滑らかだったことがわかる。だが拡大しながら冷えていったプラズマガスのわずかな密度のゆらぎが、宇宙全体の原初の物質分布にむらを生じさせたのだろう。その約九割は暗黒物質だった。

今では暗黒物質は通常物質（私たちを作り上げているもの）と分かれており、おもに銀河の外縁部と銀河間空間にあると考えられているが、宇宙誕生からまもなくのころには両者が混じり合っていた。そこに重力が作用して、暗黒物質の「種子」から細い糸とシートのネットワークが形成された。宇宙膨張の初期段階には、ある意味、宇宙全体に絹糸のような拡散物質の網目が、まるで蜘蛛《く も》の巣のように張り巡らされたのだ。こうして暗黒物質の重力によって蜘蛛の巣が作られるにつれて、水素とヘリウムがガス雲を形成し、それが約一〇万－一〇〇万太陽質量の巨大な雲に分裂していった。その直径はおそらく三〇－一〇〇光年で、大量の暗黒物質を含んでいたと考えられる。

そのガス雲が自らの重力で収縮していくにつれ、圧縮によってガスの温度は一〇〇〇度以上まで上昇しただろう。一方、熱せられたガスのなかで二個の水素原子が結合して水素分子になると、赤外線放射のかたちでエネルギーが拡散し、ガス雲の最も密度の高い部分の温度を下げる役割を果たした。その後、通常物質がつぶれるように平らになって、薄く回転する塊を形成していく。渦巻銀河の模型に似た円盤の形になったかもしれない。このようにして通常物質は暗黒物質から分離し、暗黒物質は放射がないために簡単にはエネルギーを失わず、宇宙全体に散らばってとどまった。通常物質の円盤の内部では最も密度の高いガス塊が収縮を続け、やがてその一部が暴走して崩壊すると、最初の恒星が生まれた。ただし最初の恒星は、私たちが現在見ているようなものではなかった。私たちの太陽は巨大恒星の子孫にすぎない。

初期の恒星の強烈なエネルギー

最初に恒星を形成したガス雲は、現在の恒星を形成しているガス雲よりはるかに高温だった。それらの恒星には塵の粒子や重い元素がないが、そうした粒子や元素は現在の恒星にはごく普通にあって、ガス雲を冷やす役割を果たしている。その結果、宇宙で輝いた初期の恒星は途方もなく巨大で明るく、それらが宇宙の歴史の道筋を変えることになった。ビッグバンから一億－二億五千万年後に生まれた初期の恒星の出現は重大な意味をもつ。それらが宇宙の生態のバランスを再び取り戻したのだ。

初期の恒星は私たちが目にしている恒星よりも大きく、高温だったが、基本的には太陽と同じ方法でエネルギーを獲得していた。すなわち核反応によるもので、軽い粒子が融合して重い粒子になるときに少しずつ放出されるエネルギーの集まりだった。コンピューターのシミュレーションによれば、初期の恒星の表面温度はおよそ摂氏一〇万度で、太陽表面温度の一七倍ほどあったと考えられている。

つまり、宇宙で最初に輝いた星明かりは強烈で、おもに紫外線だったはずだ。その結果として、初期の恒星の集まりの周辺にあった水素とヘリウムのガスが熱せられ、電子が飛び出しはじめたのだろう——この作用を電離と呼ぶ。こうした紫外線放射によって電離ガスの泡《バブル》が生まれ、恒星の数がどんどん増えていくにつれて泡はどんどん大きくなっていった。その後いくつもの電離ガスの泡が結合し、紫外線放射のパワーは宇宙のほぼ全体に行きわたった。

初期の恒星の寿命は比較的短く——わずか数百万年で——やがて爆発した。恒星——超新星——の爆発は、宇宙で最も劇的な事象のひとつだ。とてつもなく明るく、現在でも私たちは宇宙のはるか彼方の超新星爆発を見ることができるのだから、初期の巨大恒星が爆発したときにはどれほどの激変が起きたことだろうか。それはあまりにも強烈な光とエネルギーを発したので、もっていた核燃料をまたたく間に使い果たしてしまったはずだ。燃料を消費するにつれて、重い元素（おもに鉄）が中心部に集まっていった。鉄は燃えない点が重要で、反応の終点になる。そのためにやがて中心部から供給されるエネルギーが減って、外向きの圧力が恒星そのものの重みに耐えられなくなり、崩壊をはじめる。数百万年ものあいだ輝き続けていた恒星の終わりは、たったの数秒だ。崩壊が起きると途方もない圧力によって物質が押しつぶされるために、電子と陽子が融合して中性子となり、ニュートリノと呼ばれる、存在の確認が難しい微粒子が生じる。それらは光速で宇宙にあふれ出して、大きく広がる恒星の内部を明るく輝かせるので、一個の恒星が超新星に変わると、しばらくのあいだ太陽一〇〇億個に相当する光を放つこともある。

核燃焼によって恒星の内部に生まれた重元素は、こうして宇宙に散らばっていき、次の世代の恒星を生み出す著しい効果を発揮する。雲を冷やして崩壊させることで恒星を生み出す力が、水素よりずっと大きいからだ。より効果的に雲を冷やすことで、より質量の小さい恒星が形成されるようになり、恒星が誕生するペースも全体的に速くなった。まるで宇宙に肥料を与えるように重元素がまき散らされたことで、ようやく恒星形成のペースが上がったのだろう。「宇宙のルネッサンス」に宇宙を明るく照らし出したのは、おもにこうした次世代の恒星たちだった。

そうした初期の恒星のいくつかは、もしかすると今もまだ存在している。宇宙の片隅に隠れているものがあるかもしれないし、見慣れた光景のどこかに紛れているものがあるかもしれない。今世紀初頭に存在が確認された非常に古い恒星――天の川銀河の外縁部にあるHE 0107−5240――は、重元素があまり存在しないガスからでも、太陽より小さい恒星が生まれる可能性があることを実証した。最新の理論計算のほとんどは、ビッグバンからまもないころには質量の小さい恒星が形成されるのは非常に難しかったことを示唆しているのだから、これは予期せぬ発見だった。HE 0107−5240の存在は、必要な冷却を果たす別の方法があるにちがいないことを物語っている。珍しいことではあるが、こうした宇宙の早い時代に生まれた恒星の一部が今もまだ存在し、天の川銀河を取り巻くハロー〔訳註：銀河全体を包みこむように球状に広がり、まばらな星や希薄な星間物質が集まっている領域〕の奥で、矮星としてかすかに輝いている（だからまだ見つけられる）かもしれない。

さて、私たちの太陽が誕生し、私たちの暮らしに影響を及ぼしていく舞台は整った。

3 さまざまな太陽崇拝

日出ずる国、日本では、何千人もの人々が伊勢の二見浦《ふたみうら》で初日の出を待つ。静寂を破る波の砕ける音に耳を澄ますうちに夜明け前の光で空が白み、やがて夫婦岩が見えてくる。大きいほうが男岩、小さいほうが女岩、二つの岩を結ぶ大注連縄《おおしめなわ》は神聖な夫婦の永遠の絆で、この夫婦岩は日の大神を拝むための鳥居の役割を果たす。

待ちわびた元旦の太陽が昇ってくるのを確かめると、人々は柏手《かしわで》を二度打って頭を下げ、天照大神に敬意をあらわす。そして目を閉じたまま、太陽が水平線を離れて赤みを失うまで祈り続けるのだ。そしてもう一度柏手を打ってからその場をあとにする。ただし遠くに行くわけではなく、海岸の神社の境内にある岩窟に向かう。そこは天照大神が隠れた岩屋と言い伝えられており、やがて神がそこから姿を現すと、世界には日の光が満ちあふれたのだとされている。小さな木造の神社には太陽を象徴する小さな丸い鏡が置かれており、それに勾玉と銅の剣を合わせて、日本の神話の三種の神器が揃う。

太陽と古代の人々

イギリス人のやり方はまた違う。ウィルトシャーの湿った霧に覆われた午前四時。祝祭のにぎわいは夜を徹して続いていた。近年ではストーンヘンジの夏至の祭りに、多種多様な人々が集まってくる――ニューエイジの祭り好き、ドルイド教〔訳註：古代ケルト宗教〕のグループ（ストーンヘンジとの関係はニューエイジャーと同じようなものではあるが）、ウィッカン〔訳註：女神を崇拝する新宗教〕の祈禱師、ただの見物人、そして警官だ。そのすべてが有名な瞬間を待ちわびる。

ストーンヘンジは紀元前二八〇〇年から前一五〇〇年までのあいだに作られ、それからの年月の大半を遺跡として過ごしてきた。ではその絶頂期には、どんな様子だったのだろうか。当時から今に至るまでのほとんどの年で、夏至の日の出は見過ごしにされ、そんなものは特に関心を集めていなかったにちがいない。それなのに現在では駐車場は色も形もさまざまな車でいっぱいになり、あたりには耳障りな聖歌《チャント》が響きわたる。そして空が白み、いよいよ朝の光が空をピンクに染めはじめると、ヒールストーンと呼ばれる大きな石に近い一ヶ所に、人が押し寄せる。その石は夏至にあたる六月二十一日の日の出の位置を示すものだ。

ヒールストーンは、中心点と日の出の位置を結ぶ軸の片側に立っている。石器時代、一般に考えられているように太陽がヒールストーンの上から昇ったのではなく、サーセン石でできた円の中心から見て、ヒールストーンの左側から昇ってきた。一九七九年にヒールストーンの左側に石があったことを示す穴が見つかり、この石に97という番号がつけられた。おそらくこれは以前のヒールストーンのひとつで、夏至の日には、今では相棒を失ってしまった一対のヒールストーンのあいだから日が昇ったようだ。朝日の最初の閃光は垂直に立てられた二個の石のあいだを正確にとらえ、昇ってくる太陽がヒールストーンの先端をかすめて通る。この石の名前の起源ははっきりしない。ヒール（Heel）はHeleとも記録されているので、ギリシャ語で「太陽」を意味するhelios（ヘリオスはギリシャの太陽神）に由来するのかもしれない。

雨がおさまるのを待っていたかのように太陽の先端が地平線から姿を見せると、ドルイド教のグループが手にしたセイヨウヤドリギを振りながらチャントを繰り返す。テンションが一気に上がり、警官たちの動きが活発になる。だが半年後に同じ場所を訪ねれば、それよりもっと重要と思われる成り行きを、たったひとりで目にすることができるだろう。一日はより短く、空気はより冷たく、景色は荒涼としたものになる。先史時代の人々は、冬場には苦闘を強いられたが、なかには冬至の日に真冬の日没を目にした者もいただろう。沈む太陽がアーチ型に組まれたグレートトリリトンの柱に囲まれる。この日（十二月二十一日）は一年中で最も短く、翌日からは少しずつ日が長くなり、いずれ暖かさも戻ってくるだろう。ストーンヘンジは冬至の指標となって、人々にこう語りかけるのだ——今年も最悪の時期を生き延びた、やがて太陽が春をつれて戻ってくる。

ストーンヘンジに関して私が興味を抱いている点のひとつは、すでに失われ、二度と取り戻すことができないものだ。ストーンヘンジの巨石は、地平線のさまざまな位置で周期的に昇ったり沈んだりする太陽と月の動きを正確にとらえられるよう、綿密に配置されている。それには長い年月がかかる。だがストーンヘンジを建設した人々は、現在わかっている限りでは文字言語をもたなかった。だとすれば巨石配置の知識を世代から世代へと伝えていくのに、物語、詩、歌に頼る必要があった。太陽、月、石を詠《うた》った古代の詩や歌、そして物語は、いったいどんなものだったのだろうか。もう知る術はない。

世界中どこでも、石と寺院の向きは太陽を基準にして決められている。太陽の影響力はあらゆる社会に浸透しているということだ。古代インドの太陽神はヒンドゥー教三大神のうちのひとりで、聖典ヴェーダでスーリヤと呼ばれている。古代インドのリグ・ヴェーダには、「ありとあるもの、神のなかの神、スーリヤから生まれた」の一節がある。また奥義書タイッティリーヤ・ウパニシャッドは、「人にすまう神と太陽にすまう神はひとつ」と言う。

シベリアでは裏面に太陽のシンボルが描かれた青銅製の凸面鏡が見つかっており、それらはユーラシアステップで広く使用されていたものだ。また三千年前の石板には、太陽円盤を前にして神殿にいる太陽神シャマシュと、その御前に導かれるバビロニア王の姿が描かれている。中国の河南省にある紀元前八世紀の墓地からは、古代中国のものとされる古い鏡が見つかっており、その鏡の文様にある竜とからみあう獣形神の尾は、太陽を象徴する渦巻き形に描かれた。

私たちはずっと、太陽が人間のはじまりに関係していると考えてきた。オーストラリアのアボリジニは、神話の時代「ドリームタイム」に美しい女性が眠る洞窟があったと信じていて、その女性が太陽だ。ペルーのインカ族は、創造神ヴィラコチャが色を塗った石の人形から祖先を作り出し、その人々が洞窟から姿を現したと考えている。シュメールの神話では太陽神ウトゥが、天の女神イナンナの若き夫ドゥムジを石に変えて、黄泉の国から逃げるのを助けた。ヒンドゥー教の聖典バヴィシュヤ・プラーナには、ヒンドゥーの物造りの神ヴィシュヴァカルマが太陽の球体から人間の姿を彫り出したとある。

そのほかにもたくさんの例がある。青銅器時代に彫られ、渓流の底にある砕けた岩で見つかったカザフスタンの岩面彫刻には、円から光線が放射状に描かれていた。インダス渓谷で発見されたモヘンジョダロの印章では、太陽をあらわす円形から動物が姿を現している。紀元前四世紀の弁論家アイスキネスによれば、古代ギリシャには婚礼を控えた女性がその前日に太陽の降り注ぐ朝のスカマンドロス河まで出かけ、全裸で沐浴する習慣があった。インドでは今も子宝を望む女性たちが、太陽のもとで衣服をつけずに沐浴をする。

宇宙のなかで、私たちの暮らしと文化に最も深く結びついているものは太陽だ。釈迦が右手を正面に向けて畏れることはないと人々を励ます「施無畏印《せむいいん》」と呼ばれるしぐさも、太陽の形を模しているように思える。古代ギリシャの人々にとって真実の形は太陽の形だったが、インダス渓谷の古代人は太陽が正方形をしていると考え、太陽をあらわす卍《まんじ》を考え出した。

チチカカ湖の南東にあたるボリビアの高地には、ストーンヘンジによく似た遺跡があり、「太陽の門」と呼ばれる巨石は不死への入り口だ。ローマのサンタ・マリア・イン・コスメディン教会にある石の彫刻「真実の口」では、太陽をかたどった円形の大きな大理石に不気味な顔が描かれている。嘘をつく者がその口に手を入れると、太陽が正義を果たすかのように、手首をかみ切ると言い伝えられている。

そして「太陽のごとく」世界を制覇しようとしたアレキサンダー大王、太陽円盤の姿をしたアテン神のあらゆるものを包む光で民を束ねようとした古代エジプトのアメンホテプ四世（別名アクエンアテン）も、忘れてはならない。アステカの人々が自らを「太陽の民」と呼んだのも印象的だ。これまで生きてきたすべての人間にとって、太陽は暮らしの中心にあり、人々は太陽の一年間の動きを知っていたから生き延びることができた。

これまでも、今も、これからも、太陽はいたるところを照らす。そしてその光は私たちに生命をもたらしてくれただけでなく、宇宙の仕組みを垣間見る機会も作ってくれた。太陽は宇宙の基本的な構成要素である「恒星」として存在しているだけでなく、恒星が光を発する一連の過程そのものが、宇宙の最も基本的な営みを私たちに教えてくれるのだ。

現代の私たちの考えは、古代のものとは異なっている。ルネッサンスを、そして科学革命と産業革命を経た今、人々の暮らしを動かしているのは太陽とは別のパターンだ。電灯とテレビと火をもつ私たちは、昔の人々ほど太陽には頼っていないと感じている。神を宇宙の中心から追いやった強大な太陽は、私たちの傲慢と無関心によって人々の暮らしの中心から追いやられてきた。だが本書を読み進めば、太陽の存在があるから私たちがここにいるという事実をもう一度思い知らされるのは、そう遠い未来ではないことがわかるだろう。おそらく私たち人間が生きているあいだに、太陽が私たちのよき友ではなくなってしまうときがくる。

太陽研究の科学は大幅に進歩して、太陽に関するさまざまな発見は科学のハイライトのひとつになってはいるが、謎に包まれている部分もまだまだ多い。それでも、ひとつのことだけは確実なようだ——もしも人類が長く生き残るとするならば、やがて太陽なしでやっていかなければならない。太陽は宇宙の基本的構成要素である、ごく平均的な恒星だ。ただしこの私たちだけの特別な恒星は、地球に、そして人々の暮らす未来に、非常に大きな影響を及ぼしているから、よく理解することが不可欠になる。

世界各地の太陽神

さまざまな時代と場所で繰り返されてきた太陽崇拝は、古代エジプトで最も際立っていた。古代エジプト世界では、毎日繰り返される太陽の誕生と旅と死が日々の暮らしのあらゆる側面を支配していた。古代エジプトの信仰で最も重要な神のひとりだった太陽神ラーは、エジプトの初代の王とみなされ、ファラオはラーの息子、地球上での太陽神の代理人だった。

太陽の重要性は、紀元前十四世紀に古代エジプトを治めた第一八王朝のファラオ、アメンホテプ四世の事例を見ればよくわかる。美しいネフェルティティを妃とし、ツタンカーメンの父親とされ、その他の点では謎に包まれたこの若き王の墓は、なぜか二十世紀まで発見されることはなかった。アメンホテプ四世の治世になるまで、エジプトの人々はオシリス、イシス、セトをはじめとした数多くの神々を信仰していた。だがアメンホテプはそれらの神への信仰を禁じて唯一の神を太陽と定め、アテン神と呼んだ。さらに自身の名前も、アテン神の僕《しもべ》を意味するアクエンアテンに変えている。ただしこれは純粋な信仰心からとった行動ではなく、新しい宗教には、既存の神官を追放して自身の権力を確固たるものにする効果があった。

それでも変革は長続きしなかった。アクエンアテンが自らの名前をつけて遷都した新しい都アケトアテンで没すると、首都は元のテーベに戻されてアケトアテンは廃墟となった。そして彼の短い試みは、はじまったときと同じく唐突に幕を閉じたようだ。アクエンアテンは後継者たちから忌み嫌われ、歴史からほとんど抹殺されてしまった。十九世紀にアクエンアテンの墓が再発見されて調査がはじまったとき、そこは空っぽで、わずかなガラクタと、この異端のファラオを納めた赤花崗岩の石棺の破片が残されているばかりだった。

ラーを信仰した古代エジプトの人々と同じく、古代ギリシャの人々はヘリオスが金の馬車に乗って来る日も来る日も東から西へと空を駆け抜けると信じていた。そして日が暮れると、太陽は大海原を航海して東へと戻っていった。宗教に対する太陽の影響はゾロアスター教、ミトラ教、ヒンドゥー教、仏教にも及び、古代ローマとインカ帝国の人々、多くのネイティブアメリカンにとっても重要な意味をもっていた。

ひとつの国や地域のなかだけで言い伝えられている物語もある。グリーンランドで暮らすイヌイットの人々にとって、マリナはこれまでもこれからも太陽の女神であり続ける。マリナは兄である月の神アニンガンと暮らしていたが、ひどい争いをして、真っ黒な油を兄の顔に塗りつけた。そしておびえながらできるだけ遠くに逃げ、空の彼方にたどり着いて太陽になった。アニンガンはマリナの後を追って月になった。こうして永遠に追い続けているから、太陽と月はかわるがわる空に姿を見せる。

もっと壮大な物語もある。アステカの人々の太陽神はトナティウだった。そしてそれまでの四つの時代に四つの太陽が作られ、それぞれの時代の終わりに死んだと考えられていた。トナティウは五番目の太陽で、今の時代はまだ彼のものだ。トナティウは、トランと呼ばれるアステカの天を任されていたが、そこに受け入れてもらえるのは、戦いで死んだ戦士とわが子の出産時に命を落とした女性だけだった。トナティウは宇宙を支える責任を負っていたので、アステカの人々は世界が終わらないようにするために、この太陽神に生贄《いけにえ》を捧げて強さを維持しなければならないと信じていた。犠牲になったのは、たいていは近隣の部族との度重なる戦いでとらえた捕虜だ。生贄は、雨、収穫、戦いの勝利をもたらすものとされた。アステカで最も一般的だった生贄の儀式は、生きたままの体から心臓を取り出して太陽に捧げるものだった。インティはインカの人々の祖先とされた太陽神だ。マチュピチュの遺跡では、インティに象徴された太陽の毎日の通り道を示す日時計を見ることができる。

中国の人々はまた違った目で太陽を見た。中国の一週間は十日で、太陽は一〇個あり、それらが毎日交代で空に姿を見せると信じられていた。一〇個の太陽は毎日、母親である女神の羲和《ぎか》とともに東方の光の谷まで旅をする、羲和は子どもたちを湖で沐浴させ、扶桑《ふそう》と呼ばれる大きな木の枝にのせる。その木から、ひとりの息子だけが一日の空の旅に出かけ、遠い西方の山に達した。

この日課に飽きた一〇個の太陽は、あるとき一度に姿を見せることに決める。すると全部合わせた熱は、地球上の生き物にとって耐えられないものになった。地球がめちゃくちゃになってしまわないよう、皇帝の堯《ぎょう》は一〇人の息子たちの父親である帝俊《ていしゅん》に頼んで、一度に一人ずつ昇るよう説得してもらった。それでも子どもたちが言うことを聞かなかったので、帝俊は魔法の弓と一〇本の矢を携えた射手の羿《げい》を送り込んで、反抗する太陽を脅かそうとした。ところが羿は九人の太陽をほんとうに撃ってしまい、今も昇る太陽ひとつだけが残った。帝俊は九人の息子たちの死を知って激怒し、罰として羿を地上でただの人間として生きさせた。

三千年以上も前、シャマシュはチグリス川とユーフラテス川の流域に囲まれたメソポタミアの太陽神だった。シャマシュは地上のすべてのものを見ることができたので、正義の神でもあった。シャマシュと妻アヤとのあいだには、公正をつかさどるキトゥと法をつかさどるミシャルという、大切な二人の子どもがいる。毎朝、東方の門が開いてシャマシュが姿を現す。彼は空を駆け抜け、西方の門に入っていく。そして翌朝にはまた東の空から一日をはじめられるよう、夜のあいだに地下の世界を旅する。メソポタミアの南方にあった古代都市バビロンでは、内部に四芒星がはいった太陽円盤がシャマシュのシンボルだった。

メソポタミアには、おそらく紀元前二〇〇〇年ごろにはじめてまとめられたギルガメシュ叙事詩もある。シュメール語で書かれたこの古代の物語では、ウルクの王ギルガメシュが、不死の国である太陽の庭へと不死を求める旅に出る。そこにたどり着くためには、地の果ての山にある太陽の門を通過しなければならない。沈む太陽が山のむこうに姿を消すと、夜明けにはその門から姿を現す。おそろしい二人の半人半獣「サソリ人間」が天の国の門に常駐し、太陽の通り道を守っている。このあと私たちはようやくインドにたどり着く。

古代ペルシャの人々はミスラを太陽の神として崇め、「私たちのもとに姿を見せ、庇護、歓喜、慈悲、癒やし、勝利、神聖なものを与えたまえ。ミスラよ、捧げものをもって称えます。祈りをもって友として迎えます」と祈った。

インドでは今日に至るまで太陽が崇められており、ヴェーダ語で太陽に与えられた名は、活動的な人格をもつようになっていった。ヴェーダ語で書かれた賛歌をひとつずつ読み解いていくと、太陽は単なる天体から創造主、守護者、支配者へと変わっていく。太陽はあらゆるものを見て、知っているので、自分だけが見て知っていることを許し、忘れることを求められている。太陽はインドラであり、またヴァルナでも、サーヴィトリーでも、ディアウスでもあり、輝くものだ。ホメロスでも太陽神のヒペリオンはすべての神の父親とされる。古代スカンジナビア人とサクソン人の祖先は、白い神、太陽の神であるバルドルが、盲目の神ヘズが射た矢で殺されたと言い伝えた。アフリカはいつの世も変わることなく太陽信仰の中心だ。スペイン人たちはメキシコでもペルーでもカルトを見つけた。

だが、こうした神話と伝説から、やがて科学と理解が生まれていく。古代の人々は太陽を崇拝しながらその動きに気づき、記録を残していた。そしてそうした記録こそが、太陽に関する最初の有用な情報を私たちに提供し、太陽の本質を解き明かす最初の手がかりとなったのだ。

4　ずれていく暦

太陽は私たちに、時刻を正確に刻む方法、そして規則正しく暮らす方法を教えてくれた。天空を横切る太陽の通り道を見ていると、一日ごとに少しずつ変化していくが、やがて季節ごとの規則的な変化が繰り返されていることに気づく。先史時代の人々もそれを知っていた。夏には太陽が最も高く昇るが、ある日を境に、また少しずつ低くなりはじめ、真冬には最も低くなる日がやってくる。こうして季節が巡っていることは誰の目にも明らかなのだが、暦を生み出すとなると単純な話ではなかった。規則的に変化することで暦の基礎として利用できる測定値は三つしかなく、しかもそれらすべてを同時に見ることは不可能だ。そのうちの二つは一日の指標となり、ひとつは一年の指標となるが、そもそも一年の日数はきりのよい数字ではないなか、どうやってその日数を数えればいいのだろうか。

最初に生まれた暦は、信頼できる空の第三の周期、月を利用したものだった。満月から次の満月までの二十九日を数え、それをもとにして時刻を計るのは、比較的容易だったからだ。アフリカで発見された二万八千年前の骨に彫られた二九個の刻み目や、ラスコーの洞窟壁画にある不思議な配置の二九個の点など、いくつかの非常に古い太陰暦（月の満ち欠けを基準にした暦）が見つかっている。ドルドーニュにあるラスコー洞窟の壁画は今から二万年ほど前、ヨーロッパがまだ氷河に閉ざされていた時代に描かれたものだ。だが太陰暦には欠点があった。一年にちょうどきりのよい数の太陰月（月の満ち欠けの一回の周期）が含まれるわけではないから、月を基準にすると、変わりゆく季節ごとに一年をきれいに区切ることができないのだ。必要とされたのは日付と季節の関係がいつも一定になる暦の体系で、同じ日付が年によって異なる季節に該当しては困る。たとえば雨季は毎年同じ時期にやってくるから、雨季がはじまる日付も毎年同じになる必要がある。毎年起きるナイル川の氾濫の日付もそうだ。

太陽とうるう年

月を基準にすると誤差が生じることに気づいて太陽を採用した最初の古代文明はエジプトで、六千年以上前に体系を変更している。どのような方法を用いたかは定かではない。ただ一年は三百六十五日に近いと推定したので、三十日の月を十二か月作り――エジプト神話によれば知恵の神トートが――残る五日を加えた。この五日は、それぞれオシリス、イシス、ホルス、ネフティス、セトの休日とされた。

エジプトの人々は太陽年が実際には三百六十五・二五日に近いと計算していたが、一日に満たない時間を調整するために（現在のような）四年ごとに一日のうるう日を作ることをせず、四分の一日を放置していた。その結果、実際に千四百六十太陽年が過ぎたとき、つまり三百六十五年が四回繰り返されたとき、暦の上では千四百六十一エジプト年が過ぎていたのだった。そのために、年を追うごとにエジプト月と季節との対応が少しずつずれていき、夏だった月がやがて冬に来るという具合になっていた。

ローマが大国になるころには、すでに暦を作る難しさはよく知られていたのだが、ローマの人々は偶数を不吉だと信じていたので、一か月の長さを二十九日か三十一日のどちらかにし、二月だけは例外的に二十八日としていた。それでも三十一日の月が四回、二十九日の月が七回、二十八日の月が一回では、合計で三百五十五日にしかならない。そのためにローマでは二年に一度ずつ、二十二日または二十三日のメルケドニウスと呼ばれる余分な一か月（うるう月）を加える方法を考え出した。こうしてメルケドニウスを導入しても、なお全体として要領の悪い仕組みのせいで、ローマの暦はやがて手に負えないほど不正確なものになっていく。そこで天文学者ソシゲネスから助言を受けたユリウス・カエサルが、紀元前四五年に改革を命じた。その結果、勅令によって一年を四百四十五日にすることで季節に合うよう暦を戻したうえで、太陽年（三百六十五日六時間）を暦の基盤とすることが定められた。ユリウス暦は、一か月の長さを三十日または三十一日とし、残りの六時間を調節するために四年ごとに一年を三百六十六日とする「うるう年」を採用している。

こうして大幅な前進を果たしたわけだが、それでもまだ問題があった。ユリウス暦の一年は正確な太陽年（地球が太陽を一周するのにかかる時間）より十一分半だけ長く、何世紀もの時が過ぎるうちに十一分半が積み重なっていったのだ。十五世紀になるころには、ユリウス暦は実際の太陽暦より一週間あまり進み、春分点が三月二十日ごろではなく三月十二日ごろにやってきた。そこでローマ教皇シクストゥス四世はまた暦の改革が必要だと判断し、ドイツの天文学者レギオモンタヌスをローマに呼び寄せて意見を求めた。ところがレギオモンタヌスは一四七五年にローマに到着したのち、まもなく急死してしまったために、教皇による暦の改革計画も頓挫した。

その後一五四五年になって、トレント公会議が教皇パウロ三世に暦を改革する権限を与え、クリストファー・クラヴィウスが数学的計算と天文学的計算の大半を手がけた。教皇グレゴリウス一三世の命で、すぐに効果を発揮する修正として一五八二年十月四日（木曜日）がユリウス暦の最後の日とされ、その翌日は十月十五日（金曜日）になった。さらに、正確な暦を長きにわたって維持するために、天文学者で医師でもあったアロイシウス・リリウスの考え方が採用されている――四年ごとに一年ずつをうるう年とするが、一七〇〇年、一八〇〇年といった各世紀のはじまりの年は除外する。ただし、そのなかの四〇〇で割り切れる年（たとえば、一六〇〇年、二〇〇〇年）はうるう年のままとする、というものだ。この規則に従えば、四世紀のあいだに三回だけうるう年が減って、暦の正確さが十分に保たれるわけだ。こうしてうるう年の規則を改めたグレゴリオ暦でも、平均的な暦年はまだ地球が太陽を一周するのにかかる時間より約二十六秒長い。だが、この時間の差が積み重なって一日分の違いが生まれるまでには、三千三百二十三年が必要だ。

一五八二年にカトリック国の大半が、教皇の新しい暦をすぐさま採用した。だがヨーロッパのプロテスタント諸国は勅書を無視することに決め、ユリウス暦を使い続けた。ドイツとオランダでプロテスタントの統治者が新しい暦に切り替えたのは、一七〇〇年になってからだった。イギリスでの切り替えはさらに遅い一七五二年で、ロシアの場合は革命が起きたことでようやく一九一八年にグレゴリオ暦が導入された。トルコでは一九二六年までイスラム暦が使用されていた。

5 アナクサゴラスと日食

ラフクルーは、アイルランド内陸部のミース州オールドカッスルにある人里離れた場所だ。はるか昔から残るこのあたりをうつむき加減に歩いていると、ふとまだ古代人が暮らしているような気配を感じる。だが、その姿を見ようと目を上げた途端に、いつも石のむこうに素早く身を隠してしまう。四つの丘にわたたって広がるラフクルーは、「魔女の丘（Sliabh na Caillighe）」とも呼ばれている。ここに点在しているのはアイルランドで農耕がはじまったばかりの新石器時代に作られた三〇を超える羨道墳《せんどうふん》——玄室に通じる細い通路のある墓——の遺跡で、紀元前三三〇〇年ごろに作られた。なかでも異なる丘の上にある二つの墓が際立っている。どちらの遺跡にも急な坂を上らないとたどり着けないから、しっかりした靴を履き、足元に注意しながら進む必要があるだろう。墓の内部に置かれた石は渦巻き模様で丹念に飾られており、ここからほぼ西の方向に位置する少し時代が新しいニューグレンジとノウスの遺跡にあるものとよく似ている。

墓所の太陽

一方の墓は、十字形の墓室、持ち送り積みの屋根、そしてアイルランドの新石器時代の最高峰に数えられるいくつかの芸術品を誇るもので、ここには春分の日と秋分の日の夜明け前に人々が集まる。やがて太陽の光が玄室に差し込み、室内を明るく照らす瞬間を、自分の目で確かめるためだ。光線は石に囲まれた羨道をたどって後方の石に達し、そこに彫られた太陽のシンボルを明るく照らす。

紀元前三三四〇年十一月、ここでは太陽が一日に二回沈んだように見えたことだろう。この地の人々が日食を目にしたからだ。その後、日食の様子は三つの石に刻まれた模様に記録された。それらの石を見れば日食の様子がわかる。石のひとつには大きな渦巻きが描かれ、その横から小さい渦巻きが出ている。まさに太陽円盤を月が侵食する、最初の瞬間をとらえたにちがいない。

現在では、十一月八日に日が昇ると、太陽光線が石塚の内部にある一本の石柱を照らす。だが時の流れと地軸のゆっくりした揺れを考慮すると、紀元前三三四〇年には少し違っていた。日食の翌朝、紀元前三三四〇年十二月一日に、太陽の光がこの石柱をまっすぐ照らして、その朝の太陽の復帰を記念するためにこの場所に置かれたことを示している。

ここからさらに西に位置する場所では冬至の日の夜明け、午前九時少し過ぎ、地元ではレッド・マウンテンと呼ばれる丘からニューグレンジに、そしてボイン渓谷へと太陽が昇りはじめる。九時四分三十秒、朝日がニューグレンジの正面を照らすと、日光をとらえるために特別に設計されたルーフボックスを通して羨道に差し込む。ルーフボックスは一九六三年に発見されたが、日光を取り込む役割がわかったのは一九六七年だった。それから十四分間をかけて光線は羨道の奥まで伸びていき、中央の玄室に届く。新石器時代、玄室のいちばん奥の中央に配置された背後の石が、朝の光に照らされたのだ。ちょうど十四分後、光の筋は消え、玄室は再び暗闇に閉ざされる。

イギリス諸島で石器時代の人々が太陽の光をとらえた場所は、ラフクルーとニューグレンジだけではない。オークニー諸島にある神秘的な先史時代の墓では、屋根に特別な「光の窓」が刻まれており、冬のはじまりと終わりを告げる光線が差し込むようになっている。このクランティットの墓は一九九八年に、トラクターが地表のすぐ下にあった一連の平らな石を掘り起こしたことで発見された。それらの石は地下の墓を覆う屋根であることがわかり、その墓はなんと五千年以上ものあいだ、丘の中腹に埋もれていたのだった。グラスゴー大学の考古学現地調査隊が派遣されると、すぐに発見の重要性が確認された。

その小さな墓はクローバーの葉の形に配置された三つの玄室からなり、地上からはほとんど見えない状態になっていた。オークニー諸島などで見られる玄室をもつ石積みは、ほとんどがよく目立つ小高い塚として地上に作られていたので、それは実に珍しい形式だ。そして発掘調査を進めるうちに、腕の立つ石工でもあった考古学者のひとりが屋根にあたる石の平板に変わった部分があることに気づいた。屋根に切り込みがあり、日光が墓の内部に差し込むようになっていたのだ。ただし墓に光線が届くのは一年の特定の時期だけになる。それは十月と二月で、厳しかったにちがいない北国の冬のはじまりと終わりに、太陽の光が墓の奥まで差し込んでいたのだった。

クランティットの墓では、屋根を支える垂直の石柱に奇妙な彫刻が見つかった。近づいてよく見ると幾何学模様とシンボルが石に刻まれており、それらの彫刻は太古の塗料と顔料で彩色されていたと考えられている。墓の中央の玄室には人間の骨は見つからなかったが、脇の玄室には四人分の人骨があり、成人の女性、少女、子ども、そしてもうひとり分は劣化が激しく識別できないものだった。土器の破片も見つかったが、装飾品はなかった。新石器時代の墓は何度も繰り返して使われることが多かったが、この墓は違った。入り口は内側からも外側からも厳重にふさがれており、再利用は考えていなかったことがうかがえる。これは五千年前の死と埋葬に対する考え方の文化的な違いについて、私たちに何かを語っているのだろう。墓の役割として、遺体を土に戻すだけでなく、太陽の光線を導き入れることも重要だったのかもしれない。だが、クランティットのほんとうの意味は永遠に謎のままだ。

当時の人々は、氷河が後退してまもない北西ヨーロッパの森や丘で生きるだけでも四苦八苦していたはずなのに、なぜこうしたものを作ったのだろうか。建設には膨大な時間とエネルギーが費やされ、それは本来ならば食べ物を見つけたり住居を改良したりするのに使えたはずのものだ。当時の人々にとっては太陽とのつながりがとても重要で、日々の営みで大切にするだけではすまなかったことはまちがいない。だからこそ、石に彫刻を施して積み上げ、見つめ、思いをめぐらし、シンボルを残したのだろう。私たちはその意味を推測するほかない。だが、文明の兆しが見えた時期に太陽を観察した独創的な人々は、まだほかにもいた。

権力者と太陽

中国の文明は世界で最も古く、皇帝を称える「万歳」（一万年の意）の語は、その古さをまだ低く見積もっている。米の栽培、土器、彫刻という文明誕生の兆しは、一万年以上前にさかのぼるからだ。

紀元前四〇〇〇年ごろ、ヒマラヤ山脈から海まで四八三〇キロメートルにわたって流れる大河に沿って、農耕を営む共同体が生まれた。黄色い土壌を削りながら悠々と流れるこの河は、黄河と呼ばれた。

中国の文明は、夏王朝の誕生ではじまったとされている。この時代についてわかっていることはほとんどなく、知られているのは一七人の王の名にすぎない。一部の中国史学者によれば、夏を建国したのは最後の賢帝と呼ばれた「禹《う》」で、完璧な英知と明快さと徳をもって統治したとする伝説がある。夏王朝はおよそ四百年続いたあと、紀元前一七六六年に天乙《てんいつ》によって滅ぼされ、天乙が新たに商王朝を建国した。

商王朝時代の一組の甲骨が残されていて、そこには次のように書かれている。「奎玉の日の夕刻に日食あり、吉か？　貴の日に占った、夕刻に日食あり、凶か？」

中国には、夏王朝が誕生した時点ですでに高い技術を誇る天文台があり、そこでは夜を徹して天体観測が行なわれていた。古代中国の天文学は主として政治活動だったと言える。天文学者または占星術師の役割は（両者に区別はなく）太陽、月、惑星の動きを把握し、それが予言している内容を神聖なる皇帝に伝えることにあった。

甲骨の文字でわかるように太陽は頻繁に姿を消し、日ごろの行ないが悪い、あるいは皇帝への助言が芳しくないとして、人間に罰を下していた。古代オリエント世界全体を通して、日食は指導者の行動が引き起こした直接的な結果だと考えられており、必然的に天からの叱責は重要なものだった。前漢書には中国のある統治者からの、次のような警告が書かれている。「もし昇りくる太陽が三日月形で、月のごとき王冠を載せているならば、王は敵国を手に入れるであろう。その国から悪は去り、

（その国は）善で包まれる……」。また別の書には次の一文がある。「奇琼の日に日食があり、日中にあたりが暗くなった。それを目にした西太后はうろたえ、胸苦しさで落ち着きを失ってしまった。やがて周囲の者に向かい、『この責は私にある』と言葉をかけた」

皇帝の神聖な命令は万人の目にとまるように星で書かれるとされ、ある中国の注釈者は日食について次のように書いている。「月が太陽の大部分を覆い隠すとき、その成り行きはゆゆしきものであり、国家元首に不幸が降りかかる――翌年、皇帝は崩御された」。人々を束ねる王に徳がなければ、天と地から叱責を受けることになった。「これまでの統治の経緯を見るに、不足が目につくため、われわれの行為が正しくなかったにちがいない。よって、戊申の年に日食と地震が起きた。われわれは大いに落胆している！」

そこである日、何の前触れもなく竜が太陽を喰いはじめたとき、最新の報道は――というようなものがあったならば――次のようになった。廷臣たちは噂話に終始し、宮廷顧問はうろたえ、陸軍のお偉方は兵士たちに、盾を叩き矢を射て竜を追い払うようにと命じた。農民たちは木の幹を打ちつけながら叫び、田んぼにいた子どもたちは大慌てで家に走った。さいわい、陸軍の迅速な対応が功を奏して数分のうちに竜は用心深くなり、太陽を離れた。しかし皇帝は不快な思いをあらわにし、占星術師はどこかと尋ねた――彼らはこの事態を予測すべきだったのだ。占星術師探しがはじまった。

こうして容疑者とされたハイとホーは酒に酔っているところを見つかり、世界を危機に陥れ、太陽が竜に呑み込まれそうになる事態を招いたことを理由に殺された。事実なのか神話なのかは定かでない。のちに、こう書かれている。

ホーとハイ、死体となって横たわる
その運命、悲しいけれど笑わせる
見つけ出せずに殺された
目に見えざりし日食を

中国や日本の宮廷占星術師は、身の安全を保障されてはいなかったが、尊敬されていたのはたしかだ。古い時代の日本を見てみると、紀元一六〇〇年以前に起きると予言された日食のうち、実際に観測されたのは二〇パーセントに満たなかった。予測された日食が実際に起きなければ、それは帝の徳の高さゆえとされたので、天皇家の威光がさらに高まり、おかかえ占星術師には見返りがあった。だが予測できなかった日食が起きてしまえば、身の危険を避ける余裕もなく占星術師は死に直面したことだろう。そこでできるだけ多くの日食を予測して最善の結果を期待することが、哀れな占星術師の寿命を延ばすのに役立った。それでも、不運だったのはハイとホーだけではなかったかもしれない。

現代にあっても、宇宙の仕組みに関する科学的啓発に安心したりせず、一九一四年にはウクライナで見られた皆既日食のあとにロシアの農民たちが恐れおののいて教会に逃げ込んだ事実を思い出そう。また一九二二年にオーストラリアで日食が起きたとき、アボリジニの人々は、近くの観測場所に集まった天文学者たちが太陽を網で捕ろうとしていると考えた。一九九四年十一月にはアンデス山脈の高地で暮らすインディオの人々が、日食が続いているあいだじゅう、地球が冷えてしまわないように火を焚いた。

ほとんどすべての文明が日食に注目し、記録を残している。一九二八年にフランス人考古学者の小さなグループが、七頭のラクダ、一頭のロバ、数人のポーターとともにシリアのラス・シャムラと呼ばれる小さな丘に向かった。一週間にわたる発掘活動の結果、そこで発見されたのは墓地だ。墓ではエジプトとフェニキアの工芸品やアラバスター〔訳註：大理石の一種。雪花石膏〕とともにミケーネとキプロスの産物も見つかり、紀元前一〇〇〇年から前二〇〇〇年の時代にさかのぼるものだとわかった。考古学者たちが予想したとおり、地中海沿岸に位置するその地域は文化と影響力が交差する場所だったのだ。

さらに時代をさかのぼると、ウガリットと呼ばれるこの地の古代都市国家はとても長い歴史をもち、紀元前六〇〇〇年ごろの新石器時代に生まれたと考えられている。文字に残されたこの都市の最古の証拠は近くのエブラ遺跡で発見された文書で、紀元前一八〇〇年ごろに書かれていた。エブラもウガリットもエジプトの支配下にあったが、紀元前一二〇〇年から前一一八〇年のあいだに衰退し、謎の終焉をとげた。

ウガリットで発見された文書は、シュメール語、アッカド語、フルリ語、ウガリット語のいずれかで書かれており、その多くは王宮、高位聖職者の住居、および有力市民の住宅で見つかった。だが最も注目に値する発見は、未知の楔形《くさびがた》文字が刻まれた一連の粘土板だ。ウガリットで発見された文字の形式は、アルファベット型の楔形文字――表音文字であるアルファベット文字（ヘブライ語など）と表意文字である楔形文字（アッカド語など）の混じったもの――として知られている。おそらくこの地で伝えられてきた楔形文字を土台にして、アルファベット型が徐々に定着した可能性が高い。ウガリットの影響は、なかでも聖書を学ぶ人たちにとっては、今もまだ残っている。この都市の物語が旧約聖書に反映されているからだ。詩篇の一部はウガリットの物語から生まれており、洪水の物語には非常によく似たウガリットの賢者の神話がある。

ウガリットで発見された粘土板のひとつは、紀元前一二二三年三月五日の皆既日食の様子を記述したものとされる。さらに別の粘土板には次のように書かれている。「ヒヤルの月の日は惨めなものであった。太陽が門衛のラシャプとともに姿を隠した」。さらに紀元前八世紀までには、バビロニアをはじめとした文化が日食を組織的に記録していたことは明らかで、数秘術の規則に基づいて予測することができていた可能性もある。

聖書で言及されている日食の日付は、確実に解明されたようだ。「主なる神は言われる、『その日には、わたしは真昼に太陽を沈ませ、白昼に地を暗くし』（アモス書八章九節）」とある「その日」は、紀元前七六三年六月十五日だった。この日食の日付は、アッシリアの『エポニム年代誌』と呼ばれる史料によって確認されている。アッシリアでは各年に異なる有力官吏の名がつけられ、年代誌には各年の出来事がその名で記録された。紀元前七六三年に対応する年には、ニネベの書記官がこの日食を記録したうえで、粘土板の端から端まで線を引いてその出来事の重要性を強調している。こうした古代の記録を用い、歴史学者たちは日食のデータと照合して聖書の初期の時代の年代記を詳しく分析することができた。

日食を凶事の前兆とみなす考え方はその後の時代にも続いていく。アングロサクソン年代記の古い時代の項に、次のような記載がある。「この年、王ヘンリーは収穫祭の日に海を渡った。その翌日に王が船上に横たわって眠っていると、真昼に全土が暗くなって太陽がまるで三日月のような姿に変わり、そのまわりには星が輝いた。人々はたいそう驚いて怯え、このあとには何か大きな出来事が起きるにちがいないと噂した——そしてそれは現実となった。その年、王が逝去したからだ……」。ただし、話はそう単純なものではない。歴史家、占星術師、修道士たちは往々にして、正確さよりも王室や国家のニーズと要望に影響されがちだ。国王ヘンリー一世が世を去ったのは一一三五年だったが、その死を引き起こしたとされた日食は、実際にはその二年前に起きていた。

壮観な日食の光景は古代の詩人にとっても印象的なものだった。古代ギリシャの詩人アルキロコスの、断片的に残された詩の一節を見てみよう。「希望はついえ、あり得ないと断言できるものはなく、よきことはいっさい見当たらぬ。オリュンポスの神々の父なるゼウスが、白昼から夜を生み出し、輝ける太陽の光を隠して、激しい恐怖が人々を襲ったからだ」。これは紀元前六四八年四月六日に起きた皆既日食の記述であることが確認されている。

だが、紀元前四六七年の石臼《いしうす》ほどもある大きな隕石の落下は、太陽についての初期の理解にとって日食よりさらに重要な出来事だった。それはアイゴスポタモイ川に近いトラキアで、日中に起きた出来事だとされている。ヘレスポントス（現在のダーダネルス）海峡沿岸の町の人々は、その隕石を訪問客に見せびらかしていたらしい。哲学者アナクサゴラス（紀元前五一〇－前四二八年ごろ）はこの隕石の落下を予言していたと言われているが、もしほんとうだとしたら、偶然の一致だったにちがいない。きっとアイゴスポタモイ川の近くまでその隕石を見に行って、大いに感動したのだろう。それによってアナクサゴラスは天体が神ではないことを確信し、太陽は直径がペロポネソス半島を超えない一六〇キロメートルほどの、真っ赤に焼けた鉄の塊でできていると考えた。こうした視点により、アナクサゴラスは歴史上はじめて無神論の罪を問われ、不在のまま死刑の宣告を受けている。彼は告発人たちについて平然とこう言った。「自然はとうの昔に彼らにも私にも有罪の判決を下している」

アナクサゴラスは、太陽がとてつもなく高温になっているのは高速で回転しているからだとみなしていた。そして隕石は太陽のかけらだとした。彼はまた日食の科学的な理論をはじめて示すなど、太陽に関して早い時期から理解していた重要な人物だ。タレスは日食を予測したものの、仕組みを説明することはできなかった。アナクサゴラスは月が地球と太陽のあいだに入ることで日食が起きると考え、この理論は正しかった。また、月はそれ自身が光るのではなく太陽の光を反射していると、正しく理解していた。

アナクサゴラスは、古代ギリシャ文化の黄金期に重なるおよそ三十年間をアテネで過ごしており、合理的な考え方と、平穏で客観的な世界観をもつ人物だった。晩年になって、おそらく再び不敬罪を問われたことが原因でアテネを離れ、紀元前四三三年ごろにヘレスポントス海峡沿いのランプサコスに隠居している。その町では大歓迎を受け、多くの弟子に囲まれ、市民から大いに尊敬されて過ごした。そして紀元前四二八年ごろに生涯を閉じると、市民は公葬を営み、その墓に次のような賛辞を刻んだ。

宇宙の摂理を描き　限りなく真理に近づきし　アナクサゴラス　ここに眠る

アナクサゴラスの死期が迫ったとき、弟子たちは本人に、どんな追悼を望むかを尋ねた。すると、自分が世を去った月は毎年、弟子たちの休暇の月にしてほしいと答えたという。アナクサゴラスはランプサコスで大きな敬意を集めていたため、一世紀以上にわたってその願いは聞き入れられていた。ギリシャ悲劇の作者エウリピデスは紀元前四三一年に、「月食は地球の介在によって、またときには月より下にある天体によって起きる」と書いた。だが、日食は新月のとき、月があいだに割り込むことによって起きる。光の源と食に関する事実を最初にはっきり説明したのは、アナクサゴラスだった。

太陽を利用して地球の大きさを測った人物が登場したのはこのころだ。だが、もう少し時代をさかのぼってみることにしよう。私たちが今日アスワンと呼ぶ都市は、古代エジプトではシエネと呼ばれ、世界の果てであり、ナイル川の聖なる源であるとみなされていた。そこは何世紀にもわたってアフリカへの玄関口となり、ヌビアの地と呼ばれた。コプト人がここを「交易」を意味するスアンと呼んだのが、現在のアスワンの語源だ。

プトレマイオス朝が支配した古代エジプトの時代、シエネの町は現在のアスワンの南西に位置していた。シエネは現在のエレファンティネ島にあたるエブにあり、ヌビアおよびアフリカ全土との交易の中心地として栄えた。近くにはロハヌをはじめとしたエジプト有数の採石場があって、閃長岩《せんちょうがん》と呼ばれる赤みをおびた花崗岩を産出し、オベリスク、巨大な神殿、巨像などの材料を提供していた。古代王朝の時代から、王家の使節が王のサルコファガス（石棺）に用いる石を探しにこの地を訪れており、さらにローマ時代にも採石場は大いに栄えて、閃長岩はローマ帝国全域へと輸出されていた。

シエネにはまた、夏至の日だけに太陽の光が底まで差し込むことでよく知られた井戸があった。そのことを知ったギリシャ人の学者エラトステネスは紀元前二三〇年に、地球の大きさを測る起点としてこの地を選んでいる。エラトステネスは、夏至の日に地面に垂直に棒を立てたとき、シエネでは影ができないのに、アレクサンドリアでは七度の影ができることに気づいた。もしも地球が平らなら、棒の影はどこでも同じ長さになるはずだ。地球が丸ければ影の長さは異なってくる。そこで影の角度の差とシエネとアレクサンドリアのあいだの距離を利用して、驚くべき正確さで地球の大きさを計算することに成功した。アレクサンドリア図書館の館長を務めたエラトステネスは八十歳のときに視力を失うと、その翌年、自ら食を断つことで世を去ったとされる。

天動説の誕生

日食は、ときには誰もが忘れているようなところに痕跡を残している。宗教画に見られるイエス・キリストと聖人の姿には、光背が描かれていることが多い。光背または後光を最初に用いたのはギリシャ・ローマの多神教で、太陽神ヘリオスをあらわしていたが、その後の芸術家たちがキリスト教の肖像画を描くときにこれを取り入れた。人物の頭の後ろで輝いている太陽を表現したのが起源で、皆既日食のときに太陽のまわりで輝くコロナあるいはハローを描いた可能性がある。

太陽コロナは早くも古代ギリシャの伝記作家プルタルコスの時代には認識されており、プルタルコスは八三年に起きた日食を見て、月の円盤の周囲に輝く独特の光について記述している。コロナは太陽の外層に広がる、超高温の大気だ。コロナが放つ光は太陽円盤の目もくらむ明るさに比べれば淡いものだが、太陽円盤が月ですっかり隠れる皆既日食のとき見えるようになる。日食の機会にコロナを観察したはじめての記録は、古代中国の甲骨に残されている。「三つの炎が太陽を喰い尽くし、大きな星が見えるようになった」

プルタルコスが書いた書物のひとつに、話しているのは対話に直接参加していないプルタルコス自身ではなくルキウスという人物だとして、次のような記述がある。「日食が起きて月が太陽をすっかり覆い隠しても、光を失う時間が長く続くことはなく、太陽の周辺から見える光があるため、あたりが深く絶対的な暗闇になることはない」

太陽コロナは日食が起きれば必ず見えるものだが、はじめて明確に説明したのはビザンチンの歴史家レオ・ディアコヌス（九五〇－九九四年ごろ）だ。九六八年十二月二十二日の皆既日食をコンスタンティノープルから見ていたディアコヌスの観察記録が、『アナレス・サンガレンセス』に次のように残されている。「その日の四限のとき……地上を暗闇が覆い、明るい星がこぞって光を放った。太陽円盤はぼんやりと暗く見えており、円盤の周辺にはかすんだ弱々しい光が、細い帯となって円状に輝いている」。彼の記述はコロナを「円盤の縁の最も外側の部分を取り囲んで輝く、細い鉢巻きのような、ある種のぼんやりした弱々しい光」と表現した。

太陽は古代ギリシャで神の座から降りている。ギリシャの哲学者アナクシメネスは紀元前六世紀に、太陽は空気に支えられて空に浮かんでいる平らな物体だと考えた。ほぼ同時期にクセノファネスは、太陽と星は燃える雲で、宇宙を移動する自分自身の動きによって輝き、太陽は毎朝、星は毎晩、新しくなると考えた。それでもまだギリシャの人々の多くは、太陽神ヘリオスが、地球を取り囲む大洋オケアノスの岸辺から毎朝昇ってくると思っていた。紀元前五世紀以降、ギリシャの人々は太陽を神ポエブス・アポロと結びつけていた。

しかしクラウディオス・プトレマイオスは、そうした考えをまったく受け入れていなかった。プトレマイオスは一二七年から一四一年までのあいだ、エジプトのアレクサンドリアで天文観測を行なっている。ある意味、彼は歴史上で最も影響力の大きい天文学者だったが、その活躍は天文学者の域を超えていた。数学者であり、また地理学者でもあり、地球が中心にあるというギリシャの宇宙観を体系的にまとめた人物だ。

プトレマイオスは、月が地球のまわりを回っているのだから、太陽と惑星も同じように地球のまわりを回っているにちがいないと論じた。当時の考えでは、地上の退廃とは異なり、天は完璧な領域だった。そして最も完璧な運動の形態は円だ。そこでプトレマイオスは、太陽が円軌道を描いて地球を回る一方、惑星は地球を中心とした円上の移動する一点を中心に小さい円を描きながら、周転円（大きな円の円周を中心として回転する小さな円）上を回っているとした。周転円は美しく、惑星の実際の動きとよく一致した。プトレマイオスの理論はそれから千四百年ものあいだ支持され続けることになる。おそらく現代のどんな科学理論も、根本的な変更なしにそれほど長く存続し続けることはないだろう。

ギリシャの人々にとってもプトレマイオスにとっても太陽は重要な存在だったが、地球と人間はもっと重要で、どちらにとっても地球と人間が宇宙の中心であることは明らかだった。神は子を万物の中心に配置し、万物は神への捧げものとして創られたのだ。プトレマイオスは、地球を中心として水星、金星、太陽、火星、木星、土星の順に惑星と太陽が並んでいると考え、プトレマイオスの宇宙体系として知られるこの説は『数学全書』(広く『アルマゲスト』と呼ばれている)という書物で明らかにされた。一三巻からなるこの大著には、地球の概念から太陽、月、恒星の運動、日食と月食、一か月の長さの分類まで、おびただしい量の情報が含まれている。『アルマゲスト』には四八の星座が記載された星座表もあり、それら星座の名は今もまだ使われている。

プトレマイオスは『アルマゲスト』の第一巻で、地球を中心に置く自らの宇宙観を説明するとともに、宇宙の中心の位置にある地球は不動にちがいないことを証明するさまざまな論拠を示している。特に、もしそれ以前の一部の哲学者が唱えたように地球が動いているならば、その結果として一定の現象が観測されるはずだとした。具体的にプトレマイオスが論じたのは、すべての天体は宇宙の中心に向かって落ちているから、地球はその中心に固定されているにちがいないという点だ。さもなければ、物体は地球の中心に向かう方向には落ちないだろう。こうした論拠を示したことにより、地球が宇宙の中心にあるとした天動説は、十五世紀にニコラウス・コペルニクスの太陽を中心とした地動説が登場するまでのあいだ、長く西欧キリスト教世界の独断的な主張となったのだった。プトレマイオスの『アルマゲスト』はユークリッドの『原論』とともに、最も長く使用された科学書の栄誉を分け合っている。二世紀に登場してからルネッサンス後期に至るまでのあいだに、この著作によって天文学は科学になった。

公正を期すために言うならば、プトレマイオスが作り上げた惑星の理論は傑作だった。彼は、それまでほとんどなかった観測データを集めたうえで、それに合致した高度な数学モデルを生み出しており、誕生したモデルは複雑ではあったが惑星の動きをかなり正確にあらわすものだった。

古代ギリシャの衰退後、科学を次の段階に進めたのは別の社会だった。ムハンマドの教義によって統一されていたイスラム軍が、六三六年に征服のための戦いを開始する。やがてイスラム教徒はシリア、イラク、メソポタミア、エジプトを掌握し、プトレマイオスが暮らしたアレクサンドリアと残された大図書館を占拠した。ヨーロッパが暗黒時代へと進むにつれて、イスラムの影響はトルコ、北アフリカ、スペイン、さらに中国とインドの国境という極東にまで及び、アラビア人は征服した文化と地域から数学、天文学、その他の科学の知識を吸収していった。七五〇年になるころには戦火が下火になって、比較的平和な時代が訪れた。すると異なる地域の学者たちがバグダードに集まり、カリフのアル・マムーンが市中に「知恵の家」を建てた。そこで数多くのギリシャ語の文書がはじめてアラビア語に翻訳されている。アラビア人が進めた研究の大半は数学と天文学分野のものだったが、物理学にも大きな進歩があった。

歴史書の多くは、中世に見られたアラブ世界の科学分野での貢献に無頓着だ。多くはこの時期を、ヨーロッパで科学革命が起きるまでのあいだ、ギリシャ語の知識を保存していただけだと見ている。だが、科学が台頭する過程でアラビア語が果たした貢献は重要だった。ムーア人の学者たちにとっては計算が喜びで、ギリシャの考え方を彼らが批評し、改善していったことが、従来の概念を洗練させる役割を果たした。ギリシャ人が著者だとしたら、アラビア人は編集者であり、さらに私たちが現在使用している数字を、ゼロを含めて生み出した。そのうえ、近代的な科学の手法はまずアラビア語による研究で登場している。また中世以降のヨーロッパでの科学的発想の多くは、実際にはアラビア人から借用したもの、またはアラビア人に影響を受けたもののように見える。

6　太陽による神の追放

太陽は神を至高の地位から追いやり、宇宙における人間の特別な場所を破壊して、自分自身に対する見方を根本的に覆した。プトレマイオスの学問ならびに聖書で受け入れられてきた英知に対し、新たに台頭した科学の発見と考察、この両者のあいだで繰り広げられた議論では、太陽の位置と地位が科学的にも哲学的にもキーポイントとなった。中世になるまで、見識のある、だが最終的には影響力をもたなかったほんのわずかなギリシャ人たちを除くと、広く行きわたっていた宇宙論はプトレマイオス（一〇〇－一七〇年ごろ）とアリストテレス（紀元前三八四－前三二二年）のものだった。二人の著作は単に宇宙を説明しただけでなく、結果として宇宙を定義するようになっていた。

天動説を打ち崩したコペルニクス

地球が宇宙の中心にあり、太陽は、ほかのすべての惑星とともに地球のまわりを回っている――こうした従来の世界観は、十六世紀から十七世紀にかけて打ち崩されていくことになる。その最初の一撃を放ったのは、一五四三年に画期的な著書『天球の回転について』を出版したニコラウス・コペルニクス（一四七三－一五四三年）だった。人間の立場はこれまでに二回の大転換を経験しており、そのうちのひとつはこの本によってもたらされた。『天球の回転について』はダーウィンの『種の起源』と並んで、これまでに書かれた最も重要な科学的書物とみなされている。

一五四三年の春、脳出血を起こしてポーランド北部の町で瀕死の状態にあったコペルニクスのもとに、ドイツのニュルンベルクで印刷業を営むヨハネス・ペトレイウスからの小包が、友人の手で届けられた。中身はコペルニクス自身が書いた本だった。彼は長いこと自分の理論を本の出版というかたちで公表することに躊躇していたのだが、教会による迫害を恐れていたわけではなかった。どうやら嘲笑されるのを恐れていたらしい。コペルニクスは古代ギリシャの学者たちの著書を読み、太陽を中心に置く彼らの理論を再発見していた。そしてそうした理論を用いればプトレマイオスの体系を大幅に簡略化できることに気づき、再発見した体系の確固たる数学的基盤を固める作業に着手した。こうしてまとめられたコペルニクスの新しい体系はローマ教皇パウルス三世の支持を受け、一五三二年にバチカン庭園で、教皇の個人秘書によってはじめて披露されている。ただし十六世紀になるまでには、多くの天文学者たちがプトレマイオスの地球中心の体系に大きな問題があることに気づいていた。実際には水星と金星が太陽からあまり離れて見えることがなく、また火星、木星、土星は時折それぞれの軌道を逆行するように見えるが、そうした事実をプトレマイオスの体系では容易に説明できなかったからだ。

コペルニクスは一四七三年二月十九日に、ポーランドのトルンで商人と市の役人の家系に生まれた。一四九一年にクラクフ大学（現在のヤギェロン大学）に進学し、四年にわたって自由科目を学ぶ。そして学位をとらずにこの大学での学業を終えると、属していた社会階級の多くのポーランド人の例にならい、医学と法律を学ぶためにイタリアに向かった。ポーランドを出発する前には、叔父の力でフラウエンベルク（現在のフロンボルク）の教会管理職の地位を与えられている。教会の財務を管理する立場で、聖職者としての職務はなかった。一四九七年一月にボローニャ大学で教会法を学びはじめたコペルニクスは、数学教授ドメニコ・マリーア・デ・ノヴァーラの家に寄宿した。まだいくぶん夢見がちだったコペルニクスに、地理学と天文学への興味をはじめて抱かせたのはこの教授だ。だが一五〇〇年、コペルニクスが次に入学を許されたパドヴァ大学――およそ一世紀後にガリレオが教壇に立った大学――で学んだのは医学だった。当時は、講義を受けていた大学とは異なる、費用が少なくてすむ大学で学位を得ることは珍しくなかった。そこでコペルニクスは医学の勉強を途中でやめ、一五〇三年にフェラーラ大学で教会法の博士号を取得したのちポーランドに帰国し、教会の財務管理の職についた。

ポーランドに戻ってまもなく、コペルニクスは最初の本を出版している。七世紀ビザンチンの歴史家テオフィラクトス・シモカテスによる倫理に関する手紙を、ラテン語に訳したものだった。そして一五〇七年から一五一五年までに、小論『コメンタリオルス』を完成させた。その書物が出版されるのは十九世紀になるが、そこにはドメニコ・マリーア・デ・ノヴァーラから教えられた、太陽を中心とした惑星系の原理がまとめられていた。コペルニクスは親しい友人たちにこの小論を配ると、意見を書き送るように頼み、この考え方がどう受けとめられるのか、もっと広く公表する機は熟しているのかを、見極めようとした。

一五一二年にフロムボルクに移り住んだのち、一五一五年には暦の改正を議論するラテラン公会議に参加している。その後、一五一七年に貨幣に関する論文を発表したが、『天球の回転について』の執筆に本気でとりかかったのは一五三〇年になってからだ。この著作は最終的に、なんとしても印刷物として出版したいと考えたひとりの弟子、ゲオルク・レティクスの力によって完成した。

コペルニクスはもともとサモスのアリスタルコスの考えを知っていて、次のように書いていた。「フィロラウスは地球が動いていると信じ、サモスのアリスタルコスも同じ意見だったと言われている」。興味深いことに、この一節は出版の直前になって削除されてしまった。おそらくコペルニクスは、自分の論文は自立したものであるべきだと考えたからだろう。だが、たとえ自立したものであっても、気象の変化、疫病、戦争が絶え間なく起きる地球という移ろいやすい天体が、どうして完璧で深遠な天界の一部になれるというのだろうか？　さらに、もし地球が万物の中心でないなら、聖書に基づく権威の価値とは何なのか？

禁書『天球の回転について』

アンドレアス・オジアンダー（一四九八－一五五二年）は神学者で、数学の本の出版を何度も指導した経験をもっていた。彼はコペルニクスに、この考えを完全な仮説として発表するよう勧めたうえ、出版にあたって許可なく変更を加えていた。本の表紙の直後に署名なしの「序文」を追加し、天文学は天界での現象の原因を知ることはできないのだから、この本に含まれているのは仮説であり、真実ではないと書いたのだ。コペルニクスの弟子のレティクスはこれを読んで激怒し、自分に送られてきた本の序文に赤で大きな×印を書いたという。だがオジアンダーの行為は黙認され、ヨハネス・ケプラー（一五七一－一六三〇年）が一六〇九年に著書『新天文学』でこの事実を明らかにするまで、公表されることはなかった。さらにこの本のタイトルは、草稿に書かれていた『世界の天球の回転について』から『神聖なる天球の回転に関する六巻の書』に変更されていた――この本の偉大な主張を軽いものにする変更だった。

コペルニクスは「序文」のことを知っていたのだろうか？　真実はわからない。死を前に、自由にならない手で本の重みを感じたかもしれないが、わかるのはそこまでだ。

『天球の回転について』は七十年のあいだ自由に読まれ続けた。そしてティコ・ブラーエの観測の力とケプラーの数学の力がこの新しい体系に磨きをかけ、円が楕円に置き換えられて、正しい数学的基盤をもつ太陽中心の体系が生まれた。さらにガリレオと望遠鏡が登場し、地球ではなく太陽が宇宙の中心にあるという観測に基づく証拠が得られた。だが一六一六年三月五日、ローマ教皇庁の目録聖省はこの本を「修正するまで」禁書とし、一六二〇年に修正内容を明らかにする。太陽中心の体系を明白に描写している九つの文について、削除または変更が命じられたのだった。

コペルニクスは、太陽が中心にあって（地球を含む）すべての惑星が太陽を巡る軌道上を回転するという、新しい惑星の体系を提示した。この配置では、太陽から遠ざかるほど惑星の公転速度は遅くなり、固定した恒星がある外側の球は動いていない。コペルニクスがこの太陽中心の宇宙体系を考え出したのは、天空を横切る太陽と惑星の見かけ上の動きを説明するために数多くの円と周転円を導入したプトレマイオスによる体系の、複雑さを解消するためだった。

コペルニクスが考えた体系では、太陽と「固定した」恒星が明確に区別され、恒星はコペルニクスの宇宙の最も外側にある固定した球の上にちりばめられていた。だがこの考えは、ケプラーとガリレオに続く次世代の地動説によって否定される。ルネ・デカルト（一五九六－一六五〇年）は一六四四年に出版した著書『哲学の原理』で、太陽は太古の渦巻きの中心に形成された数多くの恒星のひとつであると論じたのだ。

この時点で太陽は、星空に輝くあまたの星と同じ、ただの恒星になった。

7 星の誕生

イヌイットの天地創造の神話によれば、世界がまだ若く、暗闇によって支配されていたころ、カラスが人間を空に送り届けた。そしてカラスと人は炎のように輝く丸い穴になった。これが星だとカラスは言う。そして天文学者たちもかつては、空に穴があいていると考えていた。その穴とは、星々がひしめくように光り輝く大空にある漆黒の領域だった。今では、それらは暗い分子雲であることがわかっている。その内部には塵と分子ガスが密集しており、背景にある恒星が放つ可視光線をほぼすべて吸収してしまうために、黒く見える。穴の内部に入っていくところを想像してみよう。まさに、宇宙にあいた大きな穴に飛び込んでいくようなものだろう。そこは星のない「暗黒の世界」で、分子雲の内側は宇宙で最も寒く、最も孤立した場所になっている。

暗黒星雲と呼ばれるこのような穴で最も有名なもののひとつが、へびつかい座に近いバーナード68だ。この星雲の内側に星は見えないため、地球から比較的近くにあることがわかり、その距離はおよそ五〇〇光年で、星雲は二分の一光年の直径をもつ。バーナード68のような分子雲がどのようにして形成されるかはまだよくわかっていないが、それは宇宙空間の卵、星のゆりかごと呼ぶことができるものだ。

恒星は、宇宙全体に散在するガスと塵でできた冷たく暗い雲のなかで誕生する。過去何十年かのあいだに星の誕生について多くのことがわかってきてはいるが、その過程にはまだ謎が多い。最近では、暗黒星雲より遠くにある恒星から届く光を見て、星雲の内部を覗く方法が編み出された。異なる領域によって吸収される星の光の量を測定し、中心部から外縁部までの密度と温度の変化を計算する方法だ。その結果、今にも崩壊しそうになっている状態であることが明らかになった。

バーナード68は、形がとりわけ単純で、境界もはっきりしていることから、恒星誕生の研究にはうってつけの星雲だ。そこには太陽の二倍の質量をもつ物質が含まれているが、それらはとても広い範囲に散らばっている。バーナード68の端から端までの直線距離は、地球から太陽までの距離のおよそ一万二五〇〇倍にのぼるのだ。そのため、この星雲の密度は私たちが呼吸している大気の数十億分の一しかない。

それでもバーナード68の後方にある恒星はほとんど覆い隠され、その光は塵で拡散されて見えなくなっている。地球から日没の空が赤く見えるのと同じ効果だ。波長の短い青色光はほとんどが分散してしまい、分子雲を通過できないが、波長がより長い赤色光は比較的容易に通過できる。実際、バーナード68の密度は十分な高さを保っているので、もしも形を変えて地球と太陽のあいだに置いたとすれば、地球は真っ暗闇に閉ざされてしまうだろう。

欧州南天天文台が運営しているラ・シヤおよびパラナル天文台にあるような大型望遠鏡を活用し、これまでにバーナード68の詳細な写真が数多く撮影されてきた。長時間の露光で、見えるようになった背景の恒星は三七〇八個にのぼる。これらの恒星の光が星雲の塵によって散乱した結果の色を測定することで、暗黒星雲を精査し、ガスと塵の密集している場所とガスの種類を判断できる。ガスと塵はくっつくことがわかっているからだ。バーナード68はどうやら崩壊のはじまりの状態で平衡を保っているらしく、崩壊はおよそ十万年以内に起きると予想される。この星雲が収縮すれば、やがて新しい平衡状態に達し、新しい星がこの銀河を美しく彩ることになるだろう――数十億年前に誕生した当時の太陽と、とてもよく似た星が生まれる。

ラプラスの仮説

恒星はガスと塵の雲から生まれるのではないかという考えは、かなり前からあった。一七九〇年代までには、ドイツ生まれのイギリスの天文学者ウィリアム・ハーシェル（一七三八－一八二二年）の手によって次々と強力な反射望遠鏡が製作された成果として、光が散乱する雲のような構造物がいくつもあることが明らかになり、星雲と名づけられた。そしてこれらの観測結果に触発されたフランスの天文学者で数学者のピエール＝シモン・ラプラス（一七四九－一八二七年）が、「星雲仮説」を生み出した。この仮説は、最初はゆっくりと回転していた、広く拡散した巨大なガス雲から、重力崩壊をきっかけとして太陽と太陽系が生まれたとみなすものだ。

ラプラスの宇宙論の考え方は一七九六年に出版された一般向けの『宇宙体系解説』で説明され、これは科学の歴史の一大転機となった。ラプラスは、天地創造という聖書の記述をきっぱりと退け、その代わりに物理学に基盤を置いた理論を主張したからだ。それは、細部は別にして要点では、今もなお妥当な内容となっている。

ただし、すべてのガスと塵が恒星になるわけではない。恒星が生まれるのは、ガス雲の温度が十分に低く、重力が内部からの圧力を上回って崩壊する条件が整っている場合に限られる。ところが、銀河全体に降り注ぐ強い紫外線の光を浴びているとガスの温度は下がらない。その結果として、恒星になるのは紫外線の放射を遮ることができる雲――おもに塵が充満しているもの――だけだ。こうした宇宙塵は、前の世代の巨星から生まれた小さいケイ酸塩粒子の集まりで、惑星の形成にとても重要な役割を果たしている。たとえば、地球は宇宙塵が圧縮されてできたボールだ。

さて、宇宙塵はこのように星の誕生には欠かせないものなのだが、塵の存在は何が起きているのかを見えにくくし、星が生まれる過程の観測を難しいものにしている。塵は、紫外線が星形成雲に到達するのを効率よく防ぐ一方――そのおかげで雲は、星の形成がはじまるために必要な温度である絶対温度一〇度まで冷えることが可能になるが――新しく誕生した星からの放射が外に出ることも防いでしまう。このようにガス雲の内部は塵に覆い隠されているとはいえ、星形成の過程は少しずつ明らかになってきており、最近では塵の内部を覗き見る新しい方法が開発されて、研究を大幅に前進させている。

重力がガスと塵をまとめて内部に引き込もうとするのに対し、これらの物質には外向きの力も働く。温度が高ければ高いほど物質は活発で、外向きの力も大きくなる。だが一部の星雲では、温度が十分に低いために重力が外向きの圧力を凌駕し、ガスと塵がどんどん圧縮されて、最終的には重力崩壊が起きる。この崩壊により、物質の塊が原始星と呼ばれるものを形成する。原始星の中心では温度が徐々に上昇し、十分に高くなったときに熱核融合がはじまる――水素をヘリウムに変える反応で、その反応によって生じる熱が太陽をはじめとした恒星の原動力だ。こうして上昇した熱は熱圧力を生み出すため、原始星が自らの重さで崩壊する動きはやがて止まる。このバランスの問題にうまく対応できれば、恒星はおそらく数十億年ものあいだ輝き続けることになる。

オリオン大星雲に目を向けてみよう。オリオン大星雲は最も有名な星のゆりかごで、その壮大なガス雲は冬の夜空を飾るオリオン座の三つ星のすぐ下側に位置し、肉眼でも簡単に見ることができる。この大星雲の内部を観測した一部の天文学者たちは、星はこれまで考えられていたよりはるかに混み合った環境で生まれていることに気づいた。オリオン大星雲の内部には、光速ならわずか数週間で届く間隔をあけて、数多くの恒星が存在している。

太陽もこれによく似た過程を経て、およそ五十億年前に、ゆっくりと回転する巨大な雲から生まれたと考えられている。太陽の場合、その雲が崩壊する引き金を引いたのは、おそらく別の恒星の死だ。超新星またはOBアソシエーションと呼ばれる高温の青色超巨星群が爆発を起こし、それによって生じた衝撃波が誕生のきっかけとなった。爆発による途方もない量の放射によって生じた星間風が、周辺の物質を圧縮して星を生み出したのだ。

太陽は、生まれてからしばらくのあいだは荒々しい青春期を過ごし、表面から強い風を巻き起こしながら、惑星に組み込まれなかったガスを太陽系から吹き飛ばした。だがその後、活動は少しずつ落ち着いていく。岩石、化石、南極の氷を研究した研究者たちによれば、太陽は長いあいだ現在よりおよそ三〇パーセント明るく輝いていたが、やがて強いイオン化紫外線と極紫外線の放射が急激に衰えていった。太陽の自転速度は徐々に遅くなり、太陽風も現在のレベルまで下がった。

太陽の年齢

地質学者は岩石に含まれる一定の元素の放射性崩壊を調べることによって、その岩石の古さを判別できる。地球上で見つかった最古の岩石は三十億年から四十億年前のものだが、これまでに発見された最古の隕石はおよそ四十五億年前のものだ。地球と太陽が最古の隕石とほぼ同時期に生まれたとみなし、隕石の形成にある程度の時間がかかったことを考慮に入れると、地球と太陽の年齢は、おおまかに見て四十七億歳ということになる。

私たちの太陽の年齢は、宇宙の年齢の三分の一にあたる。太陽は第二世代の恒星だ。かつては別の恒星の内部にあった物質が、その恒星の崩壊に伴って宇宙空間にまき散らされ、それらの物質が再び集まって生まれた。水素とヘリウム以外の物質——私たちの体を作っている炭素、骨にあるカルシウム、呼吸している酸素——は恒星の内部で作られ、何十億年ものあいだガス雲の一部として宇宙空間を漂ったのち、太陽とそれを取り巻く円盤状の塵として集まり、そこから惑星が生まれた。私たちは星屑でできている。

新しい太陽系の荒々しい形成過程で惑星が生まれていくにつれ、もとになった物質の化学的な痕跡はほとんど失われてしまったが、一部の塵はそのままの形で隕石に封じ込められ、時間を止めた。数十年前にこれらの貴重な粒子が発見されると、わずか一〇億分の一グラムのその物質によって、私たちが暮らす天の川銀河の進化および太陽系形成に関する研究が急激に進むことになった。その粒子は、寿命の終わりに近づいていた、炭素を豊富に含む赤色巨星に由来すると考えられている。赤色巨星は、一般的には太陽と同等から五倍までの質量をもつ。そうした赤色巨星は膨張し、巨大だが比較的低温の大気を蓄え、その内部でケイ素をはじめとする粒子が形成された。また、強い風を巻き起こしてガスと塵を宇宙空間にまき散らした。発見された粒子は、太陽形成のもとになったガスと塵の雲について、私たちに何かを語っている。不可解なことに、少し変わった、あるいは非常に進化したいくつもの恒星が、銀河の中心から外に向かって移動してから、太陽系誕生のもとになった雲にその中身をまき散らしたらしい。

恒星が単独で生まれることはほとんどない。通常、水素ガスの巨大なひと塊の雲から数十個もの星が形成される。プレアデス星団はそうした星の集まりだ。こうしていっしょに生まれた星は、やがて異なる方向に動いていき、およそ十億年後にはどの星が同じ星団に属していたのかまったくわからなくなる。

ハッブル宇宙望遠鏡による数多くの興味深い観測のひとつに、二重星HK Tauに関するものがある。HK Tauは若い二重星で、一方の星の周囲には真横方向に広がる円盤が見える。このような二重星を観測できたのは、はじめてのことだった。黒ずんだ薄い円盤が、中心に隠れた星の光で照らされて見える。二重星は、離れた二つの星が近づいてできるよりも、最初から近い位置で誕生する場合がはるかに多い。私たちの太陽にも、かつてはHK Tauのようにパートナーがいたのだろうか？　太陽のかつての相棒が、どこかで輝いているかもしれない。でも、それがどこなのかはわからないし、今後もわかることはないだろう。

8　十七世紀の太陽観測

アイザック・ニュートン（一六四三－一七二七年）に目を向けてみよう。ニュートンは物理科学の発展に関するほとんどの話に関与している。

彼は、太陽光がさまざまな色の光線で構成されていることを示す、いくつかの基本的な実験を行なった。きっかけはウェスト・ミッドランズのスタウアブリッジ市場で買ったプリズムだ。机の上に置いておいたプリズムに太陽の光が当たると、反対側の壁に異なる色の光が像を結ぶことに気づいたニュートンは、プリズムが光線を変えるのか、それとも太陽光には数多くの色が含まれていて、それをプリズムが異なる場所に映し出しているのかと、思いを巡らせた。

ニュートンとプリズム

ニュートンがプリズムと虹について考えはじめたのは一六六六年のことだ。彼は同時代の多くの人たちと同様、望遠鏡を通して何かを見ると、レンズの周辺部に虹色の光が現れることに気づいていた。レンズの縁の部分は必ずプリズム状になっているためだった。だが、当時一般に知られていた理由は古代ギリシャにさかのぼる考えで、どうしても正しいとは思えなかったという。それは、白色光がガラスを通過すると、薄い部分では少しだけ暗くなって赤く見え、厚い部分ではもっと暗くなって青く見えるという説明だった。

答えを見つけるためにブラインドを利用することを思い立ったニュートンは、暗くした室内に一筋の太陽光線だけを通してプリズムに当ててみた。すると光線は、より明確に分離して見えた。

はじめ、それによって生まれる鮮やかで濃い色を見るのは、とても楽しい気晴らしに思えた。ところがしばらくして、じっくり考えるようになると、壁に映った光の像が長く引き伸ばされているのがわかって驚いた。一般に認められている屈折の法則に従えば、光の像は円形になるはずだった。

さらに……像の一方の端に当たる光は、反対側の端に当たる光よりもはるかに大きく屈折していることに気づいた。そこで、光がそのような像を結ぶ真の原因は、光が異なる屈折率をもつ光線によって構成されていることにほかならないと理解した。それぞれの光線は、入射の角度とは関係なく屈折率の程度に応じて、壁のいくつかの部分に分かれて送られていたのだ。

壁に映った光は赤、橙、黄、緑、青に分かれていた。それならば太陽光にはこれらの色の光線が含まれていて、プリズムはそれらをわずかに異なる方向に曲げているにちがいない。こうしてアイザック・ニュートンは、太陽光がガラスのプリズムを通過すると、屈折率に応じて異なる色の構成要素に分かれることを示したのだった。

だが、彼の考えを信じる者はいなかった。実際のところはニュートンが性格そのままに議論を避けて通ったためで、疑いの余地もない自分の理論を詳しく解説したのは、『光学』を出版した一七〇四年になってからだった。

ニュートンの才能はとても幅広く、太陽の質量も割り出した。太陽の質量と地球からの距離は、さまざまな考えの土台を成す二つの数値だが、十八世紀になってようやく合理的な正確さで確定されている。太陽の質量をはじめて量的に推計したのはニュートンで、自らが新たに公式化した万有引力の法則を利用して、『自然哲学の数学的諸原理（略称：プリンキピア）』のなかで計算方法を明らかにした。太陽と地球の質量比は、原理上、彼の計算で用いられた万有引力定数――重力の大きさ――の実際の値を知らなくても求められる。必要になるのは、地球の軌道周期および地球と太陽の半径に関する知識だけだ。ニュートンは最初の試みで、地球の軌道の大きさに誤った値を用いたため、太陽と地球の質量比を桁違いで過小評価することになった（太陽の質量は地球の質量の三三万二九四五倍ではなく、二万八七〇〇倍とした）。だが『プリンキピア』のその後の版では修正を加え、推定値は実際の値の二倍以内に収まるようになった。

ニュートンの影響力は、どんなに高く評価しても高すぎることはない。ウィリアム・ワーズワースは長編詩『序曲』で、次のように敬意を払っている。「ベッドに横たわりて見れば／月の光の／はたまた美しい星の光のなか／礼拝堂のホールに／ひとりたたずむニュートンの像／プリズムを手に沈黙を守る顔は／心を語る大理石／未知の思索の海を／ただひとり永遠に進む」

太陽までの距離をようやく計算できたのは、正確さは別にして一六七二年のことで、初代王室天文官ジョン・フラムスティードとパリ天文台長ジョバンニ・ドメニコ・カッシーニの手によるものだ。基本的な方法としては、地球上の遠く離れた二つの地点から三角法を用いて火星までの距離を測定した。ケプラーの法則に従って、惑星間の相対的な距離がわかれば、太陽までの距離を求めることができたからだ。カッシーニは太陽までの距離を、地球の半径の二万二〇〇〇倍、一億四九〇〇万キロメートルと推定した。

観測技術の進歩

それから一世紀ほどのちには天王星の発見者であるウィリアム・ハーシェルが、望遠鏡を製作する才能と、ときには活発すぎる想像力を駆使して、盛んに太陽を観測した。太陽を観測するためには、太陽のまぶしさをどのように遮るかという問題を解決しなければならなかった。一八〇〇年に、ハーシェルは次のように書いている。「太陽円盤を水星が横切るという事象が迫ったので、私は七フィートの望遠鏡を準備した……私は鏡の開口部全体を開放したままにしておかずにいられなかったため、すぐに色収差補正望遠鏡で一般的に用いられている減光用の楔形ガラスがひとつ残らず割れてしまった。蓄積した熱に耐えられたものは一枚もなかった」

目を射るような太陽の明るさを避けて観測したいと考えたハーシェルは、さまざまな液体で作ったフィルターで実験を繰り返し、一八〇一年に発表した報告書で次のように説明している。「私は太陽を観測する際にスケルトンの接眼部を用い、よく磨いた平面ガラスで両端を密封した可動式の容器をその空間に設置することにより、太陽の光線が容器内に入れた液体を通過してから接眼レンズに達するように工夫した。ワインを通し、太陽がはっきり見えた……」。のちには、「水を通して太陽を見た。水は熱をよく防いでくれるので、どんなに長い時間でも観測していられるだろう」「ポートワインを通して太陽を観測し、煤によるガラスの遮光はしなかった」と書いている。

さらに、色のついたガラス板を通した観測によって太陽のまばゆい輝きを少しでも減らそうとしたハーシェルは、奇妙な効果に気づいた――赤いガラスなら熱よりも可視光線の明るさが減り、緑色のガラスなら光よりも熱が減ったのだ。そこで、太陽は熱と光の両方を放射していると推定した。「太陽を観測できるよう作り替えたいと考えていた機器は、対物レンズ口径九インチのニュートン式反射望遠鏡だ。それを全開で使うことを目指していた。手始めに赤いガラスを選び、二枚をいっしょに使った……目は感じる熱の刺激に耐えることができず……緑色のガラス二枚に替えてみた。だがそれでは光を十分に遮らないことがわかった。そこで一枚をいぶして煤をつけることにした……それらは赤いガラスを用いた場合よりかなり多くの光を通したものの、熱による刺激という、以前の不都合を解消することができた……目が明るさに耐えられるまで十分に和らげられた、淡い緑色の光……そうした色になる素材は、ほかになかった」

これはとても重要な観測記録で、あとの章でまた触れることにする。ハーシェルはこのとき、太陽の色（スペクトル）が目で見える範囲を超えて広がっていることを発見していたのだった。そして「異なる色の減光ガラスの組み合わせを用いると……［ときには］熱を感じても光が大幅に減り、別の組み合わせでは光が多くても熱をほとんど感じなくなった」と書いている。何ごとも徹底させる性格のハーシェルは、ガラスにうまく煤をつける説明も加えた。「封蠟を燃やした煙は役に立たず、ピッチはさらに悪く、ロウソクならうまく行き、獣脂ロウソクならなおよい。そして鯨油ランプは、いずれにも劣らない」

ウィリアム・ハーシェルの息子ジョンも熱心に太陽を観測し、その観測に役立つ新型の接眼レンズを設計した。それがハーシェルウェッジで、一八三四年から一八三八年までの観測を記録した一八四七年出版の『喜望峰における天文観測結果』ではじめて説明されている。表面に銀メッキを施していないシンプルな楔形のガラスで、裏面からの反射が接眼レンズを通して目に届かないようにしたものだ。現在では単独のアクセサリとして用いられることもあるが、ハーシェルはそのような使い方を意図してはいなかった。銀メッキを施さずに背面に置いた凹面の主鏡と組み合わせることで、両凹「レンズ」を構成し、太陽光の屈折と分散によってその熱を逃がす仕組みだった（筒の後部も開放して、太陽光を逃がす必要がある）。

今日では、ハーシェルウェッジのような接眼レンズを用いる天文学者はほとんどいない。望遠鏡内に光と熱が集中してしまう問題を軽減するには、特殊な箔のような素材のフィルターを望遠鏡の前面に取りつけて、最初から光と熱を遮断するのが最良の方法だ。肉眼でも、どんな形式の視覚補助具を通してでも、けっして太陽を直視してはいけない。失明の危険がある。これまでに天文学者たちが学んできた対処法に従い、望遠鏡や双眼鏡を通して得られた像を、必ず投影することだ。

太陽に生物は存在するか

ウィリアム・ハーシェルの話に戻ろう。彼は太陽に存在する生命について、何やら風変わりな考えをもっていた。一七九四年には、太陽の内部に生き物が暮らしている可能性があると書いている。不思議なことに、太陽には生き物が暮らしているかもしれないという推論は長いあいだ尽きることがなかった。ギリシャのルキアノスは、最古の本格的ＳＦ作品と言われる著書『本当の話』で、次のような考えを披露している。

川を渡ると、私たちはブドウの木に何か不思議なものを見つけた。地面から生えている幹の部分はどっしりと太く、よく育っていたが、木の上の部分は完全に女性の上半身の姿だった。そしてその指先から枝が生え、ブドウがたわわに実っていた。私たちが近づくと、ブドウの木は歓迎の挨拶として、私たちの唇にキスまでしてくれた。キスをされた者はたちまち酔ってふらふらになった。だが、ブドウの木は私たちがその実を摘むのには耐えられないようで、もぎとられるごとに泣き叫んだ。なかには私たちに抱きしめてほしいと懇願する木もいて、私の仲間二人がそれに応じた。だが二人とも、それっきり逃れることはできなかった。彼らは性器をしっかりつかまれると、それらは成長して根づいてしまったのだ。彼らの指からは瞬く間に枝が伸び、そこに巻きひげが絡み、今にもほかの木と同じように実を結びそうになっていた。
「太陽に暮らす者たちの王フェートンは、もう長いことわれわれと戦争をしてきた」と、月の王エンデュミオンは言った。「その昔、私はわが王国で最も貧しい人々を集め、まだ誰も住んでいなかった金星に居留地を作る約束をした。するとフェートンは嫉妬心から居留地建設の邪魔をしようと騎兵を率い、移住の旅の途上にあった人々を襲った。あのとき、われわれは兵力でかなわずに打ち負かされ、撤退した。だが今また、私は宣戦を布告して居留地を建設したいと考えている」

トマソ・カンパネッラ（一五六八－一六三九年）は、完璧に哲学的なユートピア物語『太陽の都』を作り上げた。一七九五年にはハーシェルが、生き物の暮らす太陽は本質的には大型の惑星であり、その表面は固く、二重の層をなす雲に囲まれていると主張している。不透明な下の層が、真っ赤に燃える上の層の熱と光から太陽の住民たちを守っており、上の層は実際には地球上のオーロラに似て、ただ規模が壮大なだけだとした。ハーシェルは次のように書いている。「太陽は……非常に高位の大型で明るい惑星にすぎないようだ……太陽系にあるその他の天球との類似性により……そこには生き物が暮らしている可能性が最も高いと思われ……住民の器官はその巨大な天体特有の環境に適応しているだろう」

科学者のフランソワ・アラゴとデヴィッド・ブリュースターも、太陽は生命を育む惑星であるという考えを共有していた。実際のところ、ハーシェルの主張には絶大な影響力があったため、太陽には生き物がいるとする考えを真剣に支持する人は、一八六〇年代になってもまだ存在していたほどだ。その後、異星の生き物は地上の種類とはまったく異なるであろうと気づいたことで、科学的な情報を得た作家たちは、星の内部や表面で暮らす生命体の可能性を考えなおすようになった。そうした作家には、小説『サンダイバー』の作者デイヴィッド・ブリンや、中性子星での技術文明について書いた小説『竜の卵』の作者、故ロバート・フォワードがいる。

最近では、太陽に生命が存在すると考える者はいない。いや、ほとんどいない、と言ったほうがよさそうだ。一九七七年に書かれたSF小説『もし星が神ならば』で、グレゴリイ・ベンフォードとゴードン・エクランドは太陽に知的生命体が存在するかもしれないと述べている。それより前の一九五一年には年配のドイツ人エンジニア、G・ブエレン（一八八一年頃－一九五四年）が「科学者は太陽に生命体が存在しないと証明することはできない」と主張し、公開で賭けに応じると人々に問いかけた（どんな生命の形態が可能かを知ることができない以上、不条理ではあるが、それは安全な賭けにちがいない）。ブエレンは、暗く見える黒点が太陽の内部に通じる穴になっていて、その中心に生命体が暮らしている可能性があると主張したのだ！　ところがブエレンは賭けに負けたとの裁定を受け、ドイツの裁判所からドイツ天文協会への支払いを命じられた。ブエレンの死後、彼の遺産には天文協会への支払い義務が残り、最終的には若いドイツ人天文学者を育成するブエレン基金が創設されている。

だが一部では、おそらくブエレンが正しく、ただわずかに時期尚早なだけだったという議論もなされている。本書でもこれから太陽の未来を探っていくとおり、およそ五十億年後に太陽は膨張して赤色巨星に変わり、地球はそれによって生じる破壊的なガスに巻き込まれる運命だ。それでも地球は太陽の内部で蒸発することはなく、無傷で残り、再び恒星間空間へと放出される。熱に耐えられる微生物生命体が、いつの日か温度の下がった太陽の外圏大気中で生きられるようになるという状況も、想像できなくはない。遺伝子組み換え技術を駆使すれば、私たちはそうした状況で生きる生物を生み出すことさえ――やろうと思えば――できるだろう。

9　マンハイムの火事とレンズ

太陽を理解する鍵は、結局のところ炎にあった。というより、不運な火事で燃え立った炎にあったと言えるだろう。一八五七年のある日の夕刻、ドイツの港町マンハイムで火事が発生した。ライン川の右岸に位置するこの町は、フランス、オーストリア、プロイセンに占領される歴史を繰り返すうちに何度も——大半は第二次世界大戦中に——破壊されている。マンハイムはまた、カール・ベンツという名の住人のおかげで、自動車誕生の地にもなった。だが、ある晩にマンハイムで上がった炎は、太陽と宇宙は何でできているかを理解する道を切り開いた。そしてその発端となったのは、崩壊した家屋の残骸のなかからかろうじて助けられた経験をもつ若者と、裕福な貴族からの支援だった。

太陽をとらえるレンズ

ヨゼフ・フォン・フラウンホーファーは、科学に大きな影響を与えるよう運命づけられていた人物だ。ガラス製造職人を父親にもつフラウンホーファーは生まれたときからレンズに囲まれて育ち、十九歳になるまでには、かつてない最高のレンズを作るようになっていた。

一七八七年三月六日、フラウンホーファーはシュトラウビングで、ガラス職人フランツ・クサヴァー・フラウンホーファーの一一番目の子（末っ子）として生を受けた。兄や姉のうち七人が早世しただけでなく、十歳のときに当時五十四歳だった母親を、その一年後には父親を亡くしている。そのために木材旋盤工の徒弟になることが決められていたが、体があまり丈夫ではなかったことから、まもなくガラス職人の道に進んだ。仕事をはじめたのはミュンヘンにあったヴァイクセルベルガーの作業場で、一七九九年のことだ。親方のヴァイクセルベルガーは徒弟が日曜学校に通うことも本を読むことも許さなかったが、文字どおり家が崩れ落ちて、その運命が好転したのだった。

一八〇一年七月二十一日に起きた二軒の家の崩壊が、フラウンホーファーの人生を永遠に変えることになった。親方の妻は瓦礫の下敷きになって命を落としたが、この徒弟はほとんど無傷のまま四時間後に救い出される。そしてその事故の現場を、マクシミリアン・ヨーゼフ、のちの王マクシミリアン一世と、政治家で起業家でもあったヨゼフ・フォン・ウッツシュナイダーが目にしていた。ウッツシュナイダーはちょうどその数週間前に、精巧な機器とレンズを製造する事業に専念するために政治の仕事から身を引いたばかりだった。フラウンホーファーはマクシミリアン・ヨーゼフに気に入られ、奨学金と後ろ盾を得たので、それを元手としてガラスの切断と研磨の機械を購入し、ヴァイクセルベルガーの作業場から抜け出すことができた。残念ながら物事は順調には進まず、職人として親方のもとに戻った時期もあったが、崩壊した家の瓦礫が縁で出会った二人の友人が彼を助け続けた。

ウッツシュナイダーと、その友人のゲオルク・フォン・ライヘンバッハは、一八〇二年に地図製作で用いる測地機器を製造する作業場を作っていた。ライヘンバッハはマンハイムの陸軍士官学校で学んだのち、ジェームズ・ワットの蒸気機関について学ぶためにイングランドに派遣された経験をもっており、イングランドではジェシー・ラムスデンやジョン・ドロンドなどから光学機器についても学んでいた。そのため、作業場の棚には何台かの機器が並んでおり、レンズさえあればいつでも売れる状態になっていた。そこでフラウンホーファーがその仕事を依頼されることになり、それまでに作られたどんなレンズよりもすぐれたレンズを作れる、新しい方法を開発した。さらに、良質のレンズを作るうえで最も重要な役割を果たすのはガラスであることに気づくと、ウッツシュナイダーが作業場をベネディクトに移すことに賛成し、高品質のガラス製造を保証できるガラス溶融工場を建設した。こうしてフラウンホーファーはガラス溶融の秘訣を学び、その技術を身につけたのだった。

それからはとどまるところを知らず、新しい種類のガラスを開発するとともに、一日に一台の機器を工場から出荷できる生産計画も立てた。三七種類の光学機器を記述したリストが現存しており、そこには一四三〇ギルダーというヘリオメーターの価格提案や、何種類かの「コメットシーカー（彗星望遠鏡）」、天体望遠鏡、望遠鏡、ルーペ、プリズムが並んでいる。六つの対物レンズと二つの接眼レンズを備えた顕微鏡の値段は五二〇ギルダーだ。フラウンホーファーはすべての機器について計算、設計、テストを引き受け、取扱説明書を書き、大型望遠鏡の分解と梱包の手順も見守った。フラウンホーファーの光学機器がヨーロッパ全土で販売され、利用されるようになったとき、彼はまだ二十二歳の若さだった。

自ら生み出した機器は、自らのブレークスルーにも役立っていく。フラウンホーファーはプリズムを用いて太陽光を構成要素の各色に分ける分光計（スペクトロメーター）を作り、太陽スペクトルの研究をはじめると、そこに不思議な暗い線が含まれていることに気づいた。いつもはロウソクの炎の光を用いて機器を調整していたのだが、ある日、太陽光線を用いて調整をしてみたのがきっかけだ。太陽光線のスペクトルには、ロウソクの光では現れなかった暗い線が現れた。フラウンホーファーはそうした暗線を五七四本も確認することができた。

太陽スペクトルの暗線はすでにイギリスの天文学者ウィリアム・ハイド・ウォラストンによって確認されていたが、ウォラストンはそれほど大きな関心を寄せてはいなかった。一方のフラウンホーファーはそれらの線にAからZまでの文字を割り当てており、その命名法は今でもまだ使われている。また、フラウンホーファーはスペクトルの図も描き、現在まで残っているその図は非常にすぐれたものので、自らの手で彫った印刷版は最高傑作だ。さらに、スペクトルに沿って現れる異なる色の線は、それぞれが異なる原子によって生じていること、そして月と惑星では太陽と同じパターンができるが、恒星ではパターンが異なることも発見した。フラウンホーファーはその後も精力的に実験と製作を続けていたが、一八二六年六月七日、結核がもとで（おそらくガラスの製造によって病状を悪化させ）世を去った。太陽スペクトルに関してフラウンホーファーが実らせた成果は、太陽が何でできているかだけでなく、宇宙に存在するその他ほとんどすべてのものについても、究明する道を切り拓いた。

一八四四年、実証主義を提唱したことで知られるフランスの哲学者オーギュスト・コントは（実証主義とは、知識の目的はそれが存在するかどうかを問うことではなく、ただ経験した現象を説明することだけであると主張する、思考の哲学体系）、永遠に秘密のままで終わることは何かと考え、人類は恒星と惑星に到達することはできないだろうから、それらが何でできているかを演繹することはけっしてできないという結論を下した。だが、コントのこの考えは誤りで、マンハイムでの火災がそれを証明するのに役立った。

フラウンホーファーの活躍も手伝って、十九世紀初頭の光学関連工業は大きく発展した。ナポレオン・ボナパルトが小型の携帯用望遠鏡に夢中になったことで、将校や測量士がこぞって望遠鏡を注文したし、一方では喜望峰から南天を観測したハーシェルの業績が大型望遠鏡への関心を呼び起こしていた。そこで光学技術者という新たな職人の集団が生まれ、ロンドンのジェシー・ラムスデンはそのひとりだった。ラムスデンがダブリンのダンシンク天文台のために製造した二メートル半もの高度測定用の環は、まさに名作と言えるものだ。ただし、天文台に届けられたのは契約した納期から二十三年後だったらしい（本書の原稿を待っていた出版社の人たちは、まさにダブリンの天文学者と同じ気持ちを味わっていたにちがいない）。ラムスデンは普段の人づきあいでも時間に遅れることで知られ、バッキンガム宮殿で開催されたパーティーには、ちょうど一年後の同じ日時に到着したという。

太陽の組成の解明

ロベルト・ヴィルヘルム・ブンゼン（一八一一－九九年）も、私たちが太陽を理解するうえで重要な役割を果たした人物のひとりだ。化学の分野で活躍し、実験中に片方の目の視力を失っただけでなく、ヒ素中毒で死にかけたこともある。使っているさまざまな化学薬品のせいで悪臭を身にまとっていたらしく、ある女性は次のように話したとされる。「最初はブンゼンを洗ってやりたかったわ。それからキスをしたいと思ったの。とっても魅力的な男性だから」。一生を結婚せずに終え、理由を尋ねられると、そんな時間はないのだと答えていた。ブンゼンバーナーで広く知られるブンゼンはゲッティンゲンで生まれ、ゲッティンゲン大学を卒業したのち、政府の奨学金を得てドイツ、フランス、オーストリア、スイスへの旅に出かけ、おもに徒歩で各地を巡りながら地質学を学び、鉱山や工場を訪ねるとともに科学者たちと交流した。

電気に関する数多くの基本的発見をしたグスタフ・ロベルト・キルヒホフ教授とともに分光学——光の分析——を研究していたブンゼンは、ある晩、ハイデルベルクにある研究室の窓から、西方一五キロメートルほどにあるマンハイムの火災で燃え立つ炎を目にした。キルヒホフとブンゼンはそれまでに独自の分光器（スペクトロスコープ）を開発し、ガス状になっているさまざまな化学元素のスペクトルの「特徴」を研究してきていた。そこで自分たちが開発した分光器を利用して、遠くマンハイムから届いた炎の光を分析してみると、光に含まれたバリウムとストロンチウムのスペクトル線を検出することができたのだった。その結果を見たブンゼンは、太陽スペクトルでも特定の化学元素を検出できるのではないかと考えた。

キルヒホフはフラウンホーファーの研究をさらに広げ、太陽スペクトルにある暗線は、光が気体を通過する際に特定の波長が吸収されて生じるものだと説明することができた。光が気体を通過すると、その気体は、自身が熱せられたときに発するはずの波長を吸収してしまうのだ。一八五九年、キルヒホフはフラウンホーファー線について、それは太陽の大気に含まれる物質によって特定の波長が吸収された結果であると発表した。そこから、太陽と恒星が何でできているかがわかるようになり、天文学に新しい時代が到来したのだった。

すべての辻褄が合うように思われた。一七五八年にはすでにアンドレアス・ジギスムント・マルクグラーフが、ナトリウム化合物によって炎の色が黄色に変わること、カリウム化合物では炎が紫色に変わることをつきとめていた。また、ニネベでアッシリアの碑文を解読したことでも知られる写真技術の先駆者ウィリアム・ヘンリー・フォックス・タルボット（一八〇〇－七七年）は、プリズムを利用して赤いリチウムとストロンチウムの炎を発見した。そして一八五四年にはペンシルベニア州フリーポートのデヴィッド・オルターが、研究したそれぞれの元素が独自のスペクトルをもつことに気づいた。

そこでブンゼンは一八五九年十一月十五日付の友人宛ての手紙に、化学試薬によって硫酸や塩素などを判別するのと同じ正確さで、太陽と恒星の組成を判別する手段を見つけたと書いている。「地球上の物質も太陽にある物質も、この方法で同じくらい簡単に判別できる。たとえば、私が海水二〇グラム中にあるリチウムを検出できるように」

不思議なことに、宇宙で二番目に多い元素の存在が確認されたのは、太陽スペクトルを観測した結果からだった。地球上にもヘリウムはたくさんあるのだが、反応性の高い元素ではないことから、意図して探さない限り見つけるのは難しい。ヘリウムが存在することを確認できたのは、太陽の研究に挑んでいた十九世紀の科学者たちの目覚ましい業績だ。ナトリウムの輝線に似ているが、わずかに波長が短いために、より明るく輝く黄色のスペクトル線は、一八六八年の日食で現れた太陽のコロナで観測された。最初はナトリウムの輝線と見間違えられていたのだが、当時の太陽天文学の第一人者だった二人の科学者、フランス人のＰ・Ｊ・Ｃ・ジャンサンとイギリス人のノーマン・ロッキャーが、波長のわずかな違いに気づいたのだ。

ロッキャーは当時ロンドンにあった化学大学で、このスペクトル線を再現する試験を行なったのだが、明るく輝く黄色の線を生み出す元素を見つけ出すことはできなかった。そこでロッキャーは未知の元素が存在すると考え、ギリシャの太陽神ヘリオスにちなんでヘリウムと名づけた。一八八二年には、ベスビオ火山から噴出したガスにその元素が含まれていることが観測される。そしてロッキャーが命名してから二十五年後の一八九五年に、ウィリアム・ラムゼーがウラン鉱の一種であるクレーブ石からヘリウムの単離に成功し、その存在を確認したのだった。ロッキャーはのちにこの発見により、ナイトの称号を与えられた。

こうして、太陽は何でできているかという疑問に対する答えは、太陽スペクトルによって明らかになった。だがここで、太陽の組成あるいは太陽の物理的状態を確認するために生まれた光学機器や技術の発達からしばらく離れ、太陽の黒点に目を向けてみることにしよう。ただし、まずは本題から少し外れ、日光浴について考える。

10　太陽光と人体

　サハラ以南のアフリカに暮らす部族と太陽との関係は特殊なものだ。多くの人々にとって、太陽は成長と実りをもたらす光と暖かさの源だが、アフリカ大陸の大半では、そしてその他の大陸の一部地域では、照りつける太陽が不毛と乾燥と死をもたらしている。アフリカ大陸の広い地域の一年は、二つの季節にくっきり分かれる。ひとつは雨と生命の季節、そしてもうひとつは渇水と焼けつくような太陽の威力が支配する季節だ。アフリカの数多くの部族にとって太陽は過剰の化身であり、人間を特別扱いなどしない。太陽は、親切な側面と残酷な側面の両方を持ち合わせている。

　北方の地域では、太陽はそれほど強烈なものではない。その代わり秋と冬になると日が短くなり、日中でも日差しは弱く気温も上がらないままで、多くの人は悲しく物思いに沈み、無気力になる。そのことは、気分が落ち込んでいた人々に春への期待が芽生える冬至のころ、多くの文化と宗教がロウソクと火にまつわる冬祭りを催すことと無関係ではないだろう。

太陽と季節性感情障害

一部の人々にとっては、「憂鬱」は一時的な気分の落ち込みどころではなく、意志の力をちょっと働かせたくらいでは振り払うことのできないものになる。そうした人たちはより無気力で暗い気分になり、衰弱したひどい「冬の鬱」に悩まされ、このような「季節性感情障害（ＳＡＤ）」は毎冬、数千万人もの人々に影響を与えると推定されている。そうなると睡眠時間が長くなり、体重も増えてしまう。ただしＳＡＤは冬だけに起きるとは限らない。感受性の強い人が窓のない建物で働いて日光を浴びずに過ごすと、季節を問わずにＳＡＤに似た症状を経験することがある。一部のＳＡＤ患者は春や夏にも軽い、またときに重い症状が出て、夏季鬱に陥る人も少数ながら存在する。

こうしたＳＡＤ患者のおよそ七〇パーセントから八〇パーセントは女性で、発病の最も一般的な年齢は三十代だが、小児ＳＡＤの症例も報告されている。ＳＡＤの罹患率は、ある程度まで緯度が高くなるにつれて増える。ただし、極地に至るまで平均的に増え続けるわけではない。個人の脆弱性と日光を浴びる時間のあいだの関係らしい。たとえば、ある人はロンドンでは一年中元気なのに、スコットランドのアバディーンに引っ越したらＳＡＤになるかもしれない。別の人はエジンバラでは発症するのに、プリマスでは元気かもしれない。そして極端に敏感な人は、曇りの日が長く続いただけで気分が変化するのに気づくこともある。

一九八四年に米国立精神衛生研究所の精神科医ノーマン・ローゼンタールは、この病の患者に明るい光を照射する療法を用いた報告書を発表した。その後、ほかの研究論文もローゼンタールの発見を裏づけている。明るい光がどのようにして鬱を改善したり睡眠サイクルをリセットしたりできるかについては、まだ研究が続いているが、ある理論によれば、脳内の視覚伝導路に近い視交叉上核と呼ばれる領域が、光に反応して脳内ホルモンであるメラトニンの分泌を妨げる信号を送るという。

この天然ホルモンは、脳のほぼ真ん中にある豆粒大の松果体から分泌されている。松果体は、日中は活動していないが、太陽が沈んだりあたりが暗くなったりすると視交叉上核によって活性化され、メラトニンを作りはじめる。血中のメラトニン濃度が上がると、意識がぼんやりして眠気が襲う。メラトニン濃度が高い状態は、およそ十二時間持続する。夜になって分泌されるメラトニンの量には個人差があり、夜更かしをする人が暗くなってから絶好調になるのはそのためだが、年齢に関係する部分もある。メラトニンの平均的な分泌量は成人より子どものほうが多く、年齢が上がるにつれて減っていく。ただし、不眠症の高齢者のメラトニンのレベルが、正常に睡眠をとれる人より少ないとは限らないことが研究によってわかっている。

網膜から視交叉上核に続く通路があると確信している人もいる。ただし最近の、少し意外な研究によれば、膝の後ろ側に明るい光を当てることで、人間の昼夜のリズムおよびメラトニンの分泌を変えられるという。つまり、視覚伝導路のニューロンだけでなく血流も、生物時計に影響を与えているかもしれないということだ。適切な時間に膝の裏に明るい光を当てれば、時差ボケの解消にも役立つかもしれない！

朝または夕刻のいずれかに人工太陽灯の光を浴びると、ＳＡＤの治療に役立つことがある。当初はフルスペクトルの光が必要だと思われていたが、研究の結果、今ではごく普通の蛍光灯でも同様の働きをすることがわかってきた。紫外線は目と皮膚を傷めることがあるので、フィルターで除去しなければならない。それでもフルスペクトル光（紫外線を取り除いたもの）を好む人が多いのは、それが自然照明に最も近いからだ。ＳＡＤの症状のひとつに、朝になっても目が覚めないというものがあるので、起床したい時間の直前に人工太陽灯で部屋を明るくすると役立つ場合もある――目覚ましライトを利用する方法だ。なかには、少しずつ明るさが増していくようプログラムされた明るい光を用い、起床時間前に一定の時間をかけて最大の明るさにもっていく人もいる。一方、曇っている場合でも屋外の自然光は最大の効果を発揮する。毎日一時間、屋外をウォーキングしたことでＳＡＤの症状が改善したという研究結果もある。

全盲の人のほとんどは、生物学的に太陽の動きに影響を受けることはない。しかし、太陽の動きに合わせて暮らしている人と生活のリズムを合わせなければならないだろう。全盲の人がもつ概日（昼夜の）リズムは、外界に影響されないものだ（つまり、環境から得られる時間のヒントに同期せず、二十四時間より少し長い周期で繰り返している）。そのため、そのリズムが通常の二十四時間の周期からずれると、不眠と日中の眠気を繰り返すことになる。だがメラトニンの投与によってそのリズムを保てることがわかってきた。人は数百万年という年月を経て進化し、その数百万年のあいだに見た光は太陽と焚き火だけだったのだから、私たちは昼夜の周期にしっかり同調するようになってきたのだと思うかもしれない。でも不思議なことに、そうではない！

日光と睡眠サイクル、くる病

人間と動物は一般的に、生まれながら二十四時間に近い睡眠覚醒サイクルをもっている。ただし、いつも正確に二十四時間というわけではない。人が概日リズムをつねに一般的な二十四時間にリセットし続けるには毎日の明暗の周期が必要になり、明暗の差がない部屋にずっと居続けると、その睡眠覚醒サイクルは少しずつ二十四時間から外れていってしまうだろう。そのうえ、自律的な周期の長さは年齢とともに変化する。若者がもつ生来のサイクルは二十四時間より長いことが多いので、夜更かしし、明け方になって眠りにつくような暮らしを好む。その後、成人すると生来のサイクルが二十四時間に近づくのだが、高齢になると自律的な睡眠覚醒サイクルが二十四時間より短くなって、夕方の疲労感や睡眠困難に悩まされたり、朝の散歩の時間がますます早まったりすることがある。

現代社会は二十四時間のサイクルで動いており、歴史上のどんな時代よりも睡眠時間が減って、仕事と遊びの時間は増えている。エジソンが電球を発明して以来、私たちは暗くなったら寝るように促す体内時計を弄んできた。そのことが私たちに打撃を与えはじめたとしても驚くにはあたらない。SADのあるなしにかかわらず、ほとんどすべての人が折に触れて睡眠のことで悩まされた経験をもつだろう。

詳しい日記を書いてロンドンの暮らしを観察したことで知られるサミュエル・ピープス（一六三三―一七〇三年）は、ダニエル・ウィスラーとの交流のすばらしさを何度も書いていた。一六六四年一月十三日の日記には、ピープスが喫茶店でダニエル・ウィスラーと会い、「格別な会話」をしたとする記述がある。ウィスラーは一六四五年にライデン大学を卒業した並外れた医師で、彼がくる病（骨軟化症）について書いた論文が、その主題に関するはじめての、印刷された書籍とされている。

くる病は古代から知られていた。紀元前三〇〇年には呂不韋という人物の脚と背骨が極端に湾曲したという症状が記述され、一八〇年になってガレノスがくる病について説明した。一二三〇年になるとバーソロミュー・アングリカスが、「子どもの手足は簡単に、短期間で曲がり、変形してしまう。子どもたちの手足を包帯でしっかりと縛り、湾曲やひどい変形を防ぐ」と書いている。これが乳幼児をグルグル巻きに包む方法の原点で、イタリアの古い小児病院の一部を象徴する光景になった。またそうすることで、動物だった過去への逆行だと考えられていたハイハイを防ぐこともできた。

ビタミンDの欠乏が原因で発症するくる病をはじめて科学的に説明したのは、ダニエル・ウィスラーとフランシス・グリッソン教授で、十七世紀になってからのことだ。フランシス・グリッソンは一六五〇年にくる病に関する本を書き、その名をギリシャ語で背骨を意味するrachitisとした。くる病の英語ricketsは、足首をひねって怪我をすることを意味する「he ricked his ankle」という言い方に関係するようだ。イギリスでは一六九六年に「窓税」が導入され、財政に窮した政府が住宅の窓の数に応じた課税をはじめた。それに対抗して人々は窓をレンガで埋めるようになったため、家のなかが暗くなり、くる病と結核の発症率を高める要因になったと考えられている。

くる病に対する理解は、一九一〇年から一九三〇年にかけて実験科学としての栄養学が発達し、ビタミンに関する認識が生まれたことがきっかけで、飛躍的に進歩した。ただしビタミンDはステロイドホルモンの一種で、ビタミンの名がついたのはある意味では歴史的な偶然だったと言える。エドワード・メランビー卿は一九一九年に、日光をまったく浴びずに室内だけで育てられたイヌを研究に用い、その食餌を工夫することによって、骨の病気であるくる病は食餌に含まれる微量成分の欠乏が原因で起きることを立証した。一九二一年には次のように書いている。「くる病における脂肪の働きは、脂肪に含まれるビタミンまたは補助栄養素によるもので、おそらく脂溶性ビタミンと同じだろう」。加えて、この病気を防ぐのに肝油が大きく役立つことも明らかにした。科学者たちはさらに、皮膚にあるビタミンDの前駆体に日光が当たると、ビタミンDが実際に生成されることにも気づいた。研究者たちは皮膚を小さく切り取り、そこに紫外線を照射してから、くる病にかかっているラットの餌に混ぜた。紫外線を照射された皮膚はラットをくる病からしっかりと守ったのに対し、照射されていない皮膚は保護の役割をまったく果たさなかった。

このように、ビタミンDは不可欠なものだ。腸を通して食品から吸収することも、また皮膚が日光を浴びて生成することもできる。ビタミンDはホルモンのような働きもして、腸からのカルシウムの吸収を調整するとともに、骨のなかにあるカルシウムとリン酸塩の量も調整する。

私の祖父は二十世紀初頭にミッドランド地方のバーミンガムで育った。ちょうど工業化の大きな波が押し寄せていた時代だ。家族が暮らしていたのはテラスハウスで、裏庭からは鉄道の線路と運河を見下ろすことができた。私はまだ小さいころ、日曜の午後になるとよくその家の裏手にある土手に座り、草むらで日光を浴びながらコオロギの鳴き声と蒸気機関車の音を聞いていたものだ。祖父は、十四歳まで通った学校の友人のなかにくる病になった者が何人もいたのは、食べるものと日に当たる時間が足りなかったからだとよく話していた。祖父の時代から何十年かたって私が学校に通ったころには、休み時間に無料で牛乳が配られたが、それはくる病防止のためのカルシウムの摂取が目的だった。私は必要に迫られたわけではなく、ただみんなといっしょに飲んでいただけだったものの、この牛乳を頼りにせざるを得ない友達もいたし、ときには地元の病院で太陽灯の前に座るよう言われる子もいた。そのころ、バーミンガムの町中にあるテラスハウスでは、太陽はあまり顧みられなかったのだ。

二〇一四年には、ミッドランド地方でくる病の発生が再び増えたという気になる報告があったが、患者の中心は肌の色が浅黒い人々だった。肌の色が浅黒いと、紫外線A波（UVA）がビタミンDの前駆体に達するまでにかかる時間が長くなるためだ。だが一部の人にとっては、日光は鬱や骨の変形の原因ではなく、生死に関わる危険をもたらす存在になる。

ビタミンDと肌の色

皮膚は私たちがもつ最大にして最も重い器官で、表皮と真皮の二層からなっている。表皮は最も外側にあって、おもに保護を目的としたバリアの役割を果たす層で、真皮は血管が通っている最も深い層だ。

人間の肌の色は、アフリカ、オーストラリア、メラネシアで見られるとても暗い褐色からヨーロッパ北西部の一部で見られる黄色がかったピンクまで、世界各地で変化に富んでいる。こうした色の違いを生んでいるのはおもにメラニン色素で、この色素は肌の色が明るくても暗くても存在する（メラニンは通常は表皮にあり、表皮の基底層でメラノサイト〈色素細胞〉と呼ばれる特殊な細胞によって作られている）。作られる色素には二種類あり、ひとつは赤から黄色の成分を生み出すフェオメラニン、もうひとつは褐色から黒の成分を生み出すユーメラニンだ。明るい肌の色をもつ人はおもにフェオメラニンを生成し、暗い肌の色をもつ人はおもにユーメラニンを生成する。より明るい肌の色は、皮膚に近い部分の血流に含まれる赤血球にも影響される。それより度合いは低いものの、皮下脂肪とカロテン（赤みを帯びたオレンジ色の皮膚色素）によっても影響される。

進化の過程を経て、太陽光の紫外線放射が最も強烈な熱帯緯度、とりわけ非森林地域で、褐色の肌をもつ人々が生まれてきた。メラニンは紫外線から皮膚を守る盾の役割を果たして、日焼けによる損傷を防ぐことができる。そうした損傷はＤＮＡを変化させて、皮膚がんの一種であるメラノーマ（悪性黒色腫）を引き起こす可能性があるのだ。

日焼けすると、紫外線照射による刺激が原因でメラニン顆粒が大きくなって数も増える。たいていの場合は肌の色が明るいと日焼けが最もよく目立つが、太陽の光を浴びる時間が長くなれば、肌の色が非常に暗い場合にも日焼けすることがある。一方、ヨーロッパ北西部の一部の人々は日焼けする力を失っている。そうした人々の皮膚は日焼けする代わりに火傷をしてはがれてしまうので、熱帯や亜熱帯の環境では明らかに不利になる。不快な火傷に悩まされるだけでなく、皮膚がんのリスクも大幅に高まってしまう。

だが、メラニンが完璧な盾の力を発揮しても害になる。すでに触れたとおり、体内でビタミンＤを生み出すためには波長の短い紫外線が、一定量だけ外皮の層を通り抜ける必要があるからだ。一方で、皮膚を通り抜ける紫外線の照射量が多すぎれば、体内の葉酸が破壊されて貧血を引き起こす可能性がある。また女性が妊娠中に葉酸の不足に陥ると、生まれた乳児に神経管の異常が生じるリスクが高まる。葉酸は細胞分裂時のＤＮＡ複製に必要とされることから、葉酸の欠乏は精子細胞の形成をはじめとした数多くの生体機能に影響を与える可能性があるのだ。メラニンの存在は皮膚がん発症の可能性を減らすだけでなく、体内の葉酸の量を維持するのにも役立つのだから、これを生成できる能力はおそらく人類の初期の祖先で選択されたものだろう。

　極北の地域では一年の大半を通して日光の照射が比較的少ないため、そこで暮らす人々にとっては、皮膚で盾の役割をする色素沈着が少ないほうが有利になる。進化は必然的に、紫外線照射が弱ければメラニンを減らすことを選択する。そのような環境下では、肌の色が非常に暗いと十分なビタミンDを生成できなくなるために不利に働き、子どもではくる病、大人では骨粗鬆症になる可能性がある。子どものころ長期間にわたってビタミンD欠乏を経験した女性では、赤ちゃんの正常分娩を阻む骨盤変形の発生率が高くなる。

　ただしアメリカ大陸の亜北極で暮らすイヌイットは例外だ。彼らははるか北方の地域で暮らしているにもかかわらず、皮膚の色素沈着の程度はどちらかというと高い。このことはビタミンDを作るうえでは不利なのだが、彼らはどうやらビタミンDが豊富な魚と海洋哺乳類の脂肪を食べることによって埋め合わせているらしい。さらに、イヌイットがこうした極北で暮らすようになってから、まだ五千年ほどしかたっていない。自然選択によってメラニンの生成が十分に減るには、まだ時間が足りていないのだろう。

　人間の皮膚の色のこうした分布をはじめて予測したのは、十九世紀の博物学者ヴィルヘルム・グロージャーだ。グロージャーは一八三三年に、色素沈着の強い動物のほとんどは日差しの強烈な熱帯気候の地域で見つかることに気づいた。その逆に、極地付近の寒冷な気候のなかで暮らす動物は色素沈着が弱い。だが動物界にはグロージャーの法則に沿っていない存在もあり、そのすべては自然選択によって説明することができる。たとえば、紫外線照射による選択圧よりも、カムフラージュした形態の生存価のほうが重要な場合もあるということだ。

私たちの遠い祖先が樹上生活をやめ、草原に進出して新しい暮らし方をはじめた時点では、肌の色は明るくて毛の色が暗かったのかもしれない。やがて毛を失うと皮膚が紫外線で傷つきやすくなったために、埋め合わせとしてメラニンの生成量が増えたのだろう。だが女性の体内の葉酸は、波長の長い紫外線の光によって破壊される。一部の科学者は、葉酸の保護が肌の色を暗くする大きな進化圧となり、それはがん発症のリスクによる進化圧より大きいものだったかもしれないと考えている。

つまり、答えはこうなる――進化の観点から見ると、私たちは太陽光線への適応によって同時に二つの方向に背中を押されている。ビタミンDを生成するためにはいくらかの紫外線が必要だが、葉酸をすっかり破壊したりがんを引き起こしたりするほどの量はいらない。私たちの肌の色は、太陽が引き起こした進化上の綱渡りなのだ。

日光は皮膚に損傷を与え、早期老化、ときにはがんを引き起こす。私たちには生まれつき、しなやかでありながら丈夫な保護カバーが備わっている。シミとも皺とも無縁な生まれたての皮膚は滑らかで、弾力性に富み、表面を微細な毛で覆われている。だが年齢とともに皮膚のあらゆる部分で保護カバーの大きさも機能も衰えていく。皮膚は少しずつ薄くなり、乾燥し、壊れやすくなる。色素細胞の活性がだんだんに弱まって、日焼けしにくくなる。体毛は細くなって数も減り、色は灰色がかっていく。そして日光が皮膚を傷めつけ、なかでも表皮の傷みが激しい。太陽にさらされた影響が蓄積するにつれて皺とシミが増え、荒れていく。太陽光で傷んだ皮膚は弾力性を失ってもろくなる。そして、日焼けによるこうした損傷は皮膚がんのおもな原因だ。

皮膚細胞が日光による損傷を修正できなくなる遺伝性疾患は数多い。太陽光に含まれる紫外線が皮膚の表皮を通過し、細胞核にあるＤＮＡを傷つけることがある。細胞のＤＮＡの損傷は格別珍しいことではなく、さまざまな要因によって起きるので、体には細胞修復の仕組みがたくさん揃っている。ＤＮＡには細胞が実行すべき命令事項が集まっているから、傷ついたあとの修復は重要だ。通常、ＤＮＡによる命令は細胞の機能や細胞分裂、ときには細胞の死に関わる、重要なタンパク質の生成を指示するものになっている。だがもしＤＮＡが損傷を受けると命令が変化し、場合によっては細胞が何者にも邪魔されずに成長し、増殖できるようになってしまう。こうしてがんになる。

太陽光の恵みと危険性

太陽光への拒絶反応は多様だ。ポルフィリン症は太陽光線に対するアレルギーで、露出した皮膚が火傷をし、火ぶくれができたり傷跡が残ったりする。ひどくなると、偏頭痛、吐き気、嘔吐、慢性痛といった症状が出ることもある。なかには呼吸が止まる患者さえいる。これは単一の疾患ではなく、少なくとも八つの障害の集まりで、それぞれの症状は大きく異なっている。ポルフィリン症全体に共通した特徴は、体内にポルフィリンまたはポルフィリン前駆体が蓄積することだ。それらは正常な化学物質だが、通常なら体内に蓄積することはない。

ポルフィリン症は、血液の赤い色素であるヘムを作る酵素の欠乏によって引き起こされる。この酵素がないために、光に敏感なポルフィリンを体内で処理できなくなり、それが血液、便、尿に蓄積してしまう。症状は、ほとんどの場合は神経系や皮膚に影響が及ぶことであらわれる。神経系に影響が及ぶと急性ポルフィリン症を発症する。ポルフィリン症との診断を受けた人は、太陽光を浴びないようにし、節度ある食生活を送り、症状を悪化させる可能性のある特定の薬とアルコールを避けなければならない。

だが、紫外線によるＤＮＡの損傷を修正できない場合が最も深刻で、苦痛を伴う。わずかに太陽の光を浴びただけで、水ぶくれやそばかすから、皮膚、唇、目、口、舌の早期老化まで、広範囲にわたる症状があらわれる場合があるからだ。また、体のこれらの部位でがんの発生率が大幅に上昇し、目に病変があれば失明の可能性が高まる。

ＤＮＡの損傷は累積し、元に戻すことは不可能で、できることと言えば有害な紫外線照射を避けるのみになる。そのためには、日光を遮断した室内にとどまり、皮膚を保護できる衣服を身につけ、日焼け止めクリームとサングラスを使用する。癒やしを感じられる日光を知らずに過ごすことには、言葉では言いつくせない悲しみを感じる。

現代社会では、人々は日光から身を守るのに忙しい。その様子は度が過ぎているのではないかと言う栄養学の専門家も、なかにはいる。太陽はくる病などの骨の病気から私たちを守り、骨粗鬆症を予防する一方で、ビタミンＤが一型糖尿病、多発性硬化症、リウマチ性関節炎、心疾患、数種類のがんのリスクも下げるからだ。だが一部の皮膚科専門医は、こうした利点より皮膚がんになる危険のほうが上回ると主張している。

では、そのバランスをとるにはどうすればよいのだろうか？　日焼けはもちろん避けるべきではあるが、新しい研究によれば、注意しすぎると体に必須のビタミンＤが不足する。カルシウムも同様で、食品から取り入れることができるとはいえ、それだけでは十分な量の摂取は難しく、ほとんどの人にとっては皮膚に日光を浴びるのが最もよい方法だ。だが過度の露出は明らかに危険で、とりわけ命をも脅かす皮膚メラノーマのリスクを考えなければならない。イギリスでのメラノーマによる死者の数は、一九九五年からの五年間だけで二五パーセント増加した。年間約七〇〇〇人がメラノーマの診断を受け、そのうち一五〇〇人が致命的な状態だ。イギリス政府および王立がん研究基金による「サン・スマート」キャンペーンは、紫外線を防ぐ効果の高い日焼け止めクリームを用いて「スリップ・スロップ・スラップ」（長袖シャツを着よう、日焼け止めを塗ろう、帽子をかぶろう）を徹底するようにというメッセージを浸透させようとしてきた。

「Sunlight Robbery（日光略奪）」という報告書は、イギリスの一部の人々は状況がオーストラリアの場合と同様だと考え、誰もが肌を露出させず、帽子をかぶり、日陰に座り、太陽が昇る時間から必ず効果の高い日焼け止めクリームをつけるべきだと主張しているが、その結果としてビタミンDが不足するリスクに陥っていると指摘した。また別の報告書によれば、現在では四人に一人が血中のビタミン不足に陥っているとされ、その原因はどんな種類の日焼けも体に悪いと思い込んでいることだろう。だが私たちは太陽を恐れるのではなく、尊重する必要がある。

実際には、適度な日光は体のためになると考えるべき十分な根拠がある。ランカシャーのブラックプールにある四つの町では、より年間日照時間の短い別の三つの町に比べ、心疾患による死亡が九パーセント少ないという研究結果も発表されている。また、北半球の国々ではビタミンDのレベルが低いために血圧が上昇していることから、日光を適度に浴びれば高血圧を減らせるという研究報告もある。さらに、乳がん、前立腺がん、結腸がん、卵巣がんなどは、少なくともある程度はビタミンDの不足に影響されているだろうとする証拠も集まってきている。ビタミンDはがん細胞の死滅を促して広まるのを防ぐ可能性もある。

産業革命以前には、貧しい人々は屋外で働いて日焼けをした一方、裕福な人々は屋内で過ごしていた。そのため、有閑階級の人々にとっては真っ白な肌が自慢だった。ところが産業革命後、工場内で働く労働者の肌は白くなり、上流階級の人々が日焼けした肌を誇るようになった。屋外で楽しむ時間と手段をもちあわせている証拠だ。

個人的には、過度の日焼けを避けながら楽しく過ごしたいものだ。

11　重要書『ローザ・ウルシナ』

私たちは暖かい服を着こんで黒点を探しに外に出た。当時六歳だった息子のクリストファーがお気に入りのクリスマスプレゼントを裏の芝生に持ち出し、凍える地面に三脚を広げる。すぐにボール紙で作った手製の遮光用バッフルを望遠鏡の前面に取りつけ、クリストファーが接眼レンズの後方で白いカードを支えもつと、私たちはぼんやりと輝く冬の太陽に望遠鏡を向けた。まもなく明るい光の円盤がカードに投影される。焦点を合わせるにつれて、太陽の面に二個の黒い斑点が浮かび上がってきた。「これが黒点？」と、クリストファーが尋ねたので、「黒点だ」と答えてから、「ひとつだけで地球より大きいんだよ」とつけ加える。「すごいなあ」

ほとんどの人は黒点という名前を聞いたことがあっても、それが何かを知らない。望遠鏡が生まれる前には、めったに目にすることはなかった。肉眼でも見えるのは最大級の黒点だけで、しかも条件が整ったときに限られる。たとえば太陽が厚い雲や霧に覆われているときなどだ。

黒点の記録

歴史上には黒点を見たという記録がたくさんあり、本書ではすでにおなじみのアナクサゴラスは紀元前四六七年に、またテオフラストス（紀元前三七四－前二八七年）は紀元前四世紀に気づいている。だが、望遠鏡登場以前の記録がはるかに多いのは極東で、とりわけ中国宮廷の公式記録が突出している。黒点に関する最古の記録は、おそらく現存する中国最古の書物である『易経』で見つかった。この書物には、「太陽にドウが見える」「太陽にメイが見える」という記述があり、文脈から考えて、ドウとメイという語は黒ずんだ点または暗く見える部分を意味しているにちがいない。

西欧世界では、宇宙は完璧であるとするアリストテレスの宇宙観が支配的だったため、黒点はあり得ないものだった。そのために、無視されるか、太陽面を水星や金星が横切る姿だとみなされた。八〇七年に八日ものあいだ非常に大きい黒点が出現した際にも、単なる水星の通過と解釈された。実際、惑星運動の「ケプラーの法則」にその名を冠する偉大な天文学者のケプラーが、太陽面を横切ると予測された水星を観測したいと考えたのは、一六〇七年のことだ。計算された当日、ケプラーは自宅の屋根にあいた小さい穴を通過した太陽の像を投射して実際に黒点を目にすると、それは水星だと考えた。だが、もしケプラーが翌日も観測を続けることができたなら、そこにはまだ黒点が見えたはずだ。水星はたまに太陽面を横切るものの、それには数時間しかかからないことをケプラーもよく知っていたのだから、見えたものは水星ではないと気づいただろう。

中世初期のイングランドに関する重要な書物『最も重要な年代記（*Chronicle of Chronicles*）』の著者、ジョン・オブ・ウースターは、一一二八年に二つの大きな黒い点をもつ太陽を描いた。ジョンの年代記に掲載された絵はすばらしく、わかっている限りでは現存する最古の黒点の絵とみなされている。添えられた本文は次のようなものだ。「十二月八日土曜日の午前中から夕方まで、太陽を背景として二個の黒い天体が見えた。ひとつは太陽の上部にあって大きく、もうひとつは下部にあって小さい。この図に示しているように、それぞれがちょうど反対側にあった」。望遠鏡をもたない観測者が、点だけでなくその位置関係まで見えたとすれば、それらは非常に大きい黒点で、一九四七年四月の並外れた黒点群に匹敵したことだろう。だが物語はそれだけでは終わらない。最新の歴史研究によれば、これらの黒点が観測されたすぐあとに、韓国に北極光（オーロラ）が出現した。

ジョン・オブ・ウースターがこの黒点を記録していたころ、韓国と中国の天文学者たちも同じことを記録している。中国での報告によれば、一一二九年三月二十二日に「太陽のなかに一個の黒い点がありし」、それは四月十四日に「消滅した」。また一一二七年から一一二九年の中国での報告にはオーロラが何度も見られたという記録が残され、二年間のあいだに赤、白、紫の霞が南の空に確認された夜が八日間にのぼった。

観測の条件が整えば肉眼で大きな黒点を見られることもあるが、見ようとするのはよい考えとは言えない。何度言っても言い足りないほど繰り返すが、どんなことがあっても肉眼で、または光学機器を通しても、太陽を直接見てはいけない。過去には何人かの天文学者がなんとかなると思い、取り返しのつかないほど視力を損なった。だから、ぜったいに真似をしないように。

黒点観測の次の段階は、望遠鏡の発明とともに訪れた。誰が望遠鏡を発明したにしても、よく言われているオランダのハンス・リッペルハイでないことはたしかだ。リッペルハイが一六〇八年に望遠鏡をもっていたことは確実だが、それより前に、すでに使っていた人たちがいた。リッペルハイ以前にヤンセンという眼鏡職人が発明に携わったと言われている。ただしヤンセンについて詳しいことはわかっていない。さらにイタリア人の建築家ジャコモ・デッラ・ポルタ（一六〇二年没）も関わっていた。宝石に物を拡大して見せる性質があるという知識は、古代までさかのぼる。ローマの文筆家プリニウスとセネカは、ポンペイで彫刻家が用いていたレンズについて言及しており、古代の人々がレンズについて知っていたことはほぼ間違いなく、日本の民話にも興味深い話が残されている。ある物語では、金と赤の毛をもつ大鬼が「千里の先を見通せる」筒の力を借りて略奪をしに日本にやってきたとある。

一五七〇年代にはイギリスの数学者トマス・ディッグスが、「釣り合いのとれたガラスを適切な角度で適切な位置に置くことによって、遠くのものを発見できるだけでなく、書状、数字が書かれたものや紙幣、硬貨やそこに書かれた文字を読むことができる」と書いた。またウィリアム・ボーンは一五七八年に出版された著書『発明と考案』で、「遠方にある小さいもの」や「四マイルも五マイルも離れた人物を見る」ためには「二枚のガラスの助けを借りる必要がある」と書いている。

起源が何であれ、一六〇八年には望遠鏡が突如としてヨーロッパのあちこちで使われるようになった。そしてその年の十月二日にリッペルハイが望遠鏡の特許を申請する。まもなく別の二人もハーグ当局に特許を申請したが、そのころにはすでに望遠鏡の秘密が漏れていたことは明らかで、申請は却下された。その数か月後、小型望遠鏡《スパイグラス》がパリ、ロンドン、ミラノ、ベネチア、ナポリの各地に届いた。

四人の天文学者と黒点

十七世紀の最初の十年間に、四人の天文学者がほぼ同時に太陽に望遠鏡を向け、黒点を目にした。オランダのヨハネス・ゴルトシュミット（一五八七‐一六一六年、ファブリキウスとして知られる）、イギリスのトーマス・ハリオット（一五六〇‐一六二一年）、イタリアのガリレオ・ガリレイ、そしてドイツ生まれのイエズス会士クリストフ・シャイナー（一五七五‐一六五〇年）だ。

ハリオットはロンドン西部の堂々とした邸宅、サイオン・ハウスで暮らしながら仕事をし、一五九七年までには光学の研究に携わるようになって、一六〇一年七月に屈折の法則を発見した。現在も物理を勉強した学生なら必ずこの法則を知っているが、不当にも「スネルの法則」と呼ばれている。ハリオットの業績とされているのは最も古い太陽黒点の観測で、一六一〇年十二月八日、テムズ川の対岸から昇った霧にけむる太陽の記録に黒点を描いた。日記にはこう書いている。「十二月八日、太陽の高度は七度または八度。霜と霞。この状態で太陽を観測。機器は10／1．B。観測は二、三回。一度目は右目、あとは左目。一分間。その後、太陽は明るくなりすぎた」。この日記に黒点の記述はないが、絵の部分にはっきりした描写がある。一六一二年二月の正午ごろ何度か続けて観測したあとには、「一時間ほど視界がぼやけた」と書いた。こうして一六一〇年から一六一二年のあいだに、ハリオットは二〇〇枚近い黒点の絵を残したのだった。

ハリオットによる並外れた太陽の絵の原本は、すばらしい月の地図とともに今もまだ当時のまま残されている。比較的裕福だったハリオットには最高品質のインクと羊皮紙を用いる余裕があった。そのため、彼が描いた黒点の絵を目にすると、まるで昨日描かれたばかりのページを見ているような錯覚に陥る。そしてそこにはハリオットのユーモアも垣間見える。余談やメモに、「本日は観測なし、無駄話で終わる」といった記述が紛れているからだ。だが、科学史上の至宝のこれらがどこにあるのか想像してみてほしい。大英図書館の展示室、あるいは王立天文学会の図書室、それともロンドンのサイエンス・ミュージアムだろうか？　どの予想もあたってはいない。科学史上の途方もなく貴重なこれらの文書が保存されているのはウェスト・サセックスのカントリーハウスで、しかも物置に置かれた箱のなかだ。ハリオットは並外れた科学者でありながら、私の見たところでは、正当に評価されていない。

ファブリキウスもすぐれた天文学者だった。彼は一六一一年二月二十七日（グレゴリオ暦では三月九日だが、観測地となった東フリジア諸島では当時まだグレゴリオ暦は採用されていない）に黒点を目にし、すぐに父親と協力してさらに詳しい観測を開始した。著書『太陽面上に観測された斑点について（*De maculis in sole observatis*）』は一六一一年の秋に出版され、フランクフルトの書籍市で販売されたものの、しばらくのあいだ他の観測者たちの目に触れることはなかった（現代も多くの本が同じ運命だと聞く）。ファブリキウスは一日ごとに斑点の位置が動く様子を太陽の自転によるものだと正しく判断し、太陽がおよそ二週間かけて斑点を太陽面の端から端まで運んでいると考えた。

ファブリキウスの父子チームは、日の出の直後と日の入りの直前に望遠鏡を通して黒点を直接観測していた。そうした時間には太陽が頭上にあるときより少しは明るさが和らいでいるが、二人による次の説明は、この方法で太陽を観測する場合によく言われる警告が正しいことを裏づけている。

望遠鏡を調整してから太陽光線を視野に入れるが、はじめは太陽の端の部分のみにし、徐々に中心へと近づける。その過程で私たちの目は少しずつ光線の強さに慣れていき、やがて太陽全体を見ることができた。そうすることによって、前述のもの［黒点］をより明確に、確実に、見ることができた。そのあいだにも雲が邪魔に入り、また太陽は大急ぎで天頂を目指して、少しでも長く観測したいという私たちの希望を打ち砕く。実際、低い位置にある太陽を無分別に観測すれば、目がひどく傷つく恐れがある。日の出や日の入りに近い太陽の弱い光でさえ、その奇妙な赤さによってしばしば目に炎症を引き起こし、そうした状態は二日間も続いて物の見え方に影響を及ぼす場合があるからだ。

まもなく二人がケプラーの考え出した技術を使いはじめたのも当然と言える。それは望遠鏡の後方に平らな面を用意して、そこに太陽の像を投影する方法で、クリストファーと私が裏の芝生で試みたものと同じだ。ファブリキウスは一六一六年三月十九日に世を去り、彼の父親も太陽の観測を続けることなく、その翌年に命を落としている。聖職者だった父親は、ガチョウを盗んだある教区民を説教台から強く非難したために、激怒したその男に殺されたのだった。

パドヴァ大学の数学教授ガリレオ・ガリレイは、早い時期に望遠鏡の存在を伝え聞き、「その美しいものを欲しくてたまらない」気持ちになった。そして四十五歳になったガリレオが実際に望遠鏡を目にしたとき、二枚のレンズと筒を用いたこの道具を作るのはそれほど難しいはずがないと判断し、好機が訪れたことを悟る。もしベネチア議会にすばやく望遠鏡を提出できれば、高額の報酬または年金が自分のものになるだろう。ガリレオにはその金がどうしても必要だった。ぐずぐずしている暇はない。小型望遠鏡のセールスマンはパドヴァにいて、何人かはベネチアを訪れようとしている。そこでガリレオは、望遠鏡に関するライバルの主張があってもいっさい受け入れないようにとベネチア議会に伝えておいてから、数週間のうちに自らの手で望遠鏡を作り上げた。

一六〇九年八月二十五日、ガリレオはベネチアの議員たちを引き連れてサンマルコ広場を行進すると、眼下のベネチアの街だけでなくそのむこうに広がる海をも見渡せる鐘楼に登り、肉眼で見つけるより数時間も早く遠くの船が見えることを実証した。その結果、無事に報酬を手にし、生涯の俸給が五倍に増えたのだった。ジャンバッティスタ・デッラ・ポルタは異議を唱え、自分は二十年も前に凸レンズと凹レンズについて書いた本で望遠鏡を考え出していたと主張したが、彼は望遠鏡のもつ潜在的な力に気づいていなかった。しかし当時はガリレオでさえ、それが実際にどれほど画期的なものかを明確に理解できていたわけではない。ただ、ガリレオが望遠鏡を製造する独占権をベネチアの評議員たちに売ったのは、少し行き過ぎだったようだ。その権利が役に立たないとわかって、返金を求められている。

一六〇九年十月にフィレンツェを訪れたガリレオは、以前の教え子で当時は大公となっていたコジモ・デ・メディチ二世に自分の望遠鏡を披露し、いっしょに月を見た。ところが月はぼんやりとしか見えなかったので、ガリレオはその望遠鏡に改良の余地があると考える。その改良は十一月までに終わり、最大二〇倍まで拡大できるようになった望遠鏡を抱えてパドヴァの自宅の庭に出たガリレオは、当時ペルスピキルム（perspicillum：ラテン語で眼鏡の意）と呼んでいた望遠鏡を月に向けた。

それは宇宙観が変貌をとげた、古くからの推測と偏見とが消え去った、稀有な瞬間のひとつだ。そのとき、ガリレオの望遠鏡を通して天体の近代的な姿がはじめて明らかになったのだ——ガリレオがのちに「古き発見者（old discoverer）」と呼んだこの望遠鏡は、今でもフィレンツェのアルチェトリで見ることができる（実際には、新しい天空をはじめて指し示したガリレオの指も保存され、博物館に展示されている）。そして自分が今や革命的なものを目にしていると自覚したガリレオは、大急ぎで本を書く準備を進めていく。本のために水彩画を描き、「偉大な驚くべき光景を公表して……誰もが目にできるように」との考えで、翌年三月に『星界の報告』を出版した。

ガリレオは科学の世界でも太陽の物語でも非常に重要な役割を果たした。太陽系の中心にあるのは地球ではなく太陽であることを示す、観測による証拠を手にしたからだ。だがそれは、やがてガリレオとカトリック教会とが対立を深めていく第一歩でもあった。コペルニクスの着想とガリレオの観測は、宇宙における私たちの居場所を物理的にも精神的にも大きく変え、そこから科学と信仰は別々の道を歩みはじめたのだった。

ガリレオは観測によって太陽を太陽系の中心という正しい位置に置いただけでなく、ペルスピキルムと呼んだ望遠鏡を通して太陽の黒点も観測し、一六一一年春に華々しくローマを訪れた際に多くの人々に見せた。だが広く名を知られたことで多忙にもなり、黒点を定期的に観測して研究しはじめたのは一六一二年四月になってからだった。一方のシャイナーは、一六一一年十月に色つきガラスのフィルターを取りつけた望遠鏡を用いて黒点の観測を開始した。そして一六一二年一月には黒点に関する最初の小論文『マーク・ウェルザーに宛てた太陽黒点に関する三書簡』を発表している。ウェルザーはアウクスブルクに住む学者で、銀行家でもあり、地元の学者たちの後援者にもなっていた人物だ。

ガリレオvsシャイナー

ガリレオの発見を耳にしたシャイナーは性能のよい望遠鏡を手に入れることを目指し、望遠鏡時代の天文学者として初の太陽観測所を設立した。シャイナーははじめて黒点を観測したわけでも、はじめて黒点に関する書物を発表したわけでもないが、この小論文がきっかけとなってガリレオとの黒点をめぐる論争がはじまる。シャイナーはイエズス会に属する数学者で、アリストテレスおよびカトリック教会の教えに従って太陽は完璧で汚れなき存在であると信じていたため、黒点を太陽の衛星とみなした。この論争で交わされた往復書簡のなかで、ウェルザーはガリレオにシャイナーの本に関する意見を求め、ガリレオはウェルザーに宛てた二通の手紙でそれに応えた。ガリレオの手紙には、黒点は太陽の表面または表面近くにあること、それらの形は変化すること、また太陽円盤上で生まれたり消えたりするのが頻繁に見えることが書かれており、それゆえに太陽は完璧な存在ではないと結論づけられていた。

シャイナーは黒点に関する本だけでなく、大気屈折および目のレンズを扱った本の出版も続けた。そして一六二四年に裕福な後援者がスペインへの航海中に命を落としたあと、ローマに移り住み、最も重要な著書『ローザ・ウルシナ』（一六三〇年）を出版している（「オルシーニのバラ」を意味する書名は、シャイナーの後援者がオルシーニ家の出身で、その紋章にはバラとクマが用いられていたことにちなむ）。これは、その後一世紀以上にわたって太陽黒点に関する標準の書物となった。

ガリレオは一六二三年に、天体の現象に関する自らの発見を盗もうとした者がいたとして、非難する文章を書いている。ガリレオの念頭にあった人物がシャイナーでなかったことはほぼ確実だが、自分が中傷されたと解釈したシャイナーは、『ローザ・ウルシナ』の冒頭部分をガリレオに対する全面的な攻撃に費やした。シャイナーのガリレオに対する敵意は、一六三三年に教会がガリレオへの攻撃を開始するきっかけになったと言われている。だが、シャイナーがどれだけガリレオを罵倒したとしても、『ローザ・ウルシナ』の価値は少しも損なわれてはいない。この本でシャイナーはついに、黒点が太陽の表面または太陽大気中にあること、そこで頻繁に生まれたり消えたりしていること、それゆえに太陽は完璧な存在ではないことを認めているからだ。

ガリレオは観測をはじめたばかりのころ、望遠鏡を通して日没前の太陽を直接見ていた。観測の手順を説明してはいないが、「望遠鏡を通して光輝く太陽円盤を見ると、周囲の広がりよりはるかにまぶしい」と書いている。そして黒点を説明する部分には、「小さいものは……望遠鏡を通して観測してもほとんど確認できず、ただ目が疲れ、傷つくだけだ」とある。日の入り前に雲を通して見ていたと述べており、投影法を用いて日中も観測するようになったのはあとのことだ。

ガリレオが失明しなかったのは幸運だった。フィレンツェの科学史博物館ではガリレオが使っていた機器の測定とテストが行なわれているので、実際に見えていた明るさを推定することができる。当時の一四倍の望遠鏡を通して見た太陽の像は、肉眼で見た場合に網膜上にできる像の四〇パーセントの明るさだ。また別の二一倍の望遠鏡なら、像の明るさは六パーセントになる。ただし、当時の望遠鏡は品質も悪く、ガラスにはコーティングも施されていないし、照準も正確なものではなかっただろうから、明るさはさらに減っていたはずだ。そうした望遠鏡を用いて日の入り前に雲を通して観測していたから、太陽に焦点を合わせても目が傷つかなかったのだろう。運がよかった。

それでもガリレオはまもなく投影板を用い、望遠鏡の投影法を採用するようになった。一六一二年五月ごろにベネデット・カステッリ（一五七八－一六四三年）から教わって、すぐ飛びついたにちがいない。カステッリはガリレオの教え子で、太陽観測のための投影法を説明する手紙を書き、標準直径をもつ円に投影して描いた太陽の絵も添えていた。この方法は目で直接見るより安全なだけでなく、二人の観測者が同じ像を見られるため、また映った画像を正確になぞれるために、科学的な太陽観測法を向上させるものだった。カステッリは黒点の移動を正確に記録しはじめており、ガリレオと協力して太陽円盤を一五の部分に分けて印をつけ、黒点が移動する様子を連続的に測定するようになった。このような正確な測定によって、ガリレオは黒点が太陽の表面または表面近くにあることを実証し、論争に決着をつけることができた。

クリストフ・シャイナーに宛てたガリレオの手紙に、次のような記述がある。

黒点を正確に描く方法が……ベネデット・カステッリによって……発見された……望遠鏡を太陽に向け……焦点を合わせて固定したら、凹レンズから約一フィートの位置に平らな白い紙をかざす。すると紙の上に太陽円盤の丸い画像が映る……紙を筒から遠くに離すほど、像は大きくなり、黒点もはっきり見えるようになる……黒点を正確に記録するために、私はあらかじめ最適と思える大きさの円を描いた紙を用意し、それからその紙を筒に近づけたり筒から遠ざけたりして、太陽の像が紙に描いてある円と同じ大きさになる位置を見つける……紙が傾いていると、像は正円ではなく楕円になってしまうので、紙に描いておいた円周にピッタリ合わない。

紙の傾け方を変えることで、正しい位置は簡単にわかる……だが、太陽の動きを追ってつねにその中心をとらえ続ける必要があるので、望遠鏡を頻繁に動かしながら、機敏に作業しなければならない。望遠鏡が正しい位置にあるかどうかは凸レンズを覗き込めばわかる。太陽を正しくとらえていれば、このレンズのちょうど中央に小さな輝く円が見えるはずだ……次に注意しなければならないのは、望遠鏡を通した黒点の像は反転している点で、太陽円盤上の実際の位置とは逆に見える。そのため、左から右へ、上から下へと移動する。光線が凸レンズに達する前に望遠鏡の筒の内部で交差するからだ。だが私たちは太陽に向かい合って置かれた紙を見て絵を描き、そこには望遠鏡を覗いて見える光景を反転させた像が映っているので、すでに実際と同じように右から左に移動するように見えている……紙の上下を逆にし……紙を光にかざして透かしてみれば、まるで太陽をまっすぐ見つめているかのように、黒点が正確に見えるだろう。

望遠鏡を用いて太陽を定期的に観測している人なら、ありふれた光景だと感じるだろう。

シャイナーは一六一七年ごろ、二枚の凸レンズを用いる、いわゆるケプラー式望遠鏡をはじめて組み立てて使用したと考えられている。ただし、シルレ・ディ・レイタが最初だとの説もある。シャイナーはのちに凸レンズを三枚用いた地上望遠鏡をマクシミリアン三世のために作り、さらにはじめて正立像望遠鏡を作ったとも言われているが、これについてはシルレ・ディ・レイタのほうが先んじていたようだ。シャイナーが太陽の観測をはじめたばかりのころには、青または緑色のガラスをフィルターとして用い、日の出の直後と日の入りの直前に、または雲がかかっているときに、太陽の縁から中心までを短時間ですばやく見るだけだった。

　シャイナーは黒点の観測を十五年にわたって続けるうちに、太陽像を投影する望遠鏡のさまざまな設計を思いつき、組み立てていった。当初はこれをヘリオトロピイ・テリオスコピシ（heliotropii telioscopici）と呼んでいたが、やがて短縮されてヘリオスコープになり、彼はそのすべてについて『ローザ・ウルシナ』で説明している。

　シャイナーのヘリオスコープは、わかっている限りで初の赤道儀式望遠鏡で、天空を横切る太陽の動きを追うために一本の軸を基準にして動く。それ以前にはティコ・ブラーエが赤道儀を利用していた。『ローザ・ウルシナ』にいくつかの異なるヘリオスコープの絵が掲載されている。いずれにも、望遠鏡と垂直の関係を保って描画用の画架《イーゼル》が固定されており、太陽の像を正確に投影できる仕組みだ。これらの道具を用いてシャイナーは一連の黒点の絵を描き、それらを組み合わせることで太陽面を横切る黒点の道筋を示す一枚の図にした。こうした合成の図は一六二五年から一六二七年に描かれたもので、それらがあることによって、今もなお当時までさかのぼる黒点数周期の研究が可能になっている。『ローザ・ウルシナ』の出版からおよそ十五年後、太陽がいわゆるマウンダー極小期――これについてはあとの章で紹介する――に突入したことで観測する黒点がなくなり、太陽研究は失速して、一世紀ものあいだシャイナーの業績をしのぐものは現れなかった。

　だが、『ローザ・ウルシナ』は太陽について書かれているだけの本ではない。そこには望遠鏡設計の図解や、目と光学機器の相関関係を示す一連のすばらしい挿絵もある。シャイナーはさらに視覚光学と大気光学に関する本も出版しているが、英語に翻訳されたものはない。

ヘヴェリウスの『天文機械』

ヨハネス・ヘヴェリウス（一六一一－八七年）は裕福な醸造家で、熱心な天文学者でもあり、太陽の観測にも取り組んだ。グダニスク（ドイツ語表記ではダンツィヒ）で暮らしていたヘヴェリウスは、豊かな財力を活かして太陽望遠鏡を開発し、それについて二冊の著作で解説している。ひとつは一六四七年に出版された『月面譜』（セレノグラフィア）で、月にちなんだ書名がつけられてはいるが、太陽黒点について書いた補遺と太陽観測に関する章も含まれている。もうひとつは一六七三年の『天文機械』（マキナ・コアレステシス）で、自らの器具と技術について詳しく解説したものだ。

ヘヴェリウスは一六三〇年と一六三九年に日食を目にしたあと、一六四二年に黒点の定期的な観測を開始した。『月面譜』に、黒点の観測に基づいて判断した太陽の自転周期は平均二十七日だと書いている。黒点の観測には、シャイナーのヘリオスコープを改良してはじめて自作したヘリオスコープを用いていた。外壁にあけた穴にソケットをつけて球をはめ込み、その球に望遠鏡を取りつけることで、望遠鏡を自在に旋回させて太陽を追う仕組みだ。部屋を暗くし、望遠鏡を通した像を可動式の画架に投影させる。画架は作業台の上に垂直に固定され、その高さはネジ式の支柱についている取っ手で自由に調整できた。助手が水平の台の上で画架をゆっくり移動させながら太陽の動きを追うと、画架につながれた望遠鏡も一体となって動く。水平の作業台の上に垂直に置いた画架の紙は望遠鏡の光軸に対して直角の面ではないために、投影された像は楕円形になり、午前と午後では形が変わった。時間とともに黒点の動きを追う作業は、投影によって生じた歪みを修正する必要があるために複雑なものになった。

ヘヴェリウスは『天文機械』で、動いている天体の絵を描く難しさを説明し、改良型のヘリオスコープを披露している。この新しい仕組みでは望遠鏡から棒を長く伸ばし、その棒に画架を直接取りつけて、紙の面がいつでも太陽の方向と直角をなすようにした。太陽を描くための画架は、ネジ式の台を用いて枠に固定できるようになっている。画架を水平方向の支柱に沿って滑らせることで大きく動かすとともに、画架の下部につけた二個のネジで位置を微調整した。

苦心して作り上げたこの仕組みが利用された機会として最も注目に値するのは、一六六一年五月三日に起きた水星の太陽面通過だ。公開された計算結果によれば、通過は五月一日から十一日までのあいだに起きると予想されていた。五月三日は晴れたり曇ったりの一日で、午後二時にほんの数秒だけ太陽が顔を出したとき、ぽつんと黒い点が見えた。そして午後四時半に再び太陽が姿を見せたとき、点の位置は動いていた。雲は午後五時と七時半にも途切れた。太陽の像は画架の上では直径八〇ミリメートル、そして水星の直径はおよそ一ミリメートルだ。ヘヴェリウスは自分で描いた絵を用いて、水星がはじめて太陽面に接した時刻と、横切ったあとで太陽面から離れた時刻を推定し、水星の軌道要素を導き出している。そして水星の見かけの大きさ（視直角）を十二秒角と計算しており、実際の値（約十三秒角）に近い。

ヘヴェリウスはまた、黒点の周囲の薄暗い部分――半暗部――を正確に描いた二六枚の絵も『月面譜』に収め、太陽の回転に伴う半暗部の形の変化を説明している。本人は予想だにしなかっただろうが、黒点を追跡して残したその綿密な記録は、およそ三百五十年後に太陽研究の第一線へと押し出された。そして彼が観測した太陽の活動は、現在の太陽の活動とは異なっていたことがわかった。

ヘヴェリウスは一六六四年に英国王立協会の会員に選出され、一六六六年には新設されたパリ天文台の台長に推薦されたが、それを断ったため、ジョバンニ・ドメニコ・カッシーニがその職についた。ヘヴェリウスの太陽観測の記録は、一六四七年の『月面譜』（セレノグラフィア）、一六六八年の『彗星譜』（コメトグラフィア）、一六七三年の『天文機械』（マキナ・コアレステシス）で、補遺として発表された。また黒点の観測結果から太陽の自転周期をかつてない精度で求めただけでなく、黒点の周辺にある明るい領域に、イタリア語で小さな松明を意味するファキュラ——白斑——という名前をつけた。その名は今もまだ使われている。

進む黒点観測

科学者であり自然哲学者でもあったロバート・フック（一六三五－一七〇三年）は、誰に聞いてもすばらしい人物とは言いがたかったが、彼のライバルのアイザック・ニュートンも、やはり誰に聞いてもすばらしい人物ではなかったらしい。フックはニュートンをしのぐ科学的興味を抱いていたように見えるものの、科学上の業績という点では最高峰に上りつめることができず、そのことを恨みに思っていたとされている。フックは王立協会の会合で太陽望遠鏡を披露し、一六七六年には卓越した小論文『ヘリオスコープの説明』を発表して太陽観測専用のさまざまな器具を発表した。だがそれは実験の記録というより一連の提案であり、出版された時点ですでにフックの関心は別の方面に移っていた。また翌年の二月には、焦点距離六フィートのレンズ一枚と内部鏡二枚を箱のなかに組み込み、光路を短縮して望遠鏡の長さを短くしたものを発表した。反射率の小さいガラスの鏡を使用して、太陽の光を固定望遠鏡の内部に反射させるものだった。

フックは明らかに、自分が考え出した短い望遠鏡にこだわりをもっていた。その四年前、フックはニュートンを相手に、どちらが反射式望遠鏡を発明したかをめぐって論争を繰り広げている。平面鏡を使用して固定式の天体望遠鏡に光を導く方法は、王立協会の会合でフックが最初に提案したようだ。フックは記録に残る最後の科学調査を一七〇二年に行なっており、それは太陽の直径をより正確に測定しようとするものだった。

フックは誇らしげに次のように書いている。自分のヘリオスコープは「太陽の明るさを大幅に減らすもので、どんなに目が弱い人が、いつ覗こうとも、まったく害はない。私の考案は、正確に研磨された平らな光沢のある黒いガラスの表面で光線を反射させるもので、放射を弱めることができ、最終的には夕暮れどきの月の光のように弱くかすかになり、簡単に、非常に楽しく、太陽の様相および黒点と白斑を観測して調べ、記述することができる……」。

十八世紀にはまだ物理的な基礎が解明されていなかったため、太陽に対する理解はなかなか深まらなかったが、目覚ましい観測は続いていた。一七三九年には英領植民地マサチューセッツのケンブリッジに住むジョン・ウィンスロップ（一七一四－七九年）が、新世界の著名な天文学者としてはじめて太陽黒点の観測を行なった。彼が描いた絵はハーバード大学の公文書館に一ページの報告書として現存しているが、出版されることはなかった。一七六一年には金星の太陽面通過を観測するために、ニューファンドランド島のセントジョンズに遠征している。

想像力に富み聡明で分析力をも備えていたウィンスロップは、謙虚な人物で、哲学的問題を論じることも、ケンブリッジにある自分の小さな農場から大学の食糧庫までの牛乳配達を監督することも、同じようにたやすくやってのけたという。牧師のチャールズ・チョーンシーはボストンの人々がいかにウィンスロップを敬愛していたかを語り、「彼がこの国における最も偉大な数学者であり哲学者であることに反論する者は、誰ひとりとしていないだろう」と述べている。ウィンスロップは、おもに王立協会からの出版物によって国際的な名声を得ており、テーマは惑星の太陽面通過、彗星や地震の性質、光行差〔訳註：天体の観測時に観測者が移動していることによって生じる、天体が見える方向のずれ〕など、多岐にわたった。

一七三九年四月、靄《もや》に包まれた太陽を見て思いがけず黒点の存在に気づいたウィンスロップは、「とても大きく目立つ点が肉眼ではっきり見えた」と簡単なメモを残している。その後ハーバード大学にあった八フィートの望遠鏡を用いてその現象を詳しく観察すると、ほかにもいくつかの黒点が見つかり、その様子をスケッチした。書き添えたのは「夜に、かなりのオーロラ」というあっさりした一言で、ウィンスロップが二つの現象のつながりを思い浮かべたかどうかを読み取ることはできない。

一七六一年の金星の太陽面通過は、太陽の視差を計算するまたとない機会となった。その値は地球と太陽とのあいだの距離を求めるために欠かせないものだ。ウィンスロップは植民地総督フランシス・バーナードから提供された船にハーバード大学から借りた機器を積み込み、七月六日に間に合うようニューファンドランド島のセントジョンズに向かった。そして虫の襲来と不安定な天候に苦しめられながらも、助手を務めた二人の学生とともに、金星が太陽面を通過する経路の観測に北アメリカで唯一の成功を収めることができた。だが一七六九年の金星の太陽面通過では、スペリオル湖での観測のための遠征に興味をかきたてることができず、体調を崩したこともあり、ケンブリッジで計算するにとどまっている。

一七七〇年代のアメリカ独立をめぐる危機的状況のなかで、ジョン・アダムズ、ジョン・ハンコック、サミュエル・アダムズと頻繁に会う機会を得たウィンスロップは、「アメリカは圧政的な権力のもとであえいでおり……数百万人の運命が危機に瀕している」という考えを強めていったのだった。

グラスゴー大学で教授を務めたアレクサンダー・ウィルソンは、一七〇〇年代後半に太陽観測ですぐれた功績を残した。太陽の自転につれて黒点で見られるウィルソン効果——太陽の縁に近づいた黒点は、表面が漏斗状に窪んで見える——を発見した人物だ。私が描くあまりパッとしない黒点の絵でも、その効果ははっきりとわかる。ウィルソンは一七六九年に次のように書いている。「カメラオブスクラ（暗箱）は、シャイナーとヘヴェリウスによって頻繁に使用され、二人から絶賛されているが……これを用いて黒点を観測しても特段の違いは見えず、ヘリオスコープや適切に煤をつけたガラスを装備した良好な望遠鏡を通して直接観測すると、実にすばらしく、満足がいく」

ウィルソンは自らの観測への批判はあり得ないとして、次のように書いている。「第二部で示された考えに説得力がないのは、おそらく……宇宙に存在する途方もなく幅広い物理的事象の根拠について、われわれの知識があまりにも不完全なせいだろう。だが……疑う余地もなく……黒点そのものをじかに観察すれば、それが太陽にあいた、いわば穴であることがはっきりわかる……それはすぐれた観測によって実際に証明されているのだ……その事実が一部のあてにならない理論の渦に巻き込まれないよう、救い出すことができなければ、残念な結果になるだろう。そうした理論の本質は、自分たちの性急な進路を妨害するあらゆるものを渦に巻き込み、ついにはどん底に突き落とすものだ」。彼の心に浮かんでいたのは、誰だったのだろうか？

では、太陽黒点とは何だったのか？　その本質については三世紀近くのあいだ論争が続いた。何ごとにも自説を曲げなかったガリレオは、いつになく控えめに、黒点はおそらく太陽の大気にある雲のような仕組みのものではないかと述べた。シャイナーは、太陽の輝く大気に埋め込まれた高密度の物体だろうと考えた。十八世紀の終わりになるとウィリアム・ハーシェルがウィルソンに続いて、黒点は太陽の輝く大気にある穴であり、その下にあってそれより温度の低い太陽面が見えている部分だと言った。

イギリスの科学者スティーヴン・グレイ（一六六六－一七三六年）が残した備忘録の一七〇五年十二月二十七日の項には、黒点の近くで「稲妻のような閃光」が見えたという記述がある。黒点が何であれ、それは驚きに満ちていた。

12　二人の黒点観測者

デビルズ・ジャンプは、ハンプシャー・サリーヒルズのチャートの近くに並ぶ三つの低い丘だ。このあたりを散策するのは、どの季節であっても楽しい。名前の由来は地元の言い伝えにあり、悪魔が深鍋を盗んで田園地帯を跳びはねながら逃げたので、ジャンプしたときその三つの低い丘があたりの光景に刻まれたのだという。

丘にはパブのすぐ近くから簡単に登ることができる。高みからの眺めはすばらしく、ヘザーの荒野が広がる夏景色も、遠く北方にフレンシャムリトル池を見渡す冬の野も美しい。最も東側にある丘の頂上には不思議な岩の塊があり、大きな岩が化石化した木に覆われているだけでなく、大昔に火山ガスが漏れ出した管のような構造も見える。私の末娘エミリーはこの岩が大好きで、いつまで見ていても見飽きることがない。そこからはほかの二つのデビルズ・ジャンプを眺めることも、ジャンプスハウスを見下ろすこともできる。ジャンプスハウスはかつて詩人テニスンが買おうと考えたこともある家で、中央の丘のふもとに建っている。中央の丘は太陽とつながりをもち、リチャード・キャリントンという人物にまつわる悲劇の舞台でもあった。

太陽天文学者、キャリントン

はじめに、リチャード・C・キャリントンが書いた「一八五九年九月一日に太陽面で見られた特異な様子の説明」（一八六〇年の王立天文学会月報、第二〇号、一三－一五ページ）の抜粋を紹介しよう。

九月一日木曜日の午前中、私が日課としている太陽黒点の形状と位置の観測を行なっていたところ、きわめて稀だと思われる様子が見られた。その日もいつものように、淡黄色の水性塗料を施したガラス板の上に直径約一一インチの像を結ぶ距離と倍率で、太陽円盤が映し出されていた。私はすでに黒点のグループおよび個別の黒点をすべて記録した図面を保持しており、そのときはクロノメーターで計時しながら、観測用の十字線で黒点の接触を記録しているところだった。すると大きな北のグループの領域内で（その大きさは以前に多大な注目を集めたものだ）、極端に明るくて白い光の斑点が、二つ吹き出した。その位置は図一に示してある。

第一印象では、対物レンズに取りつけられたスクリーンにある穴から、何かのはずみで太陽光線が差し込んだのではないかと考えた。なぜならその輝きは直射日光のものとまったく同じだったからだ。だが、すぐに観測を中断して像を動かしてみると……

不意を打つように、いとも珍しい状況が目に飛び込んできた。慌ててクロノメーターの時刻を確認して記録したものの、爆発が急速に拡大していくのを目の当たりにして、驚きのあまりいくぶん動揺してしまった。その出来事を誰かにいっしょに見てもらわなければと思い立ち、大急ぎで呼びに行って六十秒以内には戻ったのだが、残念なことにすでに大きな変化があり、爆発は弱まっていた。まもなく最後の痕跡も消えた。この五分のあいだに、二つの光の斑点はおよそ三万五〇〇〇マイルという距離を横切っていた。

キャリントンが目にしたのは太陽面での巨大な爆発で、非常に稀な、白色光フレアと呼ばれるものだった。それからわずか十七時間後に地球の磁場が大きく乱れるとともに、北極からかなり離れたキューバでもオーロラが見えたのは、偶然の一致ではない。太陽を飛び出した物質が、そのころようやく地球に達したためだ。

キャリントンはあらゆる点で初期の太陽天文学者の英雄的存在と言えるだろう。長期にわたる研究の過程で太陽の本初子午線を確定し、現在でもキャリントン経度やキャリントン回転という名称が使われている。

一八二六年にロンドンで、何人かの高名な天文学者と同じく醸造業者の家に生まれたキャリントンは、ケンブリッジ大学で学んだ。卒業してダーラム大学天文台の天体観測官を務めたのち、一八五三年にサリー州レッドヒルに私設天文台を作ると、そこでこの白色光フレアを目にしたのだった。一八四三年には――本書でもこれから見ていくように――ドイツの天文学者ハインリッヒ・シュワーベ（一七八九－一八七五年）によって、太陽黒点が十一年ごとに現れたり消えたりすることが明らかにされていた。黒点周期はとても重大な発見ではあったが、キャリントンはそれまでに黒点の体系的研究がなされていないことを知って愕然とし、七年間にわたって黒点の観測を続けると、独自に考え出した方法でその位置と動きを記録した。ただし、キャリントンの功績はそれだけではない。彼が作成した三七三五個の北極周辺の星のカタログは非常に高く評価され、海軍本部によって公費で印刷されている。

キャリントンは一八六三年に大著『太陽面にある黒点の観測（*Observations of the Spots on the Sun*）』を出版し、太陽黒点に関するイギリスの第一人者として世界的に評価されるようになった。彼はヨーロッパ全域の黒点観測者と広く手紙のやりとりをしており、文通の相手にはハインリッヒ・シュワーベやルドルフ・ウォルフも含まれている。実際、シュワーベが一八五七年に王立天文学会のゴールドメダルを受賞した際には、この年老いたドイツ人天文学者のもとにキャリントン自身がメダルを届けに行き、のちにはシュワーベが描いた太陽黒点図の膨大なコレクションを、王立天文学会の記録保管所に寄贈するよう説得した。

キャリントンは黒点周期の全期間を観測してはいないが、最初に思い描いたとおりに、自らの観測で豊かな収穫を得ることができた。たとえば、太陽には差動回転が見られること（緯度によって自転速度が異なり、赤道付近のほうが極付近より速い）および黒点周期の進行に伴って黒点の位置が少しずつ赤道に近づいていくことを（どちらもドイツのグスタフ・シュペーラーとほぼ同時に、それぞれ独立して）発見するとともに、太陽の自転軸をかつてなく精密に決定し、もちろん白色光フレアを観測した。

キャリントンによる黒点観測の結果、太陽は固体のように単純な回転を続けているわけではないことがわかった。平均自転周期は二十七日だが、極付近より赤道付近のほうが速く回転している。そして十九世紀後半に分光技術が急速に進歩したことで、太陽の自転速度を測定できるようになっていく。ドップラー効果を利用し、太陽の近づいてくる側の周縁と遠ざかる側の周縁のあいだでスペクトル線の波長シフトを検知するやり方だ。ヘルマン・フォーゲル（一八四一－一九〇七年）が一八七一年にはじめて成功し、その数年後にはチャールズ・ヤング（一八三四－一九〇八年）も成功している。それらの結果はとても精度が高く、黒点は地球から見えている太陽表面の回転とほぼ同じ速さで回転していることがわかった。さらに一八八〇年代後半になるとスウェーデンの天文学者ニルス・ドゥネル（一八三九－一九一四年）が、黒点がよく出現する場所より緯度が二倍ほど高い領域で正確な自転周期の分光学的測定を行なって、太陽の極域の回転は赤道域よりおよそ三〇パーセント遅いことを実証している。

興味深いことに、クリストフ・シャイナーはすでに著書『ローザ・ウルシナ』で、異なる緯度にある黒点を追跡した結果から推測した自転周期は、緯度が高くなるにつれて系統的に長くなると書いていた。

一八五八年、キャリントンは父親の死に伴って否応なく家業を継ぐことになったが、醸造業への興味も才覚もほとんど持ち合わせてはいなかった。一八六五年には健康を害したために、受け継いだ醸造所をあっさりと売り払い、サリー州チャートの人里離れた場所に引きこもって新しい天文台を建設した。「イラストレイテッド・ロンドン・ニュース」紙の一八七一年九月十六日号に掲載された絵を見ると、それがどんなに堂々とした建物だったかがわかる。デビルズ・ジャンプの中央の丘の上に建てられたキャリントンの天文台の地下には、彼の時計を保管して安定した環境に保つためのトンネルが二本、水平方向と垂直方向に掘られていた。だが、この新しい天文台での実り多い観測が長く続くことはなかった。

王立天文学会月報に、キャリントンは次のように書いている。「丘の上という立地にそれ以上の高さは必要なかったため、私は天文台を地下に作り、地上部分はほんの少し姿が見えるだけにした。だがさらに天文台の中心から四〇フィートの深さまで、直径六フィートの吸い込み井戸を掘ってあり、そこからは横穴で丘の南面に出ることができる。横穴の長さは一六六フィートで、戸口が三つある。これはおもに時計のことを考えて作ったもので、少なくとも一台の時計を、温度が変わらない場所に置いた気密ケースに正しく据えつけるつもりだ。気圧を水銀柱二七インチまで下げる計画で……私はまもなく、イングランドで最も完璧な時計、おそらく世界一完璧な時計を、手にできるものと期待している」

だが悪魔は、自分のジャンプ台に厚かましくも穴を掘るような人間を、快く思わないらしい。チャートに移ってまもなくの一八六九年八月、キャリントンはロンドンのリージェント・ストリートを歩く美しい女性を見かけ、知り合った。女性はローザ・ジェフリーズという名で、彼より二十歳ほど年下だった。そして二人は結婚した（ローザは字を書けなかったため、結婚証明書にバツ印で書名した）。ところがキャリントンと出会う前のローザは、ローズ・ロドウェイという名でウィリアム・ロドウェイの内縁の妻として暮らしており、その男はどこで聞いても悪い話ばかりの兵士だった。そしてローザがチャートにいることを突きとめると、金と肉体関係を求めて恐喝し、一八七一年、抵抗した彼女の腕を刃物で刺した。ローザはなんとか近くの宿屋に逃げ込んで助けを求め、ロドウェイは捕まって殺人未遂の罪で禁錮二十一年の実刑判決を受けたが、三年後に獄中で死亡している。この事件を境に肉体的にも精神的にも健康を害したローザは、おそらく当時流行していた梅毒にかかり、第三期の症状に苦しんでいたのだろう。傷が癒えるまでに長い時間がかかった。

やがて癲癇《てんかん》の発作も起こすようになった妻の精神状態があまりにも悪化したために、キャリントンはだんだん耐えられなくなっていった。結局、ローザは保護施設に移る予定だった日の朝にベッドで冷たくなっているところを発見された。キャリントンは同じベッドに寝ていながら、気づいていなかったという。前の晩、彼がいつもどおりに催眠剤の抱水クロラール一〇錠を渡すと、妻はそれを「ハンガリーワイン」といっしょに飲んでいた。

死因審問では窒息死だったことが伝えられたが、どのようにして窒息したかは明らかにされなかった。ローザを診察していた医師のR・オーク・クラークは、彼女が精神に異常をきたしていたこと、癲癇の発作で心神喪失を繰り返し、すでに四回か五回はそうした状態になったことを証言した。だがキャリントンが妻を殺したという噂が広まっていく。一八七五年十一月二十日付の「サリー・アドバタイザー」紙には次のような記事が載った。「たしかな情報筋によると、彼らの夫婦生活は幸せなものとは言えなかった。事故かもしれず、彼女は強い薬物の投与を受けていたのはたしかだ。あるいは、そうでないかもしれない。キャリントンは天文学の研究に没頭し、妻はその妨げになっていたとの噂も聞かれる」。キャリントン自身の弁護士だったJ・アルフレッド・エッガーは後年、この天文学者が妻を殺害したにちがいないとし、彼は「すばらしく有能で、並外れた才能をもった男だったが、不信心者だった」とつけ加えている。

死因審問が開かれたあと、キャリントンが何日か留守にしていたジャンプスハウスに戻ってみると、召使いたちの姿はなかった。ファーンハム駅から自宅まで運んだ四輪馬車の御者が、彼の生きた姿を見た最後の人物だ。その数日後に遺体で発見されたキャリントンは、召使いの部屋にあるマットレスに半裸で倒れ込み、頭には茶殻の湿布が貼られていたという。クラーク医師は死因審問で、「血液性の脳卒中」で死んだと述べたが、脳出血と呼べるものだろう。

キャリントンは遺言で、死後は敷地に三フィートから三・六フィートの深さで埋葬すること、墓で祈りの言葉を捧げないこと、墓碑を建てないこと、そして「私の死後は、顎髭を剃らないこと、シャツを着替えさせないこと」を求めていた。

二十年後、ロンドンから少し電車に乗るだけで自然に恵まれた田園暮らしができるこの一帯に、裕福な有名人たち(アルフレッド・ロード・テニスン、ジョージ・バーナード・ショー、バートランド・ラッセル、ジェラルド・マンリー・ホプキンス、アーサー・コナン・ドイル卿、など)がこぞって家を建てはじめたころ、小説家のトマス・ライトもここに移り住み、『デビルズ・ジャンプのイアン(*Ian of the Devil's Jumps*)』を書いた。主人公はトンネルのある天文台をもつ天文学者だ。

現在、天文台の姿はもうないが、水平に掘られたトンネルは残っている。どんな気候でも内部は涼しく、目を閉じて耳を澄ませば、キャリントンの望遠鏡についていたクロックドライブのウィーンという音が聞こえてくるような気がする。さて、望遠鏡が思い浮かんだところで黒点の話に戻ろう。

黒点は定期的な観測の対象になった。熱心に記録を続けた観測者のひとりにウォーレン・デラルーがいる。デラルーは一八一五年一月十八日にガーンジー島で生まれ、パリで教育を受けたのち、父親の安定した仕事を手伝った。はじめて電気版印刷を導入した印刷業者のひとりで、一八五一年には初の封筒製造機および塩化銀電池を発明している。蒸気ハンマーの開発で名を残す技術者で発明家のジェームズ・ナスミスの影響を受けて、天文学に関心を抱くようになったデラルーは、一八五〇年に一三インチの反射望遠鏡を製作すると、はじめはカノンバリーに、のちにミドルセックスのクランフォードに設置した。その望遠鏡を用いて並外れた美しさと正確さをもつ天体の絵を数多く描いたが、その名を最も有名にしたのは天体写真の先駆的な研究だろう。一八五四年に太陽物理学に関心を抱くと、一八五八年まではキュー天文台から、その後一八七三－八二年はグリニッジ王立天文台から、太陽表面の写真を毎日撮り続けた。

時間のかかるダゲレオタイプの写真撮影法は、やがて湿板および乾板の手法に移っていき、ハロゲン化銀を染み込ませたニトロセルロースを用いてコロジオン膜に像を残す方式に変わっていく。湿板では感光の直前に板を準備し、まだ湿っているあいだに用いる必要があった。一方の乾板の場合は感度が大幅に低下したが、光の量が膨大になる太陽写真には向いていた。一八五七年にデラルーは私設天文台でカメラを設計すると、フォトヘリオグラフと名づけ、王立協会の求めに応じてそれをキューの王立天文台に移設している。そのカメラは一八七四年まで利用されて、ダルメイヤーの機器に置き換えられた。

フォトヘリオグラフは実質的には望遠カメラで、一八五四年四月にはじまったジョン・ハーシェルによる働きかけの産物と言える。ハーシェルはキュー天文台に、太陽の写真を毎日撮影する必要があると訴える手紙を書いていたのだ。当時のキュー天文台は地球の磁場を測定する機器の調整と試験を中心となって進めていたため、天体写真に熱心に取り組んでいたデラルーに声をかけ、一八五四年六月に大規模な太陽写真プロジェクトの責任者に任命した。当初の目標は太陽写真専用の新しい機器を用意することだった。こうして最初のフォトヘリオグラフが一八五八年にキュー天文台に設置され、操作上の数々の問題を解決するために二年近い歳月を要している。太陽の写真が王立天文学会の会合でデラルーによって披露されたのは一八五九年で、白斑や見事に再現された細部が人々の目を引いた。デラルーの求めに応じて一日から三日おきに露出した立体的な画像は、白斑が太陽大気の最も外側の層にあることを明らかにしていた。

デラルーは一八六〇年七月十八日の日食を目指して、フォトヘリオグラフをスペインのリヴァベロサまで移動させている。この機器では像を拡大することで太陽の明るさが六四分の一まで減少するため、日食の一部始終をフィルム上に記録できるかどうかわからず、遠征には大きな不安が伴った。また、キュー天文台では巨大な鉄製の架台が使用されていたが、遠征用として運搬しやすい鋳鉄の架台を用意する必要もあった。デラルーは持ち運びが可能なプレハブ式の建物も考案し、半分は望遠鏡を設置する場所、残り半分は暗室とする一方、屋根の外側に湿らせたキャンバス地を貼ることで温度を下げる工夫もこらしている。

いよいよ日食当日になり、リヴァベロサの空を覆っていた雲は開始時刻に合わせたかのように晴れわたった。信頼性の高い小型クロノメーターがなぜか八分進んでいたために、第一接触の瞬間をとらえることはできなかったものの、遠征隊は三五枚の美しい写真を撮影することに成功した。皆既食の瞬間には望遠鏡の口径制限を取り外して三・四インチ全体を利用した。またのちには二枚の写真をステレオスコープにセットし、太陽の前面に球形の月が見えるようにしたとされる。ただし球形は実際には見えず、錯覚を利用したものだ。この日食の日、そこから南東に四〇〇キロメートル離れたデジエルト・デ・ラ・パルマス（パルマスの砂漠）でもアンジェロ・セッキによって写真が撮影されており、両者の写真を比較すると同じコロナの詳細が見られたので、プロミネンス（皆既日食時に太陽の縁から立ち上る巨大な筋状のガス）は月に起因するものではなく、実際には太陽から生じていることがようやく実証された。

デラルーは、その日食がはじまる直前に次のような出来事があったと書いている。「優秀で器用な使用人のファンが……ガラスのかけらに摩擦マッチで煤をつけて……近くの見物人に渡していた……まもなく、板を欲しがる人が増えすぎて間に合わなくなり、あまりにも夢中になったために、ファンはマッチを消さないままあたりに捨てるようになった。すると何本かがトウモロコシの茎に燃え移ってしまい……そのまま気づかなければ、何分もたたないうちに手のつけられないほどの大火事になっていたことだろう……私がパチパチという音と茎の焦げた臭いに気づいたので……火を消し止めることができた」

日食のあいだじゅう科学的な観測に忙殺されたデラルーは、ややこしい機器の操作に煩わされなければどんなにいいかと考え、もう一度こんな機会があれば「ただ見るだけ」にしたいと言ったらしい。私はほかの天文学者たちも同じように話しているのを聞いたことがある。

キュー天文台長のバルフォア・スチュワートは、一八七二年まで晴れた日には毎日、フォトヘリオグラフで太陽の写真を撮影し続けた。合計二七七八枚にのぼるそれらの画像は太陽周期全体にわたり、最後の一年間には二百二十六日に三八一枚の太陽写真が露光されて、イギリスの空に関する驚くべき記録となった。一八七三年には機器がグリニッジに移され、そこで一八七四年四月に太陽写真の撮影が開始されている。まもなく別の機器に置き換えられたものの、それから何台かの機器を用いて、一九六五年まで途切れることなく続く一連の写真が残された。デラルーのフォトヘリオグラフは一九二七年にロンドン科学博物館に寄贈され、現在も目録番号１９２７－１２４で保存されている。

私はほんの数週間前に、金星の太陽面通過を見た。とても稀な現象で、今生きている人々が目にできるのははじめてのことだ。黒い点が太陽面に侵入し、ゆっくりと、およそ五時間をかけて移動していく様子をこの目で見る、実にすばらしい経験になった。その百年以上前に金星の太陽面通過が八年の間隔をおいて二回あった際には、新世代のフォトヘリオグラフを用いて太陽までの距離を測定しようという機運が高まった。一回目は一八七四年十二月で、このときのデラルーは日食の観測よりもはるかにゆとりをもち、次のように書いている。「金星の太陽面通過を撮影するのは容易だ……短時間のうちに終わる日食で刻一刻と変化する姿をすべて記録したいと願うときの不安のような、緊張感が生じることはないだろう。太陽視差の測定に……不可欠なすべての操作を、落ち着いて進めることができる」

だが、金星の通過時間を用いて太陽までの距離を測定しようという試みは、うまくいかなかった。通過の撮影に成功して写真を手にした多くの天文学者は、太陽と金星の周縁の位置を、必要な精度で求められないことに気づいたからだ。銀板写真では明暗の境界がぼやけていた。一八八一年には、二回目となる一八八二年の通過に向けて計画を練ったパリの国際会議で写真を利用しないことが推奨され、イギリスとドイツの遠征隊は実際に写真を用いなかった。

十九世紀に進められた黒点の体系的観測により、太陽に関する二つの大きな発見があった。そのどちらも、太陽の未来に、そして地球温暖化の時代に突入していく私たちの惑星の未来に、非常に大きな関係をもつものだ。それを説明するためには、再び十七世紀の世界を訪ねてみる必要がある。

13 消えた黒点

フランスのルイ一四世は、十五歳のときにバレエ・ロイヤル・デ・ラ・ニュイの一員として、ベルサイユで太陽神アポロの役を踊った。靴、靴下止め、飾り帯、チュニック、袖には太陽の紋章をつけていた。そして王にふさわしい威厳をもって黄金の衣装を誇示するとき、その王冠からは太陽の光線が輝いて見えた。在位期間(一六四三―一七一五年)はヨーロッパ史上最長を誇り、その治世で絶対君主制を確固たるものにし、ベルサイユにまばゆいばかりの宮殿を作り、四回の戦争でヨーロッパのほとんどの国々と戦った。王政初期のまだ若かった時代には宰相のマザラン枢機卿に牛耳られていたが、治世の中期には自らの革新的統治で君臨した。しかし晩年には数多くの問題に悩まされることになる。

太陽王、ルイ一四世

ルイ一四世は一六三八年にサン＝ジェルマン＝アン＝レイにある王室の城館で生まれ、まもなく父の死に伴って四歳で王に即位した。母アンヌ・ドートリッシュによる摂政時代にはフロンドの乱が起

郵　便　は　が　き

料金受取人払郵便

晴海局承認

9986

差出有効期間
2023年 2月
1日まで

104 8782

905

東京都中央区築地7-4-4-20

築地書館 読書カード係

お名前	年齢	性別
ご住所 〒		
電話番号		
ご職業（お勤め先）		

購入申込書 このはがきは、当社書籍の注文書としても お使いいただけます。

ご注文される書名	冊数

ご指定書店名　ご自宅への直送（発送料300円）をご希望の方は記入しないでくださ

tel

者カード

ありがとうございます。本カードを小社の企画の参考にさせていただきたく
す。ご感想は、匿名にて公表させていただく場合がございます。また、小社
刊案内などを送らせていただくことがあります。個人情報につきましては、
管理し第三者への提供はいたしません。ご協力ありがとうございました。

、された書籍をご記入ください。

を何で最初にお知りになりましたか？
書店　□新聞・雑誌（　　　　）□テレビ・ラジオ（　　　　）
インターネットの検索で（　　　　）□人から（口コミ・ネット）
（　　　　）の書評を読んで　□その他（　　　　）

、の動機（複数回答可）
テーマに関心があった　□内容、構成が良さそうだった
著者　□表紙が気に入った　□その他（　　　　）

いちばん関心のあることを教えてください。

購入された書籍を教えてください。

のご感想、読みたいテーマ、今後の出版物へのご希望など

合図書目録（無料）の送付を希望する方はチェックして下さい。
刊情報などが届くメールマガジンの申し込みは小社ホームページ
tp://www.tsukiji-shokan.co.jp）にて

き、最初は貴族が中心となって起こしたこの反乱には、のちに都市の貧困層も加担している。横柄な貴族たちに自尊心を傷つけられ、パリの民衆に脅威を感じた若き王は、このことを生涯忘れることはなかった。一六六〇年にスペインの王女マリー・テレーズと結婚し、その翌年に名づけ親であり宰相でもあったマザラン枢機卿が世を去ると、二十三歳になっていたルイ一四世は自らが政治を行なう親政を宣言した。当初それを信じる者はいなかったが、毎日のように国務会議を招集すると、周囲から大貴族を排除し、代わりにすべてを王に委ねた官僚ばかりを登用するようになっていく。

ルイ一四世の治世で最も輝かしかったのは最初の二十年間だ。大臣のコルベールとともに王国の行政と財務を再編成し、通商と製造業を発展させた。またルーヴォア侯とともに陸軍を改革して、数々の軍事的勝利を収めた。そして、王立アカデミーを創設することによって、文学（モリエールやラシーヌ）、音楽（リュリ）、建築、絵画、彫刻、あらゆる科学分野をはじめ、文化の目覚ましい発展を促した。こうした偉業はベルサイユ宮殿の天井画に美しく描かれている。

彼は自らのエンブレムとして太陽を選んだ。太陽は平和と芸術の神アポロと結びつき、生命をもたらす天体でもあり、毎日昇っては沈むことによってあらゆるものを統治している。ルイ一四世はアポロと同様に、平和をもたらし、芸術を奨励し、恵みを与えた。アポロのイメージと象徴（月桂樹、竪《たて》琴《ごと》、三脚台）を、王の肖像とエンブレム（二個のLの組み合わせ文字、王冠、王笏《おうしゃく》と正義の手）と結びつけた装飾が、ベルサイユ宮殿のいたるところにある。庭園の設計図にも太陽の通り道が描かれた。

ベルサイユ庭園の中心線に沿って配置された彫像と噴水のテーマは、アポロの物語だ。西の端にある噴水池では、四頭立ての戦車に乗ったアポロが夜明けに水から出て、一日の道筋をたどりはじめる。宮殿に近い場所では、アポロの母ラトナが噴水の中央に立っている。そして現在の北翼の位置にあったテティスの洞窟で、一日の循環が終わりを告げた。そこには、日暮れにニンフにかしずかれるアポロの姿が、フランソワ・ジラルドンによるすばらしい彫刻で生き生きと描かれた。

黒点周期の発見

太陽王の治世に、太陽では奇妙なことが起きていた。前に少し触れたが、そろそろ詳しく説明する必要があるだろう。一八二六年に、ドイツのアマチュア天文家で薬剤師のハインリッヒ・シュワーべは水星より内側にある惑星を発見しようと考えた。そのような惑星が存在するのではないかという推測が、もう何世紀も前からあったからだ。シュワーべがはじめて手にした望遠鏡はくじ引きで当てたものだったが、その後、フラウンホーファーからもっと性能のよい望遠鏡を購入していた。多くの先駆者と同様にシュワーべも、そのような惑星が太陽面を横切るときが見つけるチャンスだと気づいていた。ところが、惑星と小さい黒点の見分けがつかないことが問題だった。

そこでシュワーべは太陽円盤上に見えるすべての黒点の位置を、天候が許す限り毎日、記録することにした。一八四三年になり、そうした観測をはじめてから十七年の歳月が過ぎて、家業を売り払ったあとになっても、水星より内側にある惑星が見つかる気配はなかった。だが、それとは別のことを発見していた。太陽面に見える黒点の数が時とともに周期的に増減していること――黒点周期の存在――に気づいたのだ。シュワーべは当初、太陽のこのような周期を十年と見積もった。

その考えを信じる者はあまりいなかったが、アレクサンダー・フォン・フンボルトの著書『コスモス』にシュワーベの結果が引用されてから一年もたたない一八五二年には、アイルランドの天文学者で探検家のエドワード・サビーン（一七八八－一八八三年）が、太陽周期と地球の磁場の変動周期が同じであることを発表した。それは一八三〇年代の半ばから蓄積された信頼できるデータに基づく結果だった。そのような周期が見過ごされるはずもなく、ゆっくりではあったがシュワーベの発見も認められていった。そして同時に、歴史的な観測資料を用いてそうした周期を過去にたどれないかと考える者も現れた。ルドルフ・ウォルフ（一八一六－九三年）もそのひとりで、多くの異なる天文学者が多様な機器と観測手法を用いて行なった過去の黒点観測の結果を比較するという、気が遠くなるような作業に取り組んだ。

ウォルフは一八四七年十二月にとりわけ大きい黒点群を見て黒点に関心をもつようになり、それから四十六年にわたってほぼ毎日、太陽の観測を続けた人物だ。また、観測に役立てるために黒点相対数を定義し、それは現在も多くの天文学者によって用いられている。一八六八年には一七四五年までさかのぼってほぼ信頼できる黒点の数を把握すると、さらにその作業を一六一〇年という遠い過去にまで広げた。ただしデータ量が不足したために、それらの数値の信頼性は、事実上、大幅に低下している。ウォルフはまた、約五十五年という長い変動周期をもつ黒点の記録がある可能性にも、はじめて注目した。

歴史的な黒点観測で蓄積されたデータでは奇妙なことも起こっており、黒点がほとんど観測されない時期があった。ヨハネス・ヘヴェリウスは一六四四年におびただしい数の黒点の存在を記録した一方、フランス人のイエズス会士ジャン・ピカール（一六二〇-八二年）と（ルイ一四世によって）新設されたパリ天文台のジョバンニ・ドメニコ・カッシーニ（一六二五-一七一二年）は一六七一年に黒点をひとつだけ見た。だがウォルフは、一六四五年から一七一五年ごろまでに観測された黒点はほとんどなく、もし存在が確認されれば、熱心な天文学者によって注目すべき事象として記録されたはずだと書いている。黒点がほとんど見られなかったのは勤勉な観測者が不足したせいではなく、どうやら事実を反映していたようだ。時を同じくしてオーロラの数が減ったことも、この時代に太陽の活動が著しく減少していたことを示唆している。一七一五年まではオーロラもほとんど観測されていない。

黒点と磁気嵐と年輪年代学

グリニッジ王立天文台のイギリス人天文学者エドワード・ウォルター・マウンダーは、黒点が大幅に減少した期間の謎をはじめてたどった人物だ。ロンドンのセント・パンクラスで生まれ、愛国心と貧困がごく当たり前だった時代にダーウィニズムをめぐる議論の真っ只中で成長したマウンダーは、幼少のころから天文学に関心を抱いていたらしい。十四歳のときに見た黒点について、のちに次のように書いている。

一八六六年二月のある日の夕方、学校からの帰り道で、私は西の空に沈みかけている太陽を目にした。霞のむこうで赤く輝く太陽はとてもぼんやりした赤い色をしていたので、私はまばたきせずにその姿を見つめることができた。すると、その表面に丸くて黒い点がはっきり見えた……太陽の表面に何かが見えたのは、それがはじめてだった……次に、やはり西の空の低い位置にある赤い太陽を目にしたとき、また黒い点が見えた……だが、その位置が変化しており、今度は太陽の中心からずっと外れた場所にあった。前に見たときから二日か三日がたっていた。

マウンダーは一八七二年にキングス・カレッジ・ロンドンに聴講生として入学し、化学、数学、自然哲学（現在の物理）の授業を受けながら、学費を得るために同時にロンドンの銀行でも働いた。だがその年のうちにグリニッジ王立天文台の入所試験を受けることになった。天文台長のジョージ・ビトル・エアリー卿が職員を探していたからだ。ただしエアリーは部下のすべてに寛容な人物とは言えなかった。当時、この天文台では数学が得意な子どもたちを「人間コンピューター」として雇っていたのだが、能力の絶頂期を過ぎたように思えると、数年でおはらい箱にしていた。マウンダーはエアリーの下で働きはじめたものの、彼のことを好きにはなれず、「このうえなく横暴だ」と書き残している。

そのころの王立天文台は業績が悪く、たいていの人はロンドンの反対側にあって設備の整ったキュー天文台で働きたいと考えていた。また、王立天文台は海軍本部の要望に応える仕事を中心としていた。ところがエアリーは一八七二年に、黒点および太陽光スペクトルの観測を依頼される。そこでマウンダーが年俸二〇〇ポンドから三〇〇ポンドで写真撮影とスペクトル測定の助手として採用されたのだった。

マウンダーは一八七七年ごろから黒点領域と白斑の大きさの測定をはじめ、データをまとめて「蝶形図」を作成した。この図からは、シュワーベが気づいた太陽周期に従って、黒点が太陽の赤道方向に移動することがはっきりわかる。九〇〇〇枚もの太陽の写真と三十年にわたって記録した五〇〇〇の異なる黒点群をもとに作られたこの図は、今見ても壮観だ。太陽についてわかっていたこともいなかったことも含めて、膨大な量の情報を要約している。だがマウンダーの壮大な図はもうグリニッジにはなく、はるか昔にこの地を離れてしまった。

ロンドンが連夜ドイツ軍の空襲を受けていた一九四三年、夫に先立たれた二度目の妻アニー・マウンダーのもとに、友人のスティーヴン・アイオニディーズから手紙が届いた。ロンドン生まれのアイオニディーズは技師や鉱夫としてイギリス、オーストラリア、メキシコ、アメリカ西部を渡り歩く冒険に満ちた人生を歩んだのち、アメリカのデンバーに落ち着いていた。アイオニディーズは科学史を趣味としていたので、アニー本人かその夫が描いた素描や図をひとつもらえないかともちかけたのだ。アニーは蝶形図がロンドン大空襲で焼失するのを避けたいと考えてアイオニディーズに進呈し、彼はのちにそれをハーバード大学天文台に寄贈した。蝶形図は今では額に収まり、その天文台の系譜を継ぐコロラド州ボルダーの米国立大気研究センター高高度観測所に保管され、展示されている。

マウンダーはまた、太陽活動と地球の磁場の揺らぎとのつながりという難問についても活発に意見を述べた。エドワード・サビーンが、地球の磁場の揺らぎは十一年の黒点周期と相関していることを示していたにもかかわらず、そのような磁気のつながりはあり得ないと考える科学者が多く、そのなかには科学界の大物もいた。キャリントンが白色光フレアを見た翌日に磁針が揺れるのを目撃したことは、そうした科学者たちの印象には残らなかったらしい。
マウンダーは太陽面の活動と地球の磁場で観測される揺らぎにはつながりがあると確信していた。のちに妻とともに、次のように書いている。

一八八二年十一月、肉眼でも簡単に見える巨大な黒点が太陽面を横切っていき、およそ半分の位置まで移動した十一月十七日に、非常に激しい磁気嵐（磁針の大きな揺れをこう呼ぶ）が起きた……その十年後の一八九二年二月にはさらに大きい黒点が……太陽面に現れ、それが太陽の中心から少し西寄りに動いたとき……一八八二年よりも激しい磁気嵐が発生した。この巨大な黒点は西の端に到達して、いったん見えなくなったが、再び東の端に戻って太陽面を横切った。それが太陽の中心から前と同じ距離だけ移動すると、また突然、地球で大きな磁気嵐が起きた。それから十一年後の一九〇三年十月には、別の巨大な黒点が出現し……磁気嵐が発生したが、それほど激しいものではなかった……ところがその二週間後、前のものより小さいがよく目立つ黒点が太陽面の中心まで移動したとき、急に磁気嵐が起きた……それは人類の記憶に残る経験のなかで最も激しいものだった。

数多くの業績を誇る物理学会の大物ケルヴィン卿（ウィリアム・トムソン）は、ダーウィニズムを信じなかったのと同じように、黒点と磁気嵐のつながりを信じなかった。そして太陽との関係がありえないことを証明する計算式を立てた。だがマウンダーは、ケルヴィンの計算には欠陥があると見抜くことができた。ケルヴィンは太陽の磁気波が太陽を中心として全方向に出ていると想定していたが、マウンダーは磁気波が特定の方向だけに発せられているとしたらどうだろうかと問いかけたのだ。磁気波はあまり弱まらないままの状態で遠くまで届く。マウンダーのほうが正しかったのだが、ケルヴィンの影響力は大きく、その考えが幅をきかせたために、太陽と地球の関係をめぐる研究は何十年も遅れることになった。

マウンダーは黒点が消滅する問題にも興味をそそられていた。一七八一年に天王星を発見したハーシェルは、五回にわたる不規則な期間（一六五〇－七〇年、一六七六－八四年、一六八六－八八年、一六九五－一七〇〇年、一七一〇－一三年）に黒点がなくなったという、奇妙な現象に気づいた。一八〇一年には、十七世紀に黒点がほとんど観測されなかった二十年余りから数年といういくつかの期間をあげて、一時的な異常気象とつながりがあるのではないかという考えを発表している。これらの期間には小麦の価格が上昇しており、おそらく干魃《かんばつ》が続いたせいだろうとつけ加えた。

マウンダーは、黒点消滅と地球への影響を関連づけたアメリカ人科学者の研究を知って、それまでに考えていたことを明確に理解することができた。そのアンドリュー・エリコット・ダグラスは非常にすぐれた科学者で、火星には人工の運河があるという説を強く主張し続けたパーシヴァル・ローウェルの教えを受けていたが、運河は実在しないと正しく見抜いたために恩師と不仲になってしまった。ローウェルからひどい扱いを受けたダグラスは、やがて新たな研究の道を切り拓き、まったく新しい「年輪年代学」という科学分野を生み出している。樹木の年輪を調べて年代を決定する年代測定法で、乾燥した年には年輪が薄くなることに基づいたものだ。ダグラスは、古い建物の梁やセコイアなどの寿命の長い樹木を調べたあと、黒点周期と年輪のあいだには驚くべき一致があることを発表した。十七世紀には、非常に乾燥した寒冷な気候が長く続いた期間があったという証拠を手にしていたのだ。気候研究にとって木の年輪が非常に重要な意味をもつという考えが確立されたのは一九六〇年代になってからだから、ダグラスは時代の最先端を行っていたことになる。

一九二二年に、マウンダーは王立天文学会の会合に宛てたダグラスの手紙を読んだ。そこには次のように書かれていた。「セコイアを調べた結果、一六七〇年または一六八〇年から一七二七年までは曲線が極端に平坦になっている。繰り返すが、痕跡全体を考慮すると、黒点周期は一四〇〇年以来繰り返されている一方、十七世紀末前のかなりの期間にわたり、何らかの障害があったように思える」

マウンダーは一九二八年に世を去り、その業績が内容にふさわしい注目を浴びることはなかった。十七世紀にほぼ五十年ものあいだ黒点が姿を消していたように、彼の研究は半ば埋もれたままになっていた。それを再発見したのはアメリカ人の太陽物理学者ジャック・エディだが、もし彼が職を失っていなければ、再発見はなされなかったことだろう。ネブラスカ州南東部の小さな町で生まれたエディは、一九四九年にアナポリスの海軍兵学校に進んで、工学、特に造船工学を学んだ。四年にわたって朝鮮戦争で海軍士官を務めたのち、海軍を離れ、数学を学ぶためにコロラド大学の大学院に入学している。

一九五〇年代後半、天文学者たちは太陽の外層大気（コロナ）を観測する新しい方法を見つけようと考え、皆既日食を待つことなく観測できるコロナグラフ〔訳註：太陽コロナを常時観測できる天体望遠鏡〕の助けを借りるようになっていた。コロラド州クライマックスの高地、標高およそ三三五〇メートルの山上には、大型コロナグラフを主要機器とした天文台があった。だがエディはさらに高高度からもっとよくコロナを観測するために、気球と航空機を用いて日食ではない状態でコロナの写真を撮影できないかと考えた。その仕事はやがて衛星天文学と軌道上のコロナグラフへと発展していく。

あるとき同僚が百年前のウォルター・マウンダーの研究を話題にし、マウンダーは一六〇〇年代に長期にわたって太陽の活動が衰えたと考えていたとエディに伝えた。「その話に私はとても興味を引かれました」とエディはのちに語り、「何かが私の学者としての人生に衝撃を与えたのです。それはおそらくこれまでに経験したことのなかで最悪であり、同時に最良のことだったのかもしれません」とつけ加えた。一九七三年に研究費が大幅に削減されたことをきっかけに、それまで十年ほど高高度天文台で働いていたエディは職を失ってしまった。

マウンダー極小期の存在が事実だったと仲間の天文学者たちに納得してもらうのは、困難な道のりだった。すべてが遠い昔の記述に基づいていたからだ。だがエディは別の証拠を探し、それを見つけた。彼は天文地球物理学の教育を受け、太陽が地球に影響を与えるさまざまな側面も知っていたことから、オーロラの歴史的な記録を詳しく研究したのだ。また、ツーソンにある年輪研究所の研究室にも協力してもらえた。樹木に残された炭素14の年代データは、同じ時期に成長が遅くなったパターンをはっきり示しており、その時代に黒点が姿を消して地球が軽い風邪を引いたことを伝えていた。

14　太陽研究の大変革

レオナルド・ダ・ヴィンチは一四九〇年代の著書『絵画の書』で、次のように書いている。「もし、ある色を美しく見せるために、すぐ近くに別の色を配色したいと思うなら、虹として現れる太陽の光を観察することだ。虹の色は空から落ちる雨粒によって生まれ、降る雨のひと粒ひと粒が虹のすべての色を帯びている」。また、ルネ・デカルトは一六三七年にこう書いた。「ひと筋の光線ができることはわずかで、曲がり、(水、草、空気に、また鏡から)跳ね返るだけだ。だが、いくつもの光線がまとまって一群の光になると――たとえば日光のように――その可能性は飛躍的に豊かになる。一群の光は総体的な特性をもつからで、その特性は個々の光線には備わっていないものだ」。虹に心を奪われたのはこの二人だけではなかった。マーク・トウェインもこう言って仲間に加わる。「われわれは虹を見ても、未開の民が抱くような畏敬の念を抱くことはない。虹がどのようにして生まれるかを知っているからだ。われわれはそうしたことを詮索することによって、得たものと同じだけのものを失ってきた」

ジョージ・エラリー・ヘール(一八六八－一九三八年)は、太陽研究で重要な役割を果たしたアメリカの天文学者だ。ヘールはスペクトルに魅了され、ニュートンの虹の研究を踏まえた研究を行なった。また黒点の研究に大変革を引き起こし、実際には天文学全体を激変させた。黒点は磁気現象であることを明らかにし、それによって太陽面の現象に影響を与えるエネルギーについて、非常に重要な手がかりをもたらした。さらに天文学を、裕福で熱意のあるアマチュアの時代から、産業および専門的研究の時代へと移行させた。

ヘールは一八六八年六月二十九日に、シカゴのかなり裕福な家庭の長男として生まれた。一人っ子で、跡継ぎの立場だった。十三歳のときに『カッセルのスポーツ・娯楽全書（*Cassell's Book of Sports and Pastimes*）』をもらうと、「スペクトルの説明を見つけ、あの美しい光の虹はプリズムを通してはじめて見えること……それが物理学の世界を理解するための重要な手がかりを与えてくれること」を知った。彼は手記に次のように書いている。

私がはじめて天文学に興味を抱いたのがいつだったかははっきり覚えていないが、十三歳か十四歳のときだったにちがいない。自分で望遠鏡を組み立てたものの、一枚の大きなレンズを使ったために、あまりきれいには見えなかった……口径四インチのクラークの屈折望遠鏡が中古で売られているのを知って、父に買ってもらい、家の屋根の上に設置した。望遠鏡にプレートホルダーを取りつけ、部分日食の写真を撮った。また黒点の観測もはじめて、その絵を描いた。

父は懸命に努力する私をいつも励まし、小型の分光計を買ってくれた。それにはプリズムが一個ついていて、私はすぐに小さい平面格子を取りつけた……太陽のスペクトルを観測して主要なスペクトル線を測定しようという私の熱意は何よりも大きかった。ノーマン・ロッキャーの『スペクトル分析の研究』を買うと、炎光スペクトルと火花スペクトルの観測結果をはじめて太陽スペクトルと比較した。私はようやく自分がほんとうに進むべき道を見つけ、それからずっとその道を歩み続けてきた。

黒点の磁場

やがて一八八九年にスペクトロヘリオグラフ（単色分光太陽写真儀）を発明したことで、ヘールは世界的な名声を得るとともに太陽面の研究に大変革を起こした。そのアイデアはシカゴでケーブルカーに乗っていたときに思いついたものだ。彼はケーブルカーのなかで、少し前にプリンストン大学のハルステッド天文台を訪問したときのことを考えていた。天文台長のチャールズ・A・ヤングは小型の分光器を用いて、明るく輝く太陽のプロミネンスを写真撮影しようと試みていたのだが、記録される波長の範囲が広すぎて実数値の写真を撮ることができなかった。ヤングが手にしたのは詳細な写真ではなく、略図でしかない。前進するケーブルカーに乗って車窓から沿線の白いピケットフェンス（杭が同じ間隔で並んだ塀）を見つめていたヘールは、望遠鏡を固定する一方で、写真乾板を太陽の動きに沿って移動させる必要があることに気づいた。この考えにさらに磨きをかけたヘールは分光器の二つのスリットを用いることで、特定のスペクトル線を分離して撮影することができるようになった。

一八八九年七月、ヘールはシカゴの小規模な学術誌『ビーコン』に論文を発表し、自らの研究およびキルヒホフとブンゼンによるプリズムを用いた実験を紹介している。それらの実験は太陽スペクトルについて多くのことを明らかにしていた。こうしてヘールは新たな天文学が生まれつつあることを実感したのだった。

シカゴ大学は一八九二年にヘールのために大型天文台を建設することを約束して、彼を大学に迎え入れた。ヘールは四〇インチのレンズを入手できるという情報を得ていたので、シカゴの裕福な実業家チャールズ・ヤーキスを説得して、天文台と望遠鏡の資金を調達しようと考えた。ヤーキスはシカゴの高架鉄道とピープルズガス社への融資で財をなしたやり手の資本家で、まもなく四〇インチのレンズ、望遠鏡、天文台建設の資金を支払うことに同意した。ヘールはヤーキス天文台長に任命され、この天文台はすぐに世界最大の天文物理学研究所となっていく。このときヘールは二十四歳という若さだった。今ではあり得ないことだろう。

ヘールは自ら考案したスペクトロヘリオグラフを用いて、キャリントンが目にしたものと同様の大規模なフレアを二回観測した。それぞれ十九時間三十分後と三十時間後に磁気嵐が起きている。その後、強い磁場のなかで生じると変化することで知られたスペクトル線に機器を同調させることによって、一九〇八年に、黒点には強い磁場があることをはじめて明確に実証した。それは、ニュートンのプリズム、ハーシェルのスペクトル、シュワーベの黒点周期と並んで、太陽に関する理解に新たな扉を開く重要な観測結果だった。またそれは地球外ではじめて検出された磁場だっただけでなく、推定された三〇〇〇ガウスという磁界の強さは地球の磁場の一〇〇〇〇倍を超えていた。

ヘールと彼の同僚たちはその後の十年間に、太陽のそれぞれの半球で大きい黒点のペアはほとんどいつも同じ磁気極性のパターンを示すこと、それらは太陽の北半球と南半球で逆の極性パターンを示すこと、それらの極性パターンは連続する黒点周期ごとに反転することを明らかにしたので、太陽の磁気周期は十一年という黒点周期の二倍の長さをもつことがわかった。だがそれらは、大きな代償を払いながら得られた洞察だった。

一八九〇年六月に大学を卒業した二日後、ヘールはエヴェリナ・コンクリンと、ブルックリンにある彼女の家で結婚した。新婚旅行の途中にはカリフォルニア州サンノゼに近いハミルトン山頂のリック天文台も訪れている。二人はシカゴに戻るとヘールの両親と同居したが、エヴェリナは折に触れて天文台を訪れては夫と過ごし、単調な日常に変化をつけようとした。偏頭痛に悩まされていたヘールの母親から、家をいつも暗く静かな状態に保つことを求められていたので、少しでも明るく過ごす時間が欲しかったのだ。エヴェリナは憂鬱な気分に襲われたが、なんとか馴染もうとがんばった。一方のヘールはエヴェリナの感情を気にかけながらも、寸暇を惜しんで研究に没頭した。エヴェリナがヘールと二人だけで暮らしたいと漏らしたときにも、そんなことをすれば家族が恥ずかしい思いをすると母親に一蹴された。諦めて、「その絶望的な家での暮らしに耐え」続けるしかなかった。

ヘールは博士号を取得しないまま一八九二年にシカゴ大学の天文学教授に任命されたとき（ただし最初の三年間は無給だった）、つねによりよい天文台を追求して資金調達と建設を繰り返す、生涯をかけた活動へと第一歩を踏み出したのだった。だがついには過労と鬱の症状が頻繁にあらわれるようになって一九二三年にウィルソン山天文台長を辞任し、翌年には積極的な科学研究からも退いた。経歴の絶頂と言える時期での勇退だった。

ヘールはヤーキス天文台に続いてウィルソン山天文台の建設を目指し、カーネギー財団と交渉して六〇インチ反射望遠鏡の資金を調達すると、次に同財団の支援でさらに大型の一〇〇インチ望遠鏡も設置した。だが彼の最大の功績は、ロックフェラー財団からパロマー天文台の建設とそこに設置する二〇〇インチ望遠鏡のための資金援助を得たことだろう。ヘールはその望遠鏡の完成を見ることなく世を去ったが、天文学に遺した彼の並外れた功績をたたえて、この望遠鏡にはヘールの名前がつけられた。彼は死を前にして次のように書いている。「星の光は地球表面のいたるところに降り注いでおり、今のところ私たちが最大限できるのは、直径一〇〇インチの領域を照らす光線をとらえて集めることだ」

だが、太陽はどのようにして燃えていたのだろうか？　そのエネルギーをどこから調達していたのだろうか？

15　太陽の中心で起きていること

一九二〇年代、イギリスの天文学者アーサー・スタンレー・エディントン卿（一八八二－一九四四年）は天文学の講義で、宇宙に関する初期の理論を手短に説明した。そうした理論のひとつとして、世界は巨大なカメの背中に乗っているというインドの古い考えを取り上げ、ただしそのカメが何の上に乗っているかを説明していないから、とりわけ有用な見方ではないとつけ加えた。講義が終わると、ひとりの老婦人がエディントンにつかつかと歩み寄り、こう言った。「あなたはとても賢いわ、お若い方。とてもね。でもインドの宇宙論については、よくおわかりになっていない点があるのよ。いいこと？　いちばん下まで全部、ずーっとカメがいるの」。この愉快な逸話は、のちにスティーブン・ホーキングが書いた『ホーキング、宇宙を語る――ビッグバンからブラックホールまで』の最初のページに採用された。ただしホーキングは勘違いをしていて、講義をした科学者はバートランド・ラッセルだったのではないかと言っている。

痩せ型で神経質そうに見えるエディントンは、実際にも、写真館で撮影した正装でしかつめらしい顔の肖像写真そのままの姿をしていたと言われる。とてもわかりやすい筆致で数多くの本を書き、それらは今でも――内容は古くなったとはいえ――十分に読む価値がある。そして思いがけない言い回しにあふれている。ただし、講義で話す段になると書くときほどの腕前は持ち合わせていなかったらしい。「彼は文の途中から話しはじめ、ひとつの文を一度も完結させることなく、時間がなくなるまで続けた」と評した人がいる。それでも、いつかは「物事を星のように簡潔に」理解したいと書いた。

エディントンは、私たちが太陽を理解する過程で中心的役割を果たした人物のひとりであり、科学を心から信頼していた。かつて、恒星の存在は推論から予測できるものだと言った。「雲ですっぽり覆われて、星がまったく見えない惑星で暮らしていると想像してほしい。有能な物理学者ならば、研究室で大量の原子を用いた実験を行なうことにより、一定規模のガス塊は光を放射するほど十分な熱をもつことを予測できるはずだ」。そしてまた想像してほしいと、彼は続けた。「この予測を手にした科学者たちがロケットに乗って地球を出発し、大気圏外まで飛ぶことができるなら、はじめて上空に広がる宇宙を目にし、予測したとおりに光輝く星を目にするはずだ」

家族からスタンレーと呼ばれていた子どものころ、すでに数学の並々ならぬ才能を思わせたという。字を読めないうちから二四の倍数表を暗記し、星に心を奪われていた。十歳になると三インチ望遠鏡を借りて、家の忠実な召使いを相手に天文学の講義をするのが常だった。一八九八年にはオーウェンズ・カレッジの奨学金を獲得する。オーウェンズ・カレッジは国教徒以外も受け入れる学校で、当時はヴィクトリア大学になっており、その後一九〇三年にはマンチェスター大学になった。入学当時わずか十六歳だったエディントンの天賦の才は、けっして科学分野に限られたものではなかった。その証拠に、二年目にはラテン語、英語、歴史、数学、力学でクラス一位の成績を収めている。一九〇二

動物と人間社会の本

エビとカニの博物誌

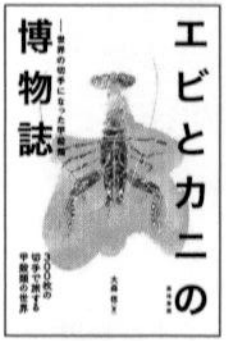

世界の切手になった甲殻類
大森信［著］2000円＋税
原始の時代から海に生息し、生業や食料として人々の暮らしと関わってきた甲殻類。切手に描かれた種の生態や文化との関わりを、豊富な知識と経験をもとに紹介する。

時間軸で探る日本の鳥

復元生態学の礎
黒沢令子＋江田真毅［編著］
2600円＋税
海に囲まれた日本列島にはどんな鳥類が暮らし、人間とどう関わってきたのか。時代と分野をつなぐ新しい切り口で描く。

海の極小！いきもの図鑑

誰も知らない共生・寄生の不思議
星野修［著］ 2000円＋税
捕食、子育て、共生・寄生など、海の中で暮らす小さな生き物たちの知られざる生き様を、オールカラーの生態写真で紹介。

先生、頭突き中のヤギが尻尾で笑っています！

鳥取環境大学の森の人間動物行動学
小林朋道［著］ 1600円＋税
先生！シリーズ第15巻！
ヤマネはフクロウの声を怖がり、手塩にかけた3匹の子モモンガは森に帰る！

オオカマキリと同伴出勤

昆虫カメラマン、虫に恋して東奔西走
森上信夫［著］ 1600円＋税
小さくて刺激的な昆虫の世界を、ファインダー越しに捉えるために奮闘する兼業カメラマンの著者が起こす、数々の事件を描く30話。

魚の自然誌 **光で交信する魚、狩りと体色変化、フグ毒とゾンビ伝説**

ヘレン・スケールズ［著］ 林裕美子［訳］
2900円＋税
世界の海に潜って調査する気鋭の魚類学者が自らの体験をまじえ、魚の進化・分類の歴史、魚の思考力など、魚にま

年に物理学の学位を得て卒業すると、十九歳でケンブリッジ大学のトリニティ・カレッジに入学した。

相対性理論を立証したエディントン

ケンブリッジ大学で修士号を得たのち、キャヴェンディッシュ研究所で研究プロジェクトを開始したものの、すぐにそのプロジェクトを放棄している。もし彼が現代の科学分野でスタートを切ったのなら、そのような経歴では大きな成功を収めることはなかったことだろう。こうして科学的な潜在能力に疑問符がついたエディントンだったが、まもなくグリニッジ王立天文台の職を紹介され、一九〇五年に天文学の分野に移行することになった。そこで加わったのは一九〇〇年から進められていたプロジェクトで、その年に一年にわたって撮影された小惑星エロスの写真乾板を解析するというものだった。エディントンに課された最初の任務は、それらの写真を解析して正確な太陽視差を割り出すことで、その値から地球と太陽のあいだの距離、また地球とほかの恒星のあいだの距離を知ることができる。彼を取り巻く状況は好転しはじめた。一九〇七年に恒星の固有運動に関する論文でスミス賞を受賞すると、トリニティ・カレッジ研究員の地位を授与されたのだ。

さらに、チャールズ・ダーウィンの息子でケンブリッジ大学の天文学プルミアン教授職にあったジョージ・ダーウィンが一九一二年十二月に死去すると、翌年にはエディントンがその職についた。ケンブリッジには天文学の教授職が二つあり、もう一方はロウンディーン教授職と呼ばれている。もともと、プルミアン教授職は教科の実験的な側面、ロウンディーン教授職は理論的な側面を担うものだった。この区別は年月を経るにつれていくぶん曖昧になってはいたが、エディントンは確実に観測天文学の分野での任命とみなされた。ところが一九一三年の終わりごろにロウンディーン教授職についていた人物が世を去ると、エディントンはケンブリッジ天文台長に指名される。こうして彼は事実上、ケンブリッジの理論天文学と実験天文学の両方の責任を担うことになったわけだ。だがケンブリッジの天文学研究を率いる立場になってすぐ、第一次世界大戦が勃発した。両親がクエーカー教徒だったこともあり、良心的兵役拒否者の立場をとったエディントンは兵役を免れ、一九一四年から一八年まで続いた戦時にもケンブリッジで研究を続けることができた。

当時、アルベルト・アインシュタイン（一八七九－一九五五年）が重力について、重力は空間の歪みによるものだとする注目すべき説を発表していた。そして、光線が太陽の近くを通過すると、太陽の周囲にある歪んだ空間のせいでわずかに曲がるだろうという予言もしていた。それなら、地球から恒星を見るときに太陽が同じ視線上にくるほど近づけば、その星は実際とはわずかに異なる位置に見えるはずだ。問題は、太陽のすぐ近くにある星は見えないという点だ――いや、日食のあいだなら見えるではないか。

この効果を確認するために、エディントンは日食観測隊を率いて西アフリカのプリンシペ島まで遠征する。一九一九年三月にイギリスを出港し、五月半ばまでに観測機器の準備を終えた。日食の開始は五月二十九日の午後二時だったが、その日の午前中には嵐がきて大雨が降った。エディントンは次のように書いている。「正午ごろに雨がやみ、一時三十分ごろ……太陽が顔を見せはじめた。写真の撮影を着実に進めなければならない。私は写真乾板の交換で忙しかったので、日食をこの目で見ることはできなかった。ただ、実際に日食がはじまったことを確かめるためにチラリと目をやったのと、半分ほど進んだころにどれくらい雲があるかを見ただけだ。一六枚の写真を撮ることができた。どれも太陽の姿をきれいにとらえ、とてもすばらしいプロミネンスを写し出している。だが雲が邪魔をして星が見えない。最後の数枚の写真が、私の望んでいたいくつかの像を写しており、それらから必要とするものを得られると思う……」

そして写真を現像して星の位置がどれだけずれているかを測定するために、プリンシペ島に残った。雲のせいで画像の質が落ち、測定は難しかったが、六月三日には備忘録に次のように記入している。「私が測定した一枚の乾板が、アインシュタインに同意できる結果を示した」。実際、このアフリカ遠征で得られた結果により、光線が大質量の恒星の近くを通過すると重力がその光線の進路を歪めるというアインシュタインの理論が、はじめて立証されたのだった。のちにエディントンは『オマル・ハイヤームのルバイヤート』のパロディーで、こう書いた。

われらが測定の点検は、賢者にまかせるべし
ひとつは少なくとも確かで、光には重さあり
ひとつは確かで、残りは論ずべし
光線が太陽に近づけば、その道筋に曲折あり

一九一九年十一月、プリンシペ島での観測によってアインシュタインの相対性理論を立証したエディントンは、王立協会と王立天文学会の合同会議でルートヴィヒ・シルバーシュタインからこう声を

かけられた。「エディントン教授、あなたは世界で相対性理論を理解している三人のうちのひとりにちがいありませんね」。これを聞いたエディントンが躊躇しているのを見て、シルバーシュタインはなおも続けた。「そんなに謙遜しなくてもいいんですよ」。するとエディントンは、「いや、そういうわけではありません。ただ、三人目は誰かと考えていたんです」と答えたのだった。アインシュタイン本人が実際に、このテーマについて書かれたあらゆる言語の書籍のなかで、エディントンの著書が最高の一冊だと言っている。

ある日、アインシュタインの助手のひとりが、エディントンの観測結果によって相対性理論が立証された喜びを本人に伝えた。するとアインシュタインは平然として、「でも私は、この理論が正しいことを知っていたよ」と言った。そこで助手は、もしこの予測が正しいと立証されなかったらどうするつもりだったのかと尋ねた。「そのときは」と、アインシュタインは応じた。「神様にとって気の毒だと思っただろうね――この理論は正しい」

エディントンは、恒星の内部で何が起きているか、恒星はどこからエネルギーを得ているかにも興味を抱いていた。ここでエディントンの話に戻る前に、太陽の年齢を考えてみる必要がある。

太陽の総エネルギー出力

科学者たちが太陽に関して測定したいパラメーターのひとつに、太陽がどれだけの熱を地球にもたらしているかがある。太陽定数と呼ばれているもので、それを測定すれば、太陽の総エネルギー出力を算出できる。太陽定数は太陽の明るさの指標で、地球が太陽から一天文単位（一億四九五九万八五〇〇キロメートル）の距離にあるとき、地球大気上端の一平方メートルが一秒間に受けるエネルギー量と定義されている。

この値を最初に直接測定しようとしたのは、フランスの物理学者クロード・プイエ（一七九〇－一八六八年）とジョン・ハーシェルで、ほぼ同時に、ただしそれぞれ独立して、作業を進めた。二人が用いた方法は異なっていたが根底にある原理は同じで、一定量の水に一定時間だけ太陽光を当て、水温の上昇を記録するものだった。水の熱容量はわかっているため、太陽光からのエネルギー入力率を簡単に計算できるわけだ。だが、そのようにして得られた太陽定数の値は、現在知られている一平方メートルあたり一三六七±四ワットのおよそ半分にあたる。地球の大気によって太陽光が吸収されることを計算に入れなかったことが原因だ。

アメリカの科学者サミュエル・ラングレー（一八三四－一九〇六年）は、一八八一年七月にカリフォルニア州のホイットニー山に遠征し、当時としては最も綿密な方法で太陽定数を測定した。発明したばかりのボロメーター（温度によって金属の電気抵抗が変化することを利用した検知器）およびその他の機器を利用したラングレーは、異なる波長と異なる高度で測定し、地球の大気による吸収が波長によって大幅に変化することを実証した。ただし、彼がそのとき計算した太陽定数の値は一平方メートルあたり二九〇三ワットで、現在の値のほぼ二倍となっている。

ウィーン大学の数学教授だったヨーゼフ・シュテファン（一八三五－九三年）は、理にかなった太陽の温度をはじめて把握し、熱い物体がエネルギーを発する力には何らかの体系があると確信していた。シュテファンの弟子のルートヴィヒ・ボルツマン（一八四四－一九〇六年）がこれを理論的に証明し、物体（黒体）から放出されるエネルギーとその温度との関係をあらわす「シュテファン＝ボルツマンの法則」が生まれた。

シュテファンの研究に目をとめたのは、太陽の温度を知ることに長いあいだ関心を寄せていたフランスの物理学者、ジュール・L・G・ヴィオール（一八四一－一九二三年）だ。ヴィオールは、太陽の熱が地球の大気を通過することによってどれだけ失われるかを知る必要があった。そのためにモンブランに登って測定を行ない、同じ時刻に下界でも助手が同じ測定をするという実験もしていた。シュテファンはヴィオールの数値を見て、摂氏六〇〇〇度という正しい値にたどり着くことができた。とてつもなく高い表面温度をもつガス球だ！　だが、どのようにしてそんなことが可能で、これからどれだけ長く続くというのだろうか？

十九世紀の多くの物理学者たちは、太陽のエネルギー源は重力にちがいないと考えていた。ドイツの大学教授ヘルマン・フォン・ヘルムホルツは一八五四年に行なった講義で、太陽の膨大な放射エネルギーの源は大質量の重力収縮であると述べており、その考えは少し前の一八四〇年代にＪ・Ｒ・マイヤーとＪ・Ｊ・ウォーターストンによって提唱されたものだった。単純な考えで、何かを圧縮すれば熱くなるというものだ。

太陽の年齢は四十六億歳

チャールズ・ダーウィンは一八五九年に出版した『種の起源』の初版で、地球の年齢を非常におおまかに推定しており、そのために太陽の年齢の見積もりも短くなった。ダーウィンが注目したのはイングランド南部のノースダウンズとサウスダウンズのあいだに延びるウィールド地方の谷で、この規模の地形が侵食される速度から、地球の形成にどれだけの時間がかかったかを考えていた。彼が推定した「ウィールドの侵食」に要した時間は、三億年以内だ。自然選択によって地球上に存在する多様な種の生き物が生み出されるには十分な長さだったから、ダーウィンはそれでよしと考えていたのだ。

ダーウィンの自然選択説に断固として反対していた人物に、ケルヴィン卿（ウィリアム・トムソン）がいる。グラスゴー大学教授で十九世紀を代表する物理学者のひとりだが、進化という考えには異議を唱えていた。ケルヴィンは並外れた「熱力学第二法則」を公式化するとともに、絶対温度の概念を確立し、絶対温度の単位はその後「ケルヴィン」と名づけられている。熱力学第二法則は、熱は必ず熱いものから冷たいものに移動し、逆は起こり得ないというものだ。そのためケルヴィンは、太陽と地球は外部のエネルギー源がない限り冷え続けるにちがいないこと、やがて地球は冷えすぎて生命を支えられなくなるであろうことを知っていた。そして太陽の輝きは重力エネルギーが熱に変換されたことで生み出されていると確信し、一八五四年に行なった講義では、太陽の熱は表面に落下した隕石の衝突によって生まれたものかもしれないと述べた。その数年後には、次のように書いている。

ある種の流星説はたしかに正しいもので、以下の理由を考慮すれば、太陽熱の完璧な説明はほとんど疑いようがない。(1)化学作用によるものを除き、ほかの自然な説明は考えられない。(2)化学説はきわめて不十分だ。太陽の全質量にのぼる物質間で起きる、わかっている限りで最もエネルギー的な化学作用は、およそ三千年分の熱しか生み出さないからだ。(3)流星説では、二千万年分の熱を生み出すことも難しくない。

このように、物理学者たちは太陽の年齢を最大限に見積もって数千万年と考えていたわけだが、多くの地質学者と生物学者は少なくとも数億年は輝き続けてきたにちがいないとみなしていた。地質学的な変化と生き物の進化を説明するにはそれだけの時間が必要なためで、どちらも太陽からのエネルギーに大きく依存していた。ところがチャールズ・ダーウィンは、ケルヴィンの分析力と彼の理論的専門知識による権威を前にして恐れをなし、『種の起源』の最終版では特定の時間の尺度に関する記述を削除してしまった。

だが、間違えていたのはケルヴィンのほうで、地質学者と進化生物学者は正しかった。今では隕石の放射能年代測定により、太陽は少なくとも四十六億歳であることがわかっている。ケルヴィンをはじめとした物理学者たちが太陽の最大年齢を実際よりはるかに短いものと計算したのは、質量がエネルギーに変換される可能性を知らなかったためで、それがわかるにはアインシュタインの登場を待たねばならない。

太陽の年齢とエネルギーを理解するための鍵は、科学の別の領域で見つかった。アンリ・ベクレルは、ヴィルヘルム・レントゲンによって一八九五年に発見された不可解なX線を研究するための実験中に、黒い紙で包んだ写真乾板をウラン鉱石といっしょに机の引き出しに保管しておいた。パリでは二日ほど曇り空が続き、予定どおり写真乾板を日光にさらして感光させることができなかったためだ。だがその乾板を現像処理して驚いた。そこにはウラン鉱石の像がはっきりと写っていたのだ。放射線を発見した瞬間だった。

一九〇三年、ピエール・キュリーと若い助手アルベール・ラボルドは、ラジウム塩が継続的に熱を放射していることを発表した。その発見の重大さは明白だった。最も驚くべきことは、ラジウムが周囲の温度まで冷えることなく熱を放射することだった。つまり、それまで知られていないエネルギー源が熱を保っていた。するとすぐにチャールズ・ダーウィンの息子のジョージ・ダーウィンによって、太陽のエネルギー源は放射能だろうという考えが示された。ただし、放射性物質から放出される巨大なエネルギーを発見したのは、モントリオールにあるマギル大学の物理学教授だったアーネスト・ラザフォードだ。ラザフォードはのちにマンチェスターの大学へ、さらにケンブリッジ大学へと移っている。一九〇四年、ラザフォードは次のように書いた。「崩壊時に膨大な量のエネルギーを放出する放射性元素の発見は、この惑星でこれまで生命が持続してきたとされる時間の限界を広げ、地質学者と生物学者が進化の過程に必要だと主張している時間の長さを可能にする」

放射能の出現により、理論家が太陽の年齢とその力の源を説明する際に、重力エネルギーの計算に頼らなくてすむようになった。質量で考えると、放射能は化学エネルギーの一〇〇万倍、重力エネルギーの一〇〇倍というエネルギーをもつ。だがそれは最終的な説明ではなく、正しい方向を示すヒントにすぎなかった。その後の観測によって、太陽には大量の放射性物質は含まれておらず、おもに水素でできていることがわかってきたからだ。恒星内の核エネルギーを放出するには、放射能以外の何かが必要だった。すると一九〇五年にアインシュタインが自身の特殊相対性理論の結果として、質量とエネルギーの関係を示す有名な等式（$E=mc^2$）を導き出した。この等式は、わずかな質量でも原理上は途方もないエネルギーに変わることを示していたのだ。

恒星の大気の解明

エディントンはイギリスの天文学者仲間であるジェームズ・ジーンズとのあいだで、恒星でエネルギーが生み出される仕組みについて長年にわたる論争を続けていた。エディントンはエネルギーの生成過程について、次のように書いて正しく判断していた。「最も単純な仮説は、おそらく……物質の対消滅というゆっくりした過程があるというものだろう」。それに対してジーンズは、少し時代遅れ気味に、エネルギーは収縮の結果であるという理論を支持していた。

一九二六年に発表した非常に重要な論文「恒星の内部構造」で、エディントンは恒星のエネルギーと圧力のバランスを説明し、恒星内部の温度と密度の数学的モデルを示した。そして自分自身の計算から、太陽の中心の温度は摂氏四〇〇〇万度であると見積もるとともに、恒星の質量と光度のあいだにある単純な関係を見出した。だが、彼の計算は詳細なエネルギー源とは無関係で、エネルギー源についてはニつの考えをもっていた。エディントンの第一の考えは、電子と陽子の消滅からエネルギーが生まれること、そして第二の考えは、陽子の融合による重原子の生成に、何らかの質量からエネルギーへの変換が伴うというものだった。

これらの考えについて、多くの物理学者は同意しなかった。太陽の全般的組成は地球と同じものだとみなしていたからだ。太陽と地球はどちらも同じ星雲から生まれたのだから、同じ組成をもつはずで、太陽の組成を判断するには地球が何でできているかを見つければよいとの考えだった。これは誤った考えであり、誤りだという認識はインドで生まれた。

インドの物理学者メグナード・サハ（一八九三－一九五六年）は、新時代の天体物理学――研究室で発展した物理学を全宇宙に応用した学問分野――を切り拓いた学者のひとりだ。ダッカで商人の息子として生まれたサハは、学校に通う幸運に恵まれた。父親にはその余裕はなかったが、地元の実業家に学費を負担してもらえたためで、やがて奨学金を得て大学に進学する。ところがベンガル州知事の訪問をボイコットする運動に加わったために退学を余儀なくされ、その後はコルカタの大学で学んだ。

サハが特に関心を抱いたのは、原子から電子が離れる電離と呼ばれる現象だった。また、非常に高温の恒星のスペクトルでは最も軽い元素である水素とヘリウムしか見えないが、より低温の恒星では多くの元素のスペクトル線が見えることにも気づいた。そこで「サハの電離式」と呼ばれる等式を立て、元素の電離の度合いが温度によって異なることを示した。この式は、恒星の大気中にある元素の量を判別するという、多くの学者が待ち望んでいた方法をもたらすものだった。そしてそれは太陽のスペクトルコードを解読する鍵になった。

セシリア・ペインは、一九二五年にサハの電離式を用いて太陽のスペクトルを分析し、ファウラーとミルンによる改善も考慮して、ほとんどが水素であると結論づけた人物だ。イギリス生まれのペインはケンブリッジ大学に進み、一九一九年にエディントンの講義を聴いて天文学に専念する決心を固めた。それは「私の世界観をすっかり変えるものだった」と書いている。だが当時のケンブリッジ大学には天文学科がなかったため、物理学の本を読むしかなかった。いずれにせよ、男性中心の世界だったイギリスの天文学に抑圧されたペインはハーバード大学に進み、そこで恒星スペクトルの世界最大のコレクションと出合う。

一九二五年にペインが書いた博士論文「恒星の大気」は、のちに「天文学でこれまでに書かれた最もすぐれた博士論文」と称され、太陽がほとんど水素でできていること、そして一部がヘリウムであることを証明した。だが、それがどれほど見事なものであっても、一方ではまったくつまらないと考える者もいた。プリンストン大学の天文学者で世界有数の影響力をもっていたヘンリー・ノリス・ラッセル（一八七七－一九五七年）は、その考えを嘲笑した。何しろ大学院生が書いたものだし、そのうえ女性が書いたのだから！　追い詰められたペインは、自分が出した結果は「まやかし」だったと言うしかなくなった。

科学の世界では、権威は諸刃の剣となる。アインシュタインはかつて、自分が多くのことを達成できたのは、科学界の権威を軽蔑していたからだと言った。そしてさらに、運命は残酷にも、権威を軽蔑していた自分を権威にしてしまったとつけ加えた。「議論で権威を引き合いに出す者は、誰であれ、知性ではなく記憶力を用いているにすぎない」と、レオナルド・ダ・ヴィンチは言っている。

ペインが論文を提出した翌年、ラッセルはカリフォルニア州のウィルソン山天文台で太陽のスペクトルを研究していた。男性と女性ひとりずつの助手を伴って太陽のスペクトル線を測定した結果、太陽面に豊富にある元素を測定する方法が見つかり、その結果はほとんどが水素であることを示していた。それでもまだ、ラッセルはそれを信じようとはしなかった。

ペインが論文を提出した三年後、やはりウィルソン山天文台で、アルブレヒト・ウンゼルトが新しい分野である量子力学を用いてペインが正しいことを証明した。ちなみに、ウンゼルトは一九三九年にヤーキス天文台とマクドナルド天文台を訪れて、B型主系列星であるさそり座タウ星のスペクトルを分析し、太陽以外の恒星の大気をはじめて詳細に分析した人物だ。

太陽の大気はほとんどが水素で一部がヘリウムであるという証拠は今や圧倒的となり、ラッセルはペインが正しいことを認めざるを得なかった。恒星の大気に関する画期的な研究により、ペインは一九二六年の「アメリカの科学界で活躍する男性」名鑑（当時の書名には「男性」の語が用いられていた！）に掲載されている。当時二十六歳での掲載は、それまでで最年少だった。その後、同じく天文学者のセルゲイ・ガポーシュキンと結婚したペインは、二人で変光星に関する傑出した研究を続けるものの、ハーバードでの最初の十三年間の待遇は指導教官の技術助手にすぎなかった。ようやく教授になったのは一九五六年のことだ。

恒星のエネルギー生成

だが、太陽はどのようにしてエネルギーを生み出しているのだろうか？　手がかりはあった。ラッセルが一九一九年に、最も重要な手がかりは恒星内部の高温だと言っている。またケンブリッジ大学のフランシス・ウィリアム・アストン（一八七七－一九四五年）が一九二〇年に、この謎を解くための重要なヒントを発見している。アストンは太陽の秘密を解く物語の、それどころか二十世紀の物理学における、偉大なる英雄のひとりに数えられる人物だ。威厳に満ちた白髪の男性がスポーツジャケットに身を包み、ケンブリッジ大学トリニティ・カレッジのグレートコートを遠慮がちに横切る姿を目にした人は多い。元素のおよそ三〇〇にのぼる安定同位体のうち、アストンは二〇〇以上を単離して相対質量を測定した。炭素の質量を一二単位として、水素はほぼ一単位、ヘリウムはほぼ四単位であることも発見した。さらに、ヘリウム原子一個の質量は水素原子四個の質量合計よりほぼ一パーセント小さいことも発見した。そのために水素の原子核からヘリウムの原子を作ると、エネルギーが放出される。アストンはその業績にふさわしく、一九二二年にノーベル化学賞を受賞した。そしてエディントンはすぐ、アストンの測定値が太陽の力の謎を解く鍵として非常に重要であることに気づいた。

一九二〇年にエディントンは英国科学振興協会での演説で、アストンが測定した水素とヘリウムの質量の違いに基づけば、太陽は水素原子をヘリウムに変換することによって輝いている可能性があると述べた。水素が燃えてヘリウムになると（アインシュタインによる質量とエネルギーとの関係式から）、質量のおよそ〇・七パーセントに匹敵するエネルギーが放出される。そう考えた場合、原理上、太陽は一千億年ものあいだ輝けることになる。そしてこう続けた。「もしもほんとうに、恒星にある原子内エネルギーを自由に利用して巨大な炉を燃やし続けていられるなら、この潜在力をコントロールするというわれわれの夢の実現が少し近づいたように思われる。それは人類の幸福につながるものだ――あるいは、人類の自殺行為に」

二十世紀を振り返ってみれば、並外れた、同時になんとも恐ろしい洞察だ。ただし、それはまだ太陽のエネルギー源を完全に説明したものではなかった。一九二〇年の時点では、ケンブリッジ大学キャベンディッシュ研究所のエディントンの同僚たちは、太陽の中心の状態は核融合が可能なほど熱くないと考えていた。それに対するエディントンの答えは、もっと熱い場所を探せばいいというものだった。

問題は、互いに合体するはずの水素の原子核あるいは陽子は同じ電荷をもっていることで、そうなると互いに大きな力で反発するはずだった。従来の古典的物理学では、正の電荷をもつ二個の陽子がすぐそばまで近づく見込みはゼロだが、これは古典的物理学ではなかった。あらゆるものはごく小さい粒子でできているという新しい発見は、すべてを変えた。一九二八年には、ロシア生まれのアメリカ人理論物理学者ジョージ・ガモフ（一九〇四－六八年）が量子力学の理論を導き出し、二個の荷電粒子が相互に反発する力を乗り越え、きわめて接近できる可能性がゼロではないことを示した。この量子力学の確率は、今ではガモフ因子として広く知られている。ガモフは、陽子どうしが接近して合体し、わずかなエネルギーを放出できることを示した。

ガモフの研究に続き、ロバート・デスコート・アトキンソンとフリッツ・ハウターマンズが、その後はガモフとエドワード・テラーが、ガモフ因子を用いて、恒星内部に存在すると考えられている高温で進行する核反応の速度を導き出した。同じ電荷をもつ二個の原子核が融合するほど近づいて、アインシュタインの等式による余剰質量とエネルギー放出の関係に従ってエネルギーを生み出す確率を予想するには、ガモフ因子はなくてはならないものだった。一九三八年になるとC・F・ヴァイツゼッカー（一九一二－二〇〇七年）が、エディントンとガモフによって説明された陽子・陽子サイクルを用いずに輝く一部の恒星の問題を解決に近づけている。ヴァイツゼッカーは、今では炭素・窒素・酸素サイクル（CNOサイクル）と呼ばれる核融合サイクルを発見し、その場合は炭素を触媒として用いて水素原子核を燃焼させることができる。このサイクルは太陽のエネルギー源としてはほとんど利用されていないが、中心の温度がもっと高い大型の恒星では、はるかに重要なものになっている。

史上屈指の核物理学者として名高いハンス・ベーテ（一九〇六－二〇〇五年）は一八三九年四月までに、核物理学についてそれまでにわかっているすべてのことを精査して分析した三つの論文を書き上げていた。これらはやがて「ベーテのバイブル」と呼ばれるようになる。その後、ガモフがワシントンDCで物理学者と天体物理学者の小規模な会議を開催し、恒星の内部構造について、知識の現状および未解決の問題について話し合った。この会議のあとでベーテは、太陽の中心で水素が融合してヘリウムになる基本的な核融合反応の過程を計算した。そしてその計算結果を「恒星内部でのエネルギー生成」と題した論文にまとめた。読むに値する、じつにすばらしい論文だ。こうして、何が起きているかを追究する時代は終わった。太陽を含む恒星は、中心に核融合炉を備えているから輝いている。

第二次世界大戦の終結から二十年間に、恒星内の核燃焼に関するベーテの理論に対して数多くの重要な細部がつけ加えられた。卓越した多くの物理学者と天体物理学者、なかでも、アラステア・キャメロン、フレッド・ホイル、エドウィン・サルピーター、カール・シュヴァルツシルトは、太陽をはじめとした恒星がどのようにしてエネルギーを生み出しているかの研究を続けていった。ウィリアム・ファウラーは、パサデナにあるカリフォルニア工科大学ケロッグ研究室の仲間たちおよび世界中の物理学者からなるチームを率いて、陽子・陽子連鎖反応およびCNOサイクルの最も重要な細部を測定し、計算した。そして次の問題へと移行する。それは、生命にとって必要な重元素が、恒星内でどのようにして作られるかという疑問だ。

太陽には、爆発を防ぐためのセルフコントロールの仕組みまで備わっていることがわかっている。一九三五年にはイギリスの天体物理学者トーマス・カウリング（一九〇六–九〇年）が、中心温度のわずかな上昇がエネルギー出力の大幅な増大を生み、それは別の温度上昇も促して、暴走による爆発につながると説明した。だが実際には、中心のガスは熱せられることによって膨張し、それを覆っている層を押し広げる。この押し広げる運動に必要なエネルギーが中心を冷やすので、太陽は安定を保つことができる。太陽はエネルギーを生み出す装置であるとともに、自動制御機能をも備えているので、何十億年ものあいだ安定を保ちながら物質を光に変えている。そしてそれは宇宙のいたるところで起きている。

本章で最も重要な科学者のひとりはアーサー・スタンレー・エディントン卿だ。彼が一般の読者向けに書いた本はじつにすばらしく、科学に関する深遠で示唆に富んだ引用文の宝庫となった。また、科学史について一風変わった見方をしており、研究の障害物とみなしていた。私は同じように考えている科学ジャーナリストを何人か知っている。

頑固な数学者で現実的な天文学者だったエディントンはまた、神秘主義的な側面も持ち合わせており、晩年には物理的宇宙の統合体を構築しようと試みた。一九二〇年代後半からは次第にひとつのことに没頭するようになり、その内容はのちに、未完に終わって死後出版された著書『基本理論』（一九四六年）のタイトルとなった。彼は、あらゆるものを統一する理論を探し求めた点で、アインシュタインに（ついでに言えば、それよりおよそ百年前のマイケル・ファラデーにも）よく似ていた。量子力学によって支配される電磁相互作用と、一般相対性理論によって記述される重力とを、ひとつにまとめる作業だ。だがエディントンも、アインシュタインと同様、その試みに失敗している。ただし、アインシュタインは自分の失敗にはっきり気づき、エディントンは自分が成功しつつあると考えていた。

彼はかつてこう書いた。「宇宙には 15,747,724,136,275,002,577,605,653,961,181,555,468,044,717,914,527,116,709,366,231,425,076,185,631,031,296,296 個の陽子と、同じ数の電子があると、私は確信している」

16　太陽風とオーロラ

イングランド南部にある自宅で稀にオーロラを目にできると、私はいつも、大好きな詩人シェリーが詠んだ数行を思い浮かべる。シェリーは「アトラスの魔女」で、自らの美しさから生まれた光を身にまとった愛らしい女性を描いているからだ。緯度の高い地域で夜になるとよく見えるオーロラの、踊り渦巻く霞のような光はどこか不気味で、魔術を思わせる。緑や赤に彩られた光のベールとカーテンが波打ちながら大空を進んでいき、やがて光が薄れ、消えていくと、あたりは再び漆黒の闇に閉ざされる。

オーロラにまつわる伝承

北欧の神話には、最高神の居城アスガルドと地球とをつなぐ、ビフレストという名の橋が登場する。この橋はおそらく虹か、あるいはオーロラのことではないだろうか。オーロラは、死者が天国へ渡るための、光に照らされた細い天の道だと考える文化もある。

オーロラには誕生と死が結びつけられることが多い。一部の文化、なかでも高緯度の文化圏の言い伝えでは、オーロラは王の誕生を告げる合図、あるいは死者の霊だ。スカンジナビアの人々はオーロラを死んだ女性、なかでも若くして世を去った処女と結びつけていたが、中国の人々は間近に迫った誕生の合図と考えた。そして中国とヨーロッパで生まれた古い竜の伝説にもオーロラとのつながりがあるとされる。イグルーリクのイヌイットには、シャーマンに手を貸す力強いオーロラの精霊アルシャートがいた。

最も古い記述は地中海沿岸諸国と古代中国で見つかっており、旧約聖書には次の一節がある（エゼキエル書第一章第四節）。「激しい風と大いなる雲が北から来て、その周囲に輝きがあり、たえず火を吹き出していた。その火のなかに青銅のように輝くものがあった」

紀元前三四四年にギリシャの哲学者アリストテレスはオーロラを目にし、その光を地球から燃え立つ炎と比較した。セネカによれば、ティベリウス・カエサルは赤い光を炎と見間違え、紀元三四年に損害を調べさせるためにオスティアに向けて軍隊を派遣したという。時代は下って一五八三年、フランスでは数千人の村人たちが「天からの警告」と「空中の炎」を目にしたあと、パリの教会に向けて巡礼の旅に出た。だが十九世紀になるまで、オーロラの炎が人を傷つけると本気で思っている人は誰もいなかった――北欧の伝説にあるように、オーロラに向かって口笛を吹くようなことさえしなければ。

極地を探検した人々は、オーロラについて多くの報告を残している。一八九三年から九六年に「フラム号」に乗船して北極点を目指した探検家フリチョフ・ナンセンは、氷に阻まれて極点には到達できなかったものの、才能豊かな芸術家の一面を活かして自ら目にしたオーロラを描き、木版画と絵画を数多く生み出した。南半球で見られるオーロラは南極光と呼ばれる。キャプテン・ジェームズ・クックによる記述は、ヨーロッパ人がはじめて南極光に言及したもののひとつだ。彼はこう書いている。「晴天の日の夜、澄みわたった穏やかな空が広がり、真夜中の十二時から午前三時までのあいだに天空を舞う光が見えた。それは北極光と呼ばれる北半球のオーロラに、よく似たものだった。だが私はこれまでに南極光を見たという話を聞いたことがなかった。当直の航海士が観測したもので、ときには螺旋《らせん》状に、またときには円形に輝き、その光はとても強く、じつに美しく見えたという。特定の方向を指すものとは認められなかった。天空の異なる部分に不規則に出現し、大気全体にわたって光が散乱していたからだ」。イギリスの南極探検家ロバート・ファルコン・スコットも南極大陸にいるあいだにオーロラについて書き、次のように表現した。「それらは幻想的に渦を巻いて曲がりくねり、一部は螺旋の柱になった。わずかな時間で急に現れ、一瞬で消え、コロナの大きなアーチが南方から私に向かって突進してくるように思えた」。南極点到達レースのさなか、その他の探検家たちも日誌にオーロラの記述を残している。シャックルトンの「白い炎をまとった」オーロラは、シェリーの詩「雲」の「天の乙女」に呼応した。

現代の記述から、フィンランドの数学教授ユハ・キンヌネンの言葉に耳を傾けることにしよう。

どのオーロラも個性的で、その美しさのすべてをフィルム上にとらえるのは不可能だが、ときにはオーロラの神秘と驚異を少しは表現できたと思える画像を手にすることができる。

私は娘のノーラといっしょに、ヘルシンキの北方二七〇キロメートルほどに位置するユヴァスキュラのわが家から、さらに北へと六〇キロメートルほど車を走らせた。はじめは曇り空で雨もちらついていたが、フィンランド気象庁の予報ではやがて晴れ上がるとのことだった。私たちはさらに、森に囲まれた細い道に沿って一〇キロメートルほど進んだ。フィンランドは住人がとても少ない国で、湖と木々がどこまでも続く——ときたま農場が目に入るだけだ。この緯度まで来ると、全体のおよそ一五パーセントの時間に北極光が出現する。さらに北のラップランドまで行けば、全体の七五パーセントの時間に北極光を見ることができる。

ユハとノーラにとって、森林地帯へのこうしたドライブは大きな楽しみであり、また物心ついたときからずっと北極光に魅せられてきた人生の一部でもある。「それは力と質量が関与したもので、また太陽表面の乱れからこうした真夜中の光が生じるという事実がある。じつにすばらしい自然のスペクタクルだ。人々や光害から遠く離れ、フィンランド中部の黒々とした森のむこうで輝く空をじっと見つめていると、畏敬の念が湧き上がる」

荷電粒子が降り注ぐ

少し時代をさかのぼった一九〇六年、フィンランドからあまり遠くないオスロ大学の研究室では、太陽によってどのようにオーロラが生まれるかを確かめる実験が行なわれた。研究室にはキャンパスのあらゆるところから科学者たちが集結し、そこには火花を散らす機械、電圧発生器、陰極管といったさまざまな電気装置が所狭しと並んでいた。ただし、この研究室をあまり詳しく探索するのはやめておくほうがいいだろう。棚の上にはマリー・キュリーによって寄贈されたラジウムの塊が無造作に置かれ、人知れず高い放射能を放っていたからだ。だがその日の朝、人々は期待を胸に実験の開始を待っていた。

ノルウェーの物理学者クリスチャン・ビルケランド（一八六七－一九一七年）は、多少変わり者ではあったが非凡な科学者で、北極光に魅了されていた。遠征隊を率いてノルウェーの高緯度地域を何度か訪れると、オーロラ観測網を作り上げ、そこで磁場データも収集した。だが彼には別の関心事もあり、一九〇〇年に電磁場を利用して発射体を打ち出す仕組み（現在は電磁レールガンと呼ばれているもの）の特許を取得すると、それを製造・販売する銃器会社を立ち上げた。レールガンは作動したものの結果は期待外れで、発射体はあまり遠くまで飛ばなかった。そこでその装置の名前を航空魚雷に変えて、会社を売り込むための実演を計画した。ところが実演の最中にレールガン内部のコイルが大音響とともに吹き飛び、炎と煙が上がった。爆発による損傷は簡単に修理できる程度のものだったが、ひとりのエンジニアがビルケランドに、最大級の稲妻を地面に誘導できれば産業界に売れるだろうと話した。窒素固定作用を利用して人工飼料を作るためので、のちに彼らはそれを実現している。

ある日の朝、エジプト好きのビルケランドはいつものようにエジプトのトルコ帽をかぶり、先が長くとがった赤い革製のスリッパを履いて登場した。そして待ちわびる見物人たちに、陰極は太陽を模していること、また金属球を磁化して陽極の地球とし、それを「テレッラ」と名づけたことを説明した。どちらも真空槽のなかに置かれ、陰極と陽極、つまり太陽と地球のあいだに、妨げられることなく電流が流れるようにと、エアポンプが忙しく働いていた。

真空槽内の空気圧が下がるにつれて、太陽（陰極）が輝きはじめる。そしてビルケランドが地球（陽極）に装備された電磁石のスイッチを入れると、地球の赤道部分を取り巻く紫色の光が見えた。ミニチュアの地球の周囲で磁場が強まるにつれて、赤道を囲むひとつの円が二つに分かれ、それぞれが磁極を囲んで輝く燐光の楕円になって、それらはミニチュアのオーロラのように見えた。聴衆はその光景に魅了された。ビルケランドは、太陽から放出された陰極線（当時はそう呼ばれていた）が、どのようにして地球の磁極に向かって進んでいくかを示して見せたのだった。

だが、すべての科学者が納得したわけではなかった。そうした科学者たちの最大の異議は、もしも陰極線（のちに電子であることがわかった）のみが太陽から放出されるとすると、時間がたつにつれて高電荷の状態になるという点だった。ビルケランドは、太陽は正電荷と負電荷を同時に放射しているにちがいないが、オーロラを生み出しているのはおもに電子であることに気づいていた。さらに、オーロラの原因である陰極線は黒点周辺の領域から宇宙に送り出されていること、また黒点が地球上の磁気嵐の原因になっていることも示唆した。

ビルケランドの著書はとても幅広いテーマを扱い、地球の磁気嵐について、磁気嵐と太陽の関係についてだけでなく、太陽そのものの起源、ハレー彗星、土星の環についても書いている。ビルケランドが示した極地を囲む電流には、現在ではオーロラジェット電流という名がつけられているが、それは過去において四半世紀ものあいだ議論の的になっていた。太陽からやってくるこれらの電流の存在は、地上での測定結果だけでは確認できなかったためだ。証拠は衛星の力を借りてようやく届けられた。一九六三年に打ち上げられた米国海軍の航行衛星には磁気探知機が搭載され、この衛星が地球の高緯度地域上空を通過するたびに、毎回と言えるほど頻繁に磁気の乱れを観測したのだ。それはビルケランドの予測どおりだった。ノルウェーは自国の天才を誇り、二〇〇〇クローネ紙幣をその肖像と実験器具で飾った。このように、太陽が地球にもたらしているものは光だけではない。目には見えない別の形をした放射物や、荷電粒子の雲もある。

太陽とは逆の方向に波打つように伸びる彗星の尾は、太陽から離れる方向に向かって物質が流れていることの証しだ。太陽光の圧力だけでは弱すぎて、ガスと塵でできた尾を遠くに押しやることはできない。では、何が押しやっているのだろうか？　粒子の流れ、いわゆる太陽風だ。ドイツの物理学者ルートヴィヒ・ビーアマン（一九〇七－八六年）は二十世紀半ばに、高速荷電粒子の流れが太陽から出ていることを予測した。太陽風を確認したのは、一九六二年に金星に向かっていた宇宙探査機マリナー2号だ。太陽風は大部分が陽子で、太陽から秒速およそ四〇〇キロメートルの速度であらゆる方向に噴き出している。風の源は超高温に熱せられた太陽のコロナだ。今では、コロナの温度が高すぎるために、太陽の重力ではつなぎとめられないことがわかっている。

このため、私たちの頭上はるか遠く離れた空の彼方には、大気の一番下の層に閉じ込められている私たちが経験する日常の天気とは、別の種類の天気がある。「宇宙天気」と呼ばれるもので、この宇宙天気は、地球を包む薄い高層大気と磁気圏に対する太陽風の影響によって生じている。宇宙天気に影響を与えるものには、太陽からの放射線をはじめ、太陽風の変動や、ときにはやはり太陽から放出される大規模なプラズマ雲などがある。

太陽風と地球の磁気圏との境界に磁気圏境界面（マグネトポーズ）が形成されている。それは複雑な領域で、地球の磁場が——太陽風に直面している側でつぶされ、横方向に歪みながら——粒子の流れを押し戻している。一九六一年には人工衛星エクスプローラー10号が太陽と反対方向に打ち上げられ、長楕円軌道に投入された。搭載されたバッテリーの関係でわずか五十二時間分のデータを収集したにすぎないが、地球半径の四三倍の位置までの測定値を得ることができた。その軌道の一部は、今では磁気圏尾部（マグネトテール）として知られている部分もかすめていた。エクスプローラーのデータは磁気圏境界面の構造についてはほとんど明らかにできなかったものの、磁気圏境界面がつねに動いており、エクスプローラーよりも速いスピードで宇宙を行ったり来たり浮動していることを明らかにした。人工衛星は磁気圏境界面の片側にあったと思ったら、次はその反対側にあった。

太陽に面した側では、磁気圏境界面は地球半径の一一倍の距離に位置し、太陽風の圧力の増減に応じてその距離は変化する。磁気圏境界面から地球半径の二倍程度前方には、いわゆる衝撃波前面がある。超音速旅客機の先端部分と似て、ここでは太陽風が勢いをそがれることになる。そして地球を囲む洋ナシの形をした磁場には、極地付近で境界面が地表に向かって入り込んでいる、カスプと呼ばれるポイントがある。

これらのカスプ領域に送られた宇宙探査機（それぞれ一九六八年と一九七二年に打ち上げられた欧州宇宙研究機構のＨＥＯＳ1とＨＥＯＳ2）が磁場の乱れを検知しており、ここでは磁気圏境界面が弱まっているために、太陽風が地球の極地に流れ込むと考えられている。太陽からやってきた荷電粒子の一部が、極地上空を覆う大気の上部に届けられるわけだ。およそ七〇〇キロメートル上空まで達する厚い大気層に荷電粒子が降り注ぐと、酸素や窒素の原子と分子に衝突してそれらを励起するため、余ったエネルギーが光として放出され、不思議な動きをする形と色彩を作り出す。こうして生まれたオーロラは、ほとんどが上空およそ一〇〇キロメートルの位置で波打ち、美しく揺れる。

だがオーロラでは、私たちの目に触れる以上のことが起きている。

17 太陽活動極大期と太陽嵐

ビルケランドが予想したとおり、太陽を飛び出して地球の磁場という防御壁を貫く粒子は巨大な電気回路を形成し、幅一万五〇〇〇キロメートルの大河のように宇宙空間を移動して、発電機の役割を果たしながら地球に電流を注いでいる。電流は磁気圏境界面から、極地を囲む「オーロラオーバル」と呼ばれる輪に流れ込み、また磁気圏境界面へと戻っていく。電子と陽子はまとまって移動し、原子にぶつかると光の層を生み出す――光の色は、衝突した原子が酸素の場合は青緑に、窒素なら赤になる。こうして一〇〇万アンペアもの電流をもつ目に見えない電気の川が成層圏を流れ、地球の磁場を一時的に変化させて磁気嵐を引き起こす。そこで発生する電力は一〇〇万メガワットに達することもある。

磁気嵐が破壊したパイプラインと電力設備

十九世紀にイギリスの物理学者マイケル・ファラデー（一七九一－一八六七年）は、電線を螺旋状に巻いたもの（コイル）の近くで磁石を動かすと電線を電流が流れることを発見した。ファラデーの電磁誘導は、まもなく最初の発電機に利用されている。この作用は大規模に起きることもあり、地球を巡る磁場の変化によって、地殻や、たとえば鉄道線路、パイプライン、大洋横断ケーブル、送電線といったすぐれた導電体にも電流が流れることになる。アラスカ横断石油パイプラインをはじめとしたパイプラインに電流が流れると、腐食作用が進んで寿命が縮んでしまう。一九八九年六月四日に起きた天然ガスパイプラインの爆発は、シベリア横断鉄道の一部を巻き込み、二本の旅客列車を炎で包んで五〇〇名以上の犠牲者を出した。磁気嵐によるパイプラインの損傷がこの事故につながったと考えられている。一九七〇年代半ばに建設されたアラスカ横断石油パイプラインはシベリアのパイプラインとは異なり、より新しいテクノロジーを採用して、とりわけこうした腐食につながる電流を最小限に抑えるよう設計されている。

磁気嵐は開拓時代のアメリカ西部の電信係にとっても頭痛の種だった。一八四一年に電信が発明されたのに続き、一八七〇年代には電話が登場し、多くの大陸に広大な電信・電話網が張り巡らされた。磁気嵐が発生すると、変化する地球の磁場によって誘導された電流があまりにも強かったために、電信技士はバッテリーがなくてもメッセージを送信することができた。なかには感電して死にかける者までいたようだ。スコットランドとニューファンドランド島を結ぶ大西洋横断電信ケーブルでは、一九四〇年三月の磁気嵐のあいだに最大二六〇〇ボルトの電圧が記録されている。この磁気嵐によって、ニューイングランド、ニューヨーク、ペンシルベニア、ミネソタ、ケベック、オンタリオで電気の供給が途絶えた。

送電線は太陽にとっては魅力ある標的になる。変圧器の中性線によって大地とつながって、抵抗が最小になる経路を提供しているからだ。磁気嵐によって誘導された強い電流が、この種の電流に対応できるよう設計されていない変圧器を通って流れると、電圧の変動とドロップアウトが起きる。この問題は高緯度にあるすべての電力設備に影響を与えてきた。

一九八九年三月九日、木曜日、アリゾナ州にあるキットピーク国立天文台の天文学者たちは大規模な太陽フレアを見つけた。地球の外圏大気は強烈な紫外線およびX線照射の衝撃にさらされていた。翌日にはさらに激しい爆発が起きて、活動領域5395から地球の三五倍の大きさをもつガス雲が生じた。この爆発による雲は時速およそ二〇〇万キロメートルで噴き出し、三月十三日、月曜日の夕刻に地球に達した。

スカンジナビアとアラスカで空を見上げていた人たちは壮大なオーロラに酔いしれ、それはフロリダ、キューバ、メキシコという南の空でも見ることができた。それまでオーロラを一度も見たことがない一部の人たちは、核攻撃がはじまったのではないかと心配した。打ち上げられたばかりのスペースシャトル・ディスカバリーの運命に思いを馳せた人もいた。

太陽からやってきたプラズマ雲が地球の磁場に衝突すると、電流の強力なジェット気流が地上一〇〇キロメートルの高さを流れた。その気流は渦を巻き、回転し、アメリカの内陸部にまで伸びていった。それと同時に目に見えない電磁力が、光輝く空で、また地球の地面の下でも戦いを繰り広げ、アメリカ、イギリス、スカンジナビア諸国、カナダの地中を強力な電流が走り抜けていった。

カナダのケベック州は地質学的に古い広大な岩盤（楯状地）に覆われているため、電流が地中に流れ込みにくい。行き場を失った電流がようやく見つけた出口は送電線だった。しかもハイドロ・ケベック社の電力網に含まれる送電線は非常に長いため、電流は増大した。

現地時間の午前二時四十四分十七秒、その電流がケベック州の電力網に弱点を見つけることになる。シブガモ変電所にある静電ボルト・アンペア・コンデンサーの一二号機で異常が発生すると、これがオフラインになった。シブガモで電圧調整機能が失われたために電力動揺が起き、七三万五〇〇〇ボルトのラグランデ送電網の発電量が低下した。そしてその二秒後にはシブガモ変電所で二つ目のコンデンサーが動作を止めた。続いて一五〇キロメートル離れたアルバネルとネミスコーの変電所でもコンデンサーが停止し、その直後にはシブガモの南にあるラ・ベレンドライの設備が続いた。

ケベック州は一分もたたないうちに発電システムの半分を失ってしまったのだ。自動負荷軽減システムが負荷のバランスを取り戻そうとしたが、とても太刀打ちできない戦いだった。ケベック州の町が、地域が、ひとつずつ暗闇に包まれていき、やがて電力網全体が崩壊した。トロントでは夜間の気温が摂氏氷点下六・八度まで下がり、数百万もの人々が影響を受けた。モントリオールの地下通路は一瞬のうちに暗闇に包まれ、地下鉄もドーヴァルの空港も閉鎖され、信号機も停止した。その状態は九時間にわたって続き、損害の総額は三〇億ドルから六〇億ドルにのぼったとされる。だが、影響を受けたのはカナダだけではなかった。

ニューヨーク州電力公社はハイドロ・ケベック社が停電に追い込まれた瞬間に停電し、ニューイングランド・パワープール（電力融通機構）も続いた。だがどちらも午前九時までには一一〇〇メガワットを超える電力をケベック州に送電して、大停電の解消に力を貸している。幸運にも、その時間にはこれらの地域に電力の余裕があったからだが、ギリギリの状態ではあった。実際のところ、アメリカ北東部全域を対象とした電力融通システムは停止寸前のところまでいった。またメリーランド州、バージニア州、ペンシルベニア州に電力を供給する一五〇〇キロメートル離れたアレゲニー電力会社でも、二四台あったコンデンサーのうちの一〇台が停止している。アメリカ全土に目をやると、磁気嵐がはじまって数分のうちに二〇〇件を超える変圧器と継電器の問題が発生した。アメリカで暮らす五〇〇〇万人の人々は、仕事にとりかかろうとしていたにせよ眠り続けていたにせよ、自分たちの電気系統が大惨事の一歩手前まで進んでいるとは夢にも思わなかった。彼らが暗闇にたたずむカナダの隣人たちの仲間に加わらずにすんだのは、アレゲニー社の電力網に含まれていた十数台の優秀なコンデンサーのおかげだ。

カリフォルニア州の郊外では自動開閉式の車庫の扉が理由もなく開閉しはじめ、沖合の海軍の船舶では送信機が周波数の低い予備のものに切り替わった。北東部の州ではマイクロチップの生産が何度か停止に追い込まれた。電離層の磁気活動によってウエハーの品質が低下したためだ。地球の磁場を利用して姿勢を制御していた軌道上の通信衛星は、自らひっくり返ろうとした。極軌道を巡るいくつかの人工衛星は、数時間にわたって制御不能に陥った。気象衛星からの通信が途絶え、毎日の天気予報に使われていた気象画像が失われた。NASA（米国航空宇宙局）のTDRS－1通信衛星は、二五〇回を超える電気および通信に関する誤動作を記録した。ジョンソン宇宙センターのフライトディレクター、グランヴィル・ペニントンは、「水素がこれまで見たことがないほど高圧を示している」と語った。

太陽周期がもたらす脅威

宇宙嵐は、直接襲いかからなくても人工衛星を傷つける。大気の摩擦もまた頭痛の種だ。一九八九年三月に起きたケベック大停電のあいだに、米国宇宙軍は一三〇〇〇を超える物体の軌道を再計算しなければならなかった。エネルギーの増大によって大気が風船のように膨らんだあと、瞬間的な空気抵抗の増加が影響を与えたからだ。一九八九年三月のケベック大停電は電気系エンジニアと宇宙科学者のあいだでは伝説と化し、太陽嵐が私たちに及ぼす影響の格好の例となっている。さいわい、これほど強大な嵐が発生することはめったになく、十年に一度ほどしか見られない。

私たちは第二次世界大戦後に六回の太陽活動周期を経験してきたわけだが、太陽活動極大期と太陽嵐がやってきては去っていくごとに世界は変化を続けており、電子機器、人工衛星、通信への依存度は高まるばかりだ。第21太陽周期のピーク時にあたる一九八一年には、一五の通信衛星が軌道を巡っていた。携帯電話はまだ珍しく、アメリカ国内で販売されたパーソナルコンピューターは一〇〇万台以下、インターネット上のホストコンピューター数はわずか三〇〇だった。次の太陽周期のピーク、一九八九年になると、通信衛星の数は一〇二に増え、携帯電話の利用者はアメリカ国内だけで三〇〇万人、インターネット上のホストコンピューターの数は三〇万だ。

潜在的問題の数は増加の一途をたどっている。第23太陽周期のピーク時、二〇〇〇年から二〇〇一年になると、通信衛星の数は三四九、携帯電話の利用者は数億人に達するとともに、仕事にもレジャーにも日常的にＧＰＳ（全地球測位システム）受信機が利用され、インターネット上のホストコンピューター数は一〇〇〇万を超えた。世界の電力網を流れる電気も増え続けている。

一九九八年五月にギャラクシーⅣ衛星が故障したとき、アメリカ国内で四〇〇〇万台を超えるポケベルが使えなくなり、ラジオおよびテレビの放送と新聞のサービスも途絶えた。たった一基の衛星の故障で、これだけの影響があったのだ。アメリカの電力系統には、六万を超える発電ユニット、八〇万キロメートルを超える大容量送電線、およそ一万二〇〇〇の主要変電所が含まれ、そのすべてが一〇〇か所のコントロールセンターによって制御されている。そのどれもが太陽からの攻撃に対して脆弱だ。私たちは、太陽がこれまで地球に浴びせてきたものの多くに対処する方法を学んできたが、百年か千年に一度はさらに強烈な嵐がやってきて、私たちを驚かせることになるにちがいない。

現段階での驚きのひとつは、オーロラがときに音を出すことで、神話とも言えるかもしれない。その音は無線受信機を用いて聞くことができる。地球の磁場を電子が渦を巻きながら通過すると、周波数が変化する電波が発生し、それはホイッスラーと呼ばれる。変化のない気妙な音に、下降する鋭い響きが加わり、これを聞くと別世界に耳があるかのように感じるだろう。この音をなんとかとらえようと、研究チームはアンテナを張り、熱心な者たちは極地の荒野に出かける。

ただし、条件さえ整えば無線受信機がなくてもオーロラの音を聞くことができると話す人もいる。何世紀も前の報告によれば、オーロラには二種類の音があるという。ひとつはオーロラの動きに伴って変化するヒューッという音、もうひとつはパチパチと何かがはじけるような音だ。

だがオーロラは上空一〇〇キロメートルという遠くにあるのだから、もしそこから音が響くのだとすれば、雷鳴が遠くの稲妻よりかなり遅れて聞こえるように、オーロラの動きから大きく遅れるはずだ。また、聞く人とオーロラのあいだにある空気は希薄すぎて、それほどの長い距離にわたって音を運ぶことはできないだろう。そのため、もしこの種の音が存在するのだとすれば、観測者の近くで生まれているにちがいない。音は観測者の頭のなかで生まれており、目のなかの（オーロラの像を脳に運ぶ）神経の電気的刺激が、音を処理する脳の一部に漏れているのだとする説もある。シーンと静まり返った環境では脳による処理が必要な音の信号がないために、こうしてかすかに漏れる信号もとらえて、オーロラの動きに伴って変化する音に聞こえる。この説明は初期の探検家によって実際に検証されており、目を閉じると音が聞こえなくなることに気づいたという。

シェリーは詩「ジェーンに」のなかで、音楽と月光と感情とがひとつになって遠い世界の響きを伝える声について詠った。それはオーロラの不思議な世界のことではなかろうか。

18　究極のエネルギー

　ピレネー山脈のサルダーニャ地方は、カルリット、ペリック、プイグマル・デールという印象的な三〇〇〇メートル級の山々に囲まれている。岩だらけの峰々、ヨーロッパアカマツとランの花のあいだにシャモアの姿が見え隠れする森、そしてカタルーニャ独特の文化に恵まれたこの風景のなかで、何世紀にもわたってフランスとスペインの国境は行ったり来たりを繰り返した。ローマ人はこの地域の温泉を活用し、太陽王ルイ一四世はその境界の防備を固めた。このサルダーニャのオデイヨでは、太陽が地球上のどの場所よりも明るく輝く。

　オデイヨの太陽炉が動きはじめる様子は、厳かな光景であると同時に日光の威力の証明でもある。六三枚の反射鏡がコンピューター制御によって太陽と同調して動きながら、太陽を追ってその光を巨大な凹面反射鏡に届けると、反射鏡はそのエネルギーを焦点に集中させる。焦点チャンバーのドアが開く時点では、ヘリオスタットはまだ太陽光をとらえていないが、いったん太陽を見つければ焦点に集められた光の強さは「最高潮」に達し、耐えられるものはほとんどなくなる。ここでは、ロケットの先端部に用いられる「ノーズコーン」の素材が試験され、またヨーロッパのスペースシャトルとして建造される予定だった「エルメス」を地球の大気圏再突入時の高熱から守るタイルの試験も行なわれた。その温度は摂氏三〇〇〇度を超えて、金属学の研究、耐熱材や不燃材の開発に用いることができる。太陽から届くエネルギーは、集めて利用することが可能だ。だが、例によって、それに最初に成功したのは自然だった。

光合成の仕組み

葉っぱは不思議な存在で、私たちの暮らしのなかで特別な位置を占めている。多くの人はそれを静けさと結びつけ、平穏な場所はどんなところかと問われれば、青葉の茂る林間の空き地と答えるだろう。私の書斎から見える景色にも緑が多くて心地よく、気持ちが休まる。だが以前にいたロンドンのオフィスからは別のオフィスの建物しか見えず、どうしてもその光景を好きになれなかった。

秋になると葉の色は変化して人々を楽しませる。そうなるのは太陽のおかげ、地球が太陽を巡っているおかげ、そして太陽が与えてくれる光のスペクトルのおかげだ。太陽は地球に生命をもたらし、生命は日光を消費することで、太陽を糧として生きる。葉は、自然が太陽からエネルギーを採取する方法のひとつになっている。

エネルギーは、作られることも、消滅することもなく、ただひとつの形から別の形へと移行しているにすぎない。ビッグバンではじまったこと――エネルギーが圧縮されて原子より小さい粒子になること――が、崩壊するガス雲の重力のなかで継続し、太陽の中心で進む核反応によって解放され、百万年もの時間をかけて太陽の表面に達し、内太陽系を所要時間八分という速さで横切って地球に届くと、太陽光線となって葉の上に降り注ぐ。ここからはエネルギーの新しい冒険がはじまり、今度は複雑な生物学的手段によって、地球上のあらゆる生き物に力を与えていく。私たちが食べるあらゆる食料、私たちが燃やすあらゆる化石燃料は、石炭も石油も、すべて光合成の産物だ。

植物は上空からやってくる日光に加え、根を通して土から水を取り入れている。さらに日光のエネルギーを利用して空気から二酸化炭素も吸収し、水と二酸化炭素をグルコースに変えている。グルコースは化学エネルギーの源として利用される糖の一種だ。これが光合成、つまり光を利用して複数のものをまとめる働きで、この作用は葉緑素と呼ばれる複雑で並外れた化学物質の力を借りて進む。葉が緑色なのは偶然ではない。

葉は太陽からの放射を受けとめ、エネルギーをそれが最も豊富なスペクトルの領域から取り込むことに適合しているために、緑色をしている。光合成は細胞または細胞小器官（細胞内の構造）で行なわれ、その場所の大きさは直径わずか数ミクロン（一ミクロンは一ミリメートルの一〇〇〇分の一）でしかない。光エネルギーは、おもに葉緑素とカロチノイドという色素によって吸収される。葉緑素は青い光線と赤い光線、カロチノイドは青緑の光線を吸収するが、緑と黄色の光線は植物の光合成色素では効率的に吸収されないので、この色は葉で反射するか、または通過してしまう。そのために葉は緑色に見える。太陽はG2型の黄色矮星だが、異なる型の恒星の場合にはスペクトルのピークが可視スペクトルの別の領域になり、その場合の葉緑素の色は異なって、そのようなものが存在するなら木と森は赤や青に彩られるだろう。

一年間に地球に届く太陽放射は一七万八〇〇〇テラワットに相当し、光合成がとらえるエネルギーは人類が利用するエネルギーの一〇倍だと推定されている。ひとつひとつの植物は、それほど多くの日光をエネルギーに変換しているわけではない。最も効率的な作物のひとつはサトウキビで、一年間に入射する可視光線の最大一パーセントを蓄えることがわかっている。大半の作物はそれより生産性が低い。トウモロコシ、小麦、米、ジャガイモ、大豆の年間変換効率は、〇・一パーセントから〇・四パーセントのあいだになる。

地球上で私たちが、そしてほとんどすべての生き物が生きていられるのは、光合成のおかげということを強調しておきたいと思う。食べ物を作るだけでなく——人はみな草だと旧約聖書は言う——酸素も作り出しているのだ。一ヘクタールの畑で栽培される平均的なトウモロコシからは、真夏の一日に約三二五人が呼吸するために必要な酸素が生まれる。

そして太陽から届く光と、地球が軌道を巡るリズムとが、数多くの自然の循環の原動力となっている。冬のあいだは光合成に必要な光と水が不足するため、木々は休み、夏に蓄えた食べ物で生き延びる。樹木が食品生産工場を閉鎖しはじめると葉から葉緑素が消え、鮮やかな緑色が褪せていくにつれ、弱まっていく太陽の光によって作られる黄色やオレンジ色といった下地の色が見えるようになる。葉の明るい赤や紫色はほとんどが秋に作られるものだ。カエデのような一部の樹木では、光合成が止まったあと、葉のなかにグルコースが蓄えられる。そして日光と秋の涼しい夜が、このグルコースを赤に変える。オークなどに見られる茶色は葉に残された老廃物から生まれている。葉が日光を糧としていることは誰の目にも明らかだが、その仕組みが解明されるまでには何世紀もの月日が必要だった。

イギリスの化学者で聖職者でもあったジョゼフ・プリーストリー（一七三三－一八〇四年）は一七

七〇年代に、植物から気体が発生していてその気体が燃えることを示す実験を行なった。この実験では、まず密閉した容器のなかでロウソクを燃やし、消えるまで待った。次に、この容器のなかにミントの小枝を入れると、数日後にはまたロウソクを燃やすことができた。プリーストリーはまだ分子というかたちでの酸素のことは知らなかったが、その研究は植物が大気中に酸素を放出していることを示すものだった。だが、ドイツの医師で物理学者のユリウス・ロベルト・フォン・マイヤー（一八一四－七八年）によって、光合成が光エネルギーを化学エネルギーに変換していることが明らかにされたのは、一八四五年になってからだ。それでも、彼の発見とされるべきものが別の人物の功績とされてしまった経緯がある。現在では生き物の主要なエネルギー源である酸化として知られる重要な化学プロセスを、最初に説明したのはマイヤーだった。だが誰にもまともに取りあってもらえず、その手柄は裕福な醸造家でエネルギー研究の先駆者だったイギリスの物理学者、ジェームズ・ジュール（一八一八－八九年）のものになっている――エネルギーの基本単位の名はジュールだ。自分の研究成果が認められずにジュールが代わりに評価されたことを知ったマイヤーは絶望して自殺未遂を起こし、気持ちを立て直すために、また娘たちを病気で失った絶望からも抜け出すために、しばらく精神病院で過ごした。その後、無視され続けていたマイヤーの研究は一八六二年になってようやく注目を浴びる。物理学者ジョン・ティンダルがロンドンの王立研究所で講演し、マイヤーの功績を明らかにしたことがきっかけだった。さらに一八六七年には、イギリスの「サー」に匹敵するドイツの貴族の称号「フォン」を贈られている。その後一八七八年に、結核によって世を去った。

太陽の子

十九世紀半ばまでには植物の重要な特徴である光合成が確認され、植物は光のエネルギーを利用して、二酸化炭素と水から炭水化物を作れるという事実がはっきりした。ただし、光合成で光のエネルギーを変換するために必要な分子の大半は細胞の一部である細胞膜に含まれているのだが、数十年もの長期にわたる研究を経ても、膜結合タンパク質の構造はなかなか解明されなかった。この状況が変化したのは一九八〇年代で、紅色光合成細菌 *Rhodopseudomonas viridis*（現在の名称は *Blastochloris viridis*）の、いわゆる反応中心の構造が解明された。この研究に対しては、一九八八年に「光合成反応中心の三次元構造の決定」を理由としてノーベル化学賞が授与されている。紅色細菌は光を取り入れる名人だ。

だが、はじまりはどんなものだったのだろう。葉緑素という夢のように複雑な分子と、光合成という一連の化学反応は、どのようにして生まれたのだろうか。その答えは原初の地球と原初の太陽にある。

最古の岩石の研究によれば、地球が冷えるとすぐに生命が誕生した。どのようにして誕生したかはわからないし、関わった化学物質が地球由来のものか彗星によって運ばれたものかもわからないが、太陽が関係したことだけはわかっている。今より明るい太陽の光を浴びていた地球は、窒素、二酸化炭素、水蒸気、メタン、アンモニアを含んだ原始大気に包まれ、四十億年前までには十分に冷えて、原始大気中の水蒸気または彗星によってもたらされた水から海洋も生まれていた。

ストロマトライトは、これまでにわかっている最古の化石として知られる。形成された時代は三十億年以上前までさかのぼり、光合成をする藍藻（シアノバクテリア）などの微生物のコロニーによって形成された。ストロマトライトは温暖な海で栄えた原核生物（細胞核をもたない原始的な生物）から生まれ、現在のサンゴとよく似た方法で礁を作り上げていた。藍藻は二十億年以上にわたって地球上で最も優勢を誇った生命体で、酸素を含んだ地球の大気が生まれたのは、この藍藻のおかげらしい。ストロマトライトは現在ではほとんど見られず、現生する場所はオーストラリア西部のシャーク湾など、数えるほどしかない。

最新の分類では、生き物は真核生物、細菌、そして比較的新しく定義された古細菌という三つのドメインに分かれ、そのうちの真核生物に動物、植物、菌類などが含まれる。最も新しく登場した古細菌は、細菌とあまり違うようには見えないが、細菌と古細菌とは、それぞれが真核生物と異なるのと同じくらい互いに異なっているのだ。

これらのグループのいずれも、別のグループの祖先であったようには見えず、すべてが数十億年前の共通の祖先から分岐したらしい。最も初期のドメインと思われる古細菌には、光のエネルギーを化学エネルギーに変える高度好塩菌（ハロバクテリア）として知られる生物が含まれている。ただし、高度好塩菌が光を変換する仕組みは、それより高等な生物の仕組みとは根本的に異なっている。感光性の色素であるバクテリオロドプシンが、古細菌の一部に色を与えるとともに、化学エネルギーも供給する。バクテリオロドプシンは美しい紫色で、陽子を細胞膜の外側にせっせとくみ出す働きをもっている。これらの陽子がまた細胞内に流れ戻るとき、ＡＴＰと呼ばれる化学物質が合成されて、細胞のエネルギー源となる。このタンパク質は、私たち人間の目の網膜にあるロドプシンという光を検知する色素と、化学的にとてもよく似ている。そのために一部の生物学者は、高度好塩菌が光合成を行なうとはみなしていない。それでもこの存在は、最初の原始的な生物が太陽の光をどのように利用したか、そしてそれらがより複雑な生き物へと進化するにつれ、光をエネルギーに変える過程がだんだん複雑になり、より高度な生き物にも役立つようになったかを知る目安になる。一部の光合成細菌は光のエネルギーを利用して、水以外の分子から電子を取り出すことができる。遠い昔のそうした生命体が起源となり、やがて進化を経て、光合成が地球の大気を酸素の豊富な状態に変えていったのだろう。

生き物の発達における重要な事象は、大昔の海のどこかに浮かんでいた二つの異なる自由生活性生物によって発生したのかもしれない。それらは別々に進化したが、相互の利益のために一体となった。葉緑体はエネルギーを提供するとともに植物の生長に必要な炭素を固定し、一方の植物は葉緑体に二酸化炭素、水、窒素、有機分子、そして葉緑体の生存に必要なミネラルを提供した。海底熱水孔の付近で暮らす生物は、かつては太陽から切り離されていると考えられていたが、今ではその考えは変化し、間接的に光合成によって提供される酸素に依存していることがわかっている。

ただし、地球上の生き物すべてが、太陽光に依存する食物網に加わっているとは限らない。科学者たちは最近になって、有機性栄養素が存在しない非常に硬い岩の内部で暮らす微生物を発見した。このような岩の勤勉な住民たちは、日光がない環境で、最小限の無機物から独自の有機分子を作り出している。水素、水、二酸化炭素（すべて地球内部の産物）のみに頼って生きているこれらの微生物は、現在生存している膨大な数にのぼる種のなかで無類の存在だ。その他の生物体はすべて、多かれ少なかれ太陽のエネルギーに依存している。太陽エネルギーは光合成を通して利用され、地表で暮らす生物のための食べ物を生み出す。それらの微生物がその場所で進化を遂げたのか、あるいはどこかほかの場所からやってきたのかは、わかっていない。

大部分のものにとって、そしておそらく生命のあるすべてのものにとって、太陽は地球上の生命の源であり、複雑な食物網に最初のエネルギーを注入する存在だ。太古の地球上の分子が太陽のエネルギーを利用して原始的生命となり、太陽が地球に与えるエネルギーを利用するさまざまな方法を見つけたことで、スタートに弾みをつけることができた。ある意味、古い神話や伝説は正しい——私たちはみな太陽の子だ。

人工の葉、太陽電池

だが、人間の創意工夫はどのように物事を変えられるのだろうか？　科学者たちは人工の葉を作ろうと懸命に努力してきた。太陽電池——太陽光を電気に変える装置——の開発のもとになったのは、ウランの放射性を発見したアンリ・ベクレルの祖父にあたるフランスの物理学者、アントワーヌ・セザール・ベクレル（一七八八－一八七八年）の研究だ。アントワーヌは一八三九年に、一定の物質に光を当てると起電力が発生する、光起電力効果を報告した。それからおよそ五十年後に、チャールズ・フリッツがセレンと金を用いた最初の太陽電池を作成している。ただしフリッツの電池は非常に効率が悪く、吸収した光を電気エネルギーに変換できる割合は一パーセントに満たなかった。

一九二七年までには銅と酸化銅を利用した別の太陽電池が試され、一九三〇年代にはセレンおよび酸化銅の両方の電池が写真用の露出計などの感光装置に採用されていたが、効率はまだ低いものだった。これを大きく変えたのが、一九四一年にラッセル・オール（一八九八－一九八七年）が発明したシリコン系の太陽電池だ。ラッセル・オールは二十世紀物理学の忘れられたヒーローのひとりであり、彼が発見したシリコンのもつ光起電力効果はトランジスタの開発に不可欠なもので、トランジスタは何よりも大きく最近の文明を変えた装置だ。一九五四年に三人のアメリカ人研究者——G・L・ピアソン、ダリル・シャピン、カルヴィン・フラー——が実証実験を行なったシリコン太陽電池は、直射日光の下で使用すると六パーセントのエネルギー変換効率を発揮した。だがこの心強い傾向にもかかわらず、それから数十年間の太陽電池の発展はゆるやかなものだった。おそらく需要がなかったためで、もちろんまだ石油が豊富にあった時代だ。

一九八〇年代後半までには、シリコン電池およびガリウムひ素を用いた電池を含めて二〇パーセントを超える効率をもつ太陽電池が作られるようになった。一九八九年には、レンズを用いて電池の表面に太陽光を集中させる集光型太陽電池が三七パーセントという効率を達成しており、現在では幅広く太陽電池を利用できるようになっている。

今のところ、太陽エネルギーが全世界の一次エネルギー需要に占める割合は大きくない。それでも過去十五年にわたり太陽エネルギー需要は一年に約二五パーセントという割合で増加しており、太陽光発電に対する世界の需要のうち、日本が三五パーセント以上〔訳註：二〇一六年のデータでは日本は一四パーセント〕、ヨーロッパ諸国が二五パーセント、米国が一五パーセント未満を占めている。日本では、国民一人あたりの太陽電池導入の割合が二〇〇一年にスイスを上回った。

人工の葉とも言える太陽電池を利用し、多くのことが可能になってきたことはまちがいない。フライブルクの例を考えてみよう。ヨーロッパの太陽光利用の首都を決めるとするなら、それはドイツのフライブルクで、ヨーロッパ大陸のどこより多くの太陽エネルギー・プロジェクトが実施されている。この街にある国際太陽エネルギー学会の本部では太陽熱暖房が利用され、その周辺の通りには太陽光発電を利用したパーキングメーターが設置されている。

石油時代の終焉

ロンドン科学博物館には、フィリップ・ド・ラウザーバーグ（一七四〇－一八一二年）が描いた「夜のコールブルックデール」という並外れた絵画がある。産業革命の中心地のひとつ、イギリス中部にあるコールブルックデールで、溶鉱炉の煙と炎が夜空を赤く染める光景を描いたものだ。その絵は恐ろしげな印象を与え、当時の牧歌的で空想的な芸術に対する挑戦のようにも見える。機械化と産業化の時代の幕開けに、町は真っ赤な炎に呑み込まれているのだ。風景のなかに描かれた数少ない人々の姿は小さく、空の赤さの前で無力に見え、一番手前の荷馬車を引く馬はうつむき、重い足取りで進んでいる。コールブルックデールとその近くのアイアンブリッジ峡谷に出かけ、世界初の鋳鉄製のアーチ橋の上を歩くと、私の頭にはさまざまな思いが浮かぶ。私はその近くのバーミンガムで生まれ育ち、そこはアーチ橋を生み出した工業化の中心地だったから、なおさらかもしれない。

産業革命はイギリス、ヨーロッパ、そしてアメリカの生産能力を大きく変えた。だがそれは新しい機械と煙を吐き出す工場を生み出しただけではなく、西欧社会を一変させもした。宗教改革やフランス革命の時代と同じく、進歩、永久的な前進、永久的な上昇という考えに影響を受けずにすんだ者は、誰ひとりとしていなかったのだ。カール・マルクスは何が起きているかを理解し、「哲学者は世界をさまざまな方法で解釈してきたにすぎない。だが重要なのは、世界を変えることだ」と書いた。そして世界を変えたものは太陽から受け取ったエネルギーであり、私たちが掘り出して燃やすことができるもの、石炭だった。

石炭は可燃性の黒い堆積岩で、おもに炭素でできており、今から数億年前の石炭紀に湿地の底に堆積した植物から生まれたものだ。当時の地球の気候は、植物の生長に非常に適していた。有機物が酸素の少ない淀んだ湿地に堆積したために分解が抑制され、やがて海水面が上昇するか地面が沈下するかして湿地は水没し、砂やその他さまざまなものの破片が有機物の上に積み重なっていった。それからまた長い時を経て有機物は圧縮され、石炭に変化した。石炭は世界中の砂岩、石灰岩、頁岩《けつがん》の下の層で見つかる。アメリカ、かつてのソビエト連邦、中国、インドが最大の石炭埋蔵量を誇るが、南アフリカ、オーストラリア、ドイツ、東欧にも多い。

十九世紀初頭には、家庭にはガスかロウソクの明かりが灯り、薪または石炭が調理と暖房用の熱を提供し、輸送手段の中心は馬、自転車、蒸気機関車だった。その後、太陽からの別の贈り物が発見される——石油だ。石炭と同じく、石油と天然ガスは太陽の光が蓄積されたもので、数千万年から数億年前に浅い海に堆積した植物や動物が分解して生まれた。私たちがガスに火をつけるとき、あるいは車のエンジンをかけるとき、利用するのはもともと太陽の中心にあったエネルギーで、それは私たち人間が進化によって登場するよりはるか昔に、この惑星に日光として降り注いでいた。

現代の文明は、この比較的安価で豊富に手に入る間接的な日光に頼っている。ある意味、二十世紀は石油の世紀だった。二十一世紀はそうはならないだろう。石油生産量はすでにピークに達している――もしまだ達していないとしても時間の問題で、石油生産量が減少するにつれて確認されている埋蔵量をめぐる争奪戦は激しさを増し、不足と価格の上昇、さらに不況へとつながる可能性がある。

専門家は一世紀以上にわたって石油時代の終焉を予測してきており、今でもどれだけの量が地中に残されているかをほんとうに知る者はいない。予測とは、実際には情報に基づいた推測で、将来の石油の発見だけでなく将来の世界の経済生産と石油消費量も考慮に入れるという、とても曖昧な数字だ。現在の埋蔵量の計算さえつかみどころがない。世界有数の石油会社ロイヤル・ダッチ・シェルは二〇〇四年に埋蔵量の推定値を二〇パーセント下方修正して、金融市場を動揺させた。

米国地質調査所は世界の年間石油消費量を約三〇〇億バレル〔訳註：二〇一七年、約三二〇億バレル〕としている。それだけの量が、約一兆一〇〇〇億バレル〔訳註：二〇一八年末、一兆七二九七億バレル〕という既知の原油埋蔵量から毎年減っていくわけだ。カナダのオイルサンドを加えると、原油埋蔵量は一兆二六六〇億バレル〔訳註：二〇一九年末、一兆七三三九億バレル〕にまで増える。カナダはサウジアラビアに次いで世界第二位〔訳註：二〇一八年末、カナダは三位〕の原油埋蔵量を誇る。オイルサンドはすでに利用されているが、タールサンドとも呼ばれるこの重い原油からパイプで油を吸い上げられるようにするためには水素ガスの注入が必要だ。

新しい油田の発見が需要の伸びを上回り需要供給曲線は有利な方向に傾いていると、よく言われてきた。だがそれが永遠に続くわけではない。二〇〇二年に世界は新しく発見された量の四倍の石油を消費し、世界の油田発見の割合は四十年間減り続けてきた末に、今ではわずかなものだ。二〇〇〇年には一六にのぼる大規模な発見があったが、二〇〇一年には八か所、二〇〇二年には三か所になり、二〇〇三年はゼロになった。もう未発見の大規模な油田は残されていないのかもしれない。中東にあるような大規模な油田は、もうすべて発見されてしまったと考えている人は多い。最後の大規模油田、メキシコ沖合にあるカンタレルが発見されたのは、一九七六年だ。

二〇〇三年には世界の原油生産量は一日あたり六八〇〇万バレルで、二〇〇一年の六六七〇万バレルからあまり増えなかった。アメリカとイギリスを含む五〇を超える産油国では原油生産量はすでに頂点に達して、横ばい状態に入っている。アメリカに次ぐ石油消費国である中国は、五年前までは差し引きすると石油輸出量のほうが多かった。米国エネルギー省の予測によれば、二〇二五年には世界の石油需要は一日あたり一億一九〇〇万バレルに達し、中国、インド、その他の発展途上国で大幅に増加する。イギリス政府は最近、イギリス領内で発見された最大の油田の、少なくとも十年にわたる開発を許可した。「巨大」と形容されたこの発見が、私たちの期待がゆっくりと変化してきたことを示している。この新しい「巨大」油田は、世界の石油需要の五日と四分の一日分にあたる量を供給する予定だ。

世界は一八〇〇年代からこれまでにおよそ九三〇〇億バレルの石油を消費し、地中に三兆バレルほどが残されている。この資源は有限だ。利用のピークはすでに過ぎたと考える人たちもいるが、もしその楽観主義者の見方が正しいとしても、現在中年の人々の大半がまだ生きているうちに、油田の底をかき集めるような状態になるだろう。石油価格が上昇するにつれて、輸送と農業は縮小を強いられる。郊外の暮らしには自動車が不可欠だ。石油の価格が高ければ食品の価格も失業率も高くなる。アメリカの最近五回の不況は、いずれも石油価格の上昇が引き金となった。

核融合の利用へ

そこで、私たちが今のような生活様式を続けようとするなら、別のエネルギー源が必要なことははっきりしている。短期的に見ると、水力、太陽、風力、波力、地熱を利用した発電が一定の貢献をするだろう。だが最も楽観的に見積もっても、それらで大規模なエネルギー需要を支えることはできない。こうした方法にはエネルギー密度が低いという克服できない限界があり、二〇二〇年までに全エネルギー需用の大半をまかなえるとは思えない。

人類はこれまでと同じようには進めず、石油がもつ環境、経済、政治的な欠点のない新しいエネルギー源が——もしあるなら——必要なことは明らかだ。選択肢はただひとつ。地球上に太陽の一部を作り出し、太陽を輝かせている力そのものを利用するしかない。

地球温暖化や核分裂を利用する政治的困難というリスクをおかすことなく世界のエネルギー需要を満たせるテクノロジーが、ひとつだけある。核融合を利用すれば、エネルギー密度が高いうえに、高レベル放射性廃棄物も温室効果ガスも生まれない。原子力時代の幕開け以来、それは究極の目標となってきた。今では手が届くところまできている。

「西から太陽が昇るのをはじめて見た」と、レミオ・エノブは回想する。一九五四年、南太平洋の楽園で暮らしていた少年時代に太陽のかけらが地球上で作られる場面を目撃したのだ。「最初は何だかわからなかったが、やがて大きな爆弾だと理解できた」。ボブ・ホープはまた別の言い方をした。「戦争が終わったとたん、戦争でやられなかった地球上の小さな場所を見つけ出して、木っ端みじんに吹き飛ばしたんだ」

現在のマーシャル諸島共和国はハワイとオーストラリアの中間に位置し、二九の環礁と海抜の低い五つの小さな島に五万人を超える人々が暮らす国だ。目を見張る美しさと文化に惹かれ、世界中から観光客が集まる。だがこの地域の古い地図を見ると、何か奇妙なことが起こったのに気づくだろう。ボコニジエン、アエロコジロル、ナムという三つの島が消え、また別のビキニ環礁はかつてのような楽園ではなくなった。先住の島民には、ただの焼けただれた荒地にしか見えない。

一九五四年三月一日、アメリカはコードネーム「ブラボー」と名づけた核実験を実施した。一五メガトンの水素爆弾がビキニ環礁で爆発すると、強烈な火の玉が生じ、高さ三五キロメートルに達するキノコ雲が立ち上った。何隻かの船が核爆発に呑み込まれて礁湖の底に沈んだ。死の灰がまたたく間に広がり、住民が暮らす島々に向かって漂っていった。十四歳のレミオがあの日に見た「太陽」は、一九四五年に広島に投下された原子爆弾の一〇〇〇倍の威力をもっていた。

一九四九年に当時のソビエト連邦が独自の原子爆弾を開発していることがわかると、エドワード・テラーやアメリカの軍関係者をはじめとした数人の科学者が、核分裂ではなく核融合を利用する超強力爆弾（水素爆弾）を作る予備調査の必要性をアメリカ政府に力説した。ロバート・オッペンハイマーを含む別の科学者グループはそれに反対したが、一九五〇年一月、高まる冷戦の波に押されたトルーマン大統領によって水素爆弾製造の命令が下される。

エドワード・テラーは「水爆の父」として広く知られるようになった一方で、かつての上司でもあったロバート・オッペンハイマーが水素爆弾の開発に反対したことを恨みに思い、研究を続けられなくする役割を果たしたことでも人々に記憶されている。テラーに水素爆弾の発想をもたらしたのは、イタリア生まれの物理学者エンリコ・フェルミだ。アメリカがまだ原子爆弾も製造していなかった一九四一年九月に、原子爆弾が大量の重水素（水素の同位体）を熱して、熱核反応を起こせるかもしれないとテラーに伝えている。一九四二年の夏、テラーは核爆弾の設計に取り組む物理学者グループに加わったが、ほんとうに興味があったのは水素爆弾のほうだった。テラーといっしょにカリフォルニア州まで出かけた旧友のハンス・ベーテは、のちに次のように振り返る。「テラーは私に、核分裂を利用する原子爆弾は、それはそれとしていいもので、基本的にうまくいくものだと言った。そして、ほんとうに考えるべきものは……水素爆弾の可能性だと話していた」

一年あまりの研究を経て科学者たちは技術的な問題を解決し、エニウェトク環礁での水素爆弾試作品実験の予定が組まれた。史上初の水爆実験となった「アイビー作戦」は、「太平洋核実験場」のエニウェトク環礁で第一三二合同機動部隊によって実施されている。当時の記録映像には、「マイク」と名づけられた世界初の水素爆弾が木枠に入って到着する様子が映し出された。ナレーターの解説が響く。「バラバラになった眠れる巨人の姿です。長旅に備えてロボットは解体されました……準備に費やされた日々が万華鏡のように心をよぎります。しかしそれも今は過ぎし日です。マイク自身もまた、まもなく過ぎし日のものとなるように。これがその瞬間の意義です。これが水素を用いた装置の、初の実規模実験になります。反応がうまくいけば、われわれは熱核反応時代に突入します。われわれ全員のために、わが祖国のために、これがよき旅となるよう祈ろうではありませんか」

マイクの威力は四メガトンから一〇メガトンと予測されていたが、実際には一〇・四メガトンで、広島に投下された原子爆弾のおよそ七五〇倍の威力をもっていた。爆発の時刻が近づくと、ナレーターはこうつけ加えている。「われわれはまもなく、地球上で起きる史上最大の爆発を目にするでしょう」

アイビー作戦の二回目に使われたのは「キング」で、一九五二年十一月十六日に投下された核爆弾だ。爆発によって直径一・五キロメートルのクレーターが生じ、第二次世界大戦中に連合軍によって投下されたすべての爆弾の合計より大きな力を生んだ。アメリカが太陽の力を地球上で解き放ち、それから一年もたたないうちにソビエトも続く。

ソビエト連邦の軍事施設はヴォルガ川中流域の秘密都市にあり、そこでは特別な設計局が、やはり太陽のエネルギーを利用する核兵器を作り出そうとしていた。都市の名前さえ秘密とされた（四十年後にサロフという名前が公開されている）。ソビエトの科学者イーゴリ・タムとアンドレイ・サハロフは一九五〇年にその軍事施設に加わり、ヤーコフ・ゼルドビッチ率いる理論グループが核融合爆弾の設計に取り組み続けるなか、タムのチームはサハロフ独自の設計を研究して初のソビエト製水素爆弾を生み出し、一九五三年八月十二日に実験を成功させた。

一九五三年の熱核実験ののち、タムはモスクワに戻って大学での研究を再開したが、サハロフは軍事施設にとどまった。その後のサハロフの大きな貢献により、ソビエト連邦は初の本格的水素爆弾の実験を一九五五年に成功させるとともに、一九六一年には人類史上最強の「ツァーリ・ボンバ」と呼ばれる五〇メガトン水素爆弾を生み出している。

水素爆弾は爆発によって四〇〇平方キロメートルを破壊できる核融合爆弾だ。すさまじい熱作用と死の灰の力を利用し、爆弾の規模によっては二〇〇〇平方キロメートルを超える範囲を破壊することができる。だが、こうした恐ろしい兵器も太陽の力に比べれば取るに足りない。人類が作り上げた水素爆弾の威力は、太陽の前では微小に見える。太陽フレアとコロナ質量放出は、これまでのところ太陽系最大の爆発で、水素爆弾を一〇億個合わせたものに近い力をもつ。太陽の中心で生まれる力は、毎秒一五〇億個の水素爆弾が爆発する力に等しい。たった一秒間の太陽のエネルギー出力を真似るのに、これから約五百年ものあいだ、一秒に一個ずつ水素爆弾を爆発させなければならない計算だ。では、そのエネルギーを制御できるとしたら?

一九五一年三月二十四日、アルゼンチンの独裁者ファン・ペロンの発表が世界を驚かせた。アルゼンチンはナウエル・ウアピ湖に浮かぶウェムル島に原子力発電所を建設し、新しい原子力――太陽を輝かせているのと同じ力――を生み出すと言ったのだ。「ニューヨーク・タイムズ」紙は第一面に、「ペロンが原子から力を生み出す新しい方法を発表――太陽の方式に関連」とする記事を掲載した。このアルゼンチンの事業を主導していたのはオーストリアの物理学者ロナルド・リヒターで、国外の科学者たちは、その発表をまともに受けとめてはいなかった。

リヒターは一九四八年に、核融合制御を達成して安価なエネルギーを無尽蔵に手に入れるという計画をペロンに提案していたらしい。ペロンには、ドイツの科学者が進める事業は成功すると信じて疑わないところがあり、またアルゼンチンの中心的な科学者たちの多くと不仲になったという一面もあった。そこでリヒターに無制限の権限を与え、ウアピ湖に面したバリローチェ地域では自分自身の代理人となることを許した。若きリヒターは、自らが率いる「核融合制御」プロジェクトに（一九五〇年代半ばの価値で）三億ドルを費やすことになる。ところがペロンの発表からわずか数か月後、リヒターは大統領を欺いた罪で投獄されてしまった。彼の研究は秘密裡に進められ、公開されることはなかったが、そのプロジェクトは偽物だとわかったためだ。ペロンはもう少し慎重になるべきだったのだろう。リヒターは一九四〇年代の末に、地球から放出される「デルタ線」を検出するという怪しげな論文をプラハ・ドイツ大学に提出していたのだ！

ペロンはこの失態のあと、ラプラタ物理学研究所の教授だったホセ・バルセイロを含む五人の技術委員会を指名し、リヒターのプロジェクトを中止すべきかどうかの報告を求めた。委員会のメンバーはウェムル島の施設でリヒターが主張した結果を再現しようとしたが、懸命に努力してもできなかった。まもなくアルゼンチン政府はこのプロジェクトの中止を決めている。このリヒターの一件は、アルゼンチンの科学・工学分野の高等教育制度にかなり大きな打撃を与えることにもなった。

ウェムル島を散策すると、今もまだリヒターの「双子」と呼ばれた二つの研究棟、化学実験室、リヒターの研究室、原子炉建屋、リヒターの家、そして広場を見ることができる。だが、核融合の出だしの失敗は、これだけではなかった。

一九五八年一月二十五日、イギリスの新聞各紙が核融合のブレークスルーを一斉に報じる。「デイリーメール」紙の見出しには、「桁外れのゼータ」「何百万年も使える無限の燃料」とあった。「デイリーヘラルド」紙は「イギリスの水素と人間の力が太陽を作る」とつけ加えた。その前日、ハーウェル原子力研究所の所長ジョン・コッククロフトが記者会見を開いていたのだ。ノーベル賞を受賞しているこの六十歳の学者が話すことを聞き逃すまいと、数百人にのぼる記者が集まった。会見の内容は機密のゼータ・プロジェクトに関するもので、ゼータ装置が摂氏五〇〇万度のプラズマを生成し、その温度を三千秒にわたって維持できたことが発表された。コッククロフトはまた、世界初の核融合反応が起きたと固く信じている、その確率は九〇パーセントであるともつけ加えた。その日のBBC放送では、「イギリスにとって、この発見はロシアのスプートニクより大きなものだ」と話している。

だがその年の春に、暗いプレスリリースが出されることになった。ゼータによって生成された中性子は熱核融合反応によって生まれたものではなく、核融合には至っていなかったとするものだ。だがこのばつの悪い挫折にもかかわらず、楽観的な考えをもつ人たちもいた。一九五六年には、カリフォルニア大学リバモア放射能研究所で研究を続けていたアメリカの核融合研究の先駆者のひとり、リチャード・F・ポストが、次のように書いている。「この国で核融合制御の研究に積極的に携わっている物理学者の多くは、核融合制御にまつわる科学的および技術的問題はすべて、おそらく今後数年のあいだに克服できると、固く信じている」

国際熱核融合実験炉の実現

核融合反応を起こすためには、太陽の中心にある状態を再現しなければならない。つまり、水素の同位体――重水素、三重水素――の組み合わせからなる気体を摂氏一億度の超高温にまで熱し、少なくとも一秒間は密閉する必要がある。太陽中心の温度はもう少し低く、一五〇〇万度ほどだが、密度がもっと高い。薄い気体で融合反応を引き起こすには、太陽中心の何倍もの温度が必要になるわけだ。聞くだけでは簡単に思えるかもしれないが、そうはいかない。プラズマという超高温の電離した気体は、人類がこれまでに出合ったなかで最もつかみどころがなく、最も扱いにくく、予測も制御も難しい物質で、私たちはまだ征服できていない。気まぐれなプラズマを制御する方法のひとつは磁気による封じ込めで、今のところ最も有望な形状はトカマク型と呼ばれている。これはロシア語でドーナツ状の磁気チャンバーを意味し、サハロフとタムの時代に設計されたものだ。一九五八年、核融合爆弾の計画が進められていた一方で、ジュネーブで開かれた歴史的な科学者の会議（原子力平和利用国際会議）において核融合は機密扱いから解放された。その会議では東西の核融合反応研究者たちが、それまで秘密裡に進めてきた研究を公表した。

核融合エネルギーの開発に関するこれまでの成果は、一九七三年に設計がはじまったＪＥＴ（欧州トーラス共同研究施設）だろう。オックスフォードのすぐ南側に設置されている。私は何度もここを訪ねたことがあるが、そのたびに感動せずにはいられない。科学を祭る大聖堂にいるかのように感じる。ＪＥＴの実験装置は大規模なトカマク型で、直径はおよそ一五メートル、高さは一二メートルだ。装置の中心にドーナツ型の真空容器があり、その大きさは主半径が二・九六メートル、Ｄの形状をした断面が二・五×四・二メートルある。複雑な磁場システムによってプラズマが真空容器の壁に触れないよう設計されているのは、壁に触れてしまうとプラズマが弱まり、反応が停止してしまうからだ。磁場の中心は、いわゆるトロイダル場（ドーナツ状の磁場）で、真空容器を囲む三二個のＤ型コイルで構成されている。この磁場がプラズマ中に流れる電流によって生まれる磁場と結びつき、トカマク型の磁気閉じ込め方式に必要とされる基本的な磁場を形成する。機械的なシェルの外側に配置された別のコイルは、プラズマの形成に用いられるものだ。

この装置の稼働時に少量の水素または重水素ガスを真空容器内に供給すると、ガスのなかを非常に大きな電流（最大三十秒のパルス時間に最大七〇〇万アンペア）が流れて、高温のプラズマを生成する。電流を流すのは巨大な八脚の変圧器で、変圧器鉄心の中央の脚部を取り巻くコイルが一次巻線、プラズマが二次巻線に相当する。その後、高周波を用いる異なる方法によって最大三メガアンペアの電流が生まれており、変圧器を用いる場合のようにパルス運転に限定されることがなくなっている。

こうした加熱方法を用いることによって、第一段階の運転で摂氏四〇〇〇万度から五〇〇〇万度のプラズマ温度を日常的に達成してきた。その後の段階では高エネルギー水素または重水素原子ビームをプラズマに照射してさらに加熱したり、高周波を用いて摂氏三億度を超えるプラズマ温度を達成したりしている。

ＪＥＴは一九八三年から運転を開始しており、一九九一年には重水素と三重水素を用いた実験で、制御核融合発電として大きな成果（ほぼ二メガワットの出力）をあげた初の核融合施設となった。また一九九七年には、重水素と三重水素のさまざまな混合燃料を利用する三か月間の実験キャンペーンで大きな成功も収めている。その結果は非常に重要なもので、ＪＥＴは次の三つの世界新記録を達成した――一回のパルスで二二メガジュールの核融合エネルギー、核融合反応による一六メガワットの最大出力、合計の入力電力に対して六五パーセントの核融合電力。

だがこのような成功があっても、ＪＥＴは実用炉としては大きさが足りない。同じ設計で、より大規模な核融合炉の建設が必要になる。世界の核融合研究者たちはまもなく、制御された熱核融合の次の段階に進む施設を作る場所を決定することになるだろう〔訳註：実験炉ＩＴＥＲをフランスのサン・ポール・レ・デュランスに建設中〕。それはＪＥＴより大型の反応炉で、入力より多くのエネルギーを出力し、自立型の反応を生み出せる。もしこれらの目的が達成されるなら、核融合電力の実験基盤が築かれることになる。核融合はもはや夢ではなく、現実のものだ。

一九九八年に核融合科学者の国際的なグループが、ＩＴＥＲ（国際熱核融合実験炉）の設計を完了したが、六〇億ドルという費用が政治家たちを驚かせた。なかでもアメリカの政治家の感じた不安は大きく、レーガンとゴルバチョフが最初に核融合炉開発への取り組みを支援したにもかかわらず、計画から離脱してしまった。ただし数年後には復帰している。

ＩＴＥＲの場合、プラズマから得られるエネルギー（役立つ熱エネルギーに変換されるもの）は中性子として放出され、周囲の壁に吸収される。この炉壁を建設する材料の課題が大きい。構造の最も内側の二センチメートルは、猛烈な中性子の爆撃、超高熱、高エネルギー粒子の衝撃に耐えるものでなければならない。現段階の作業ではステンレス鋼をベリリウム、黒鉛、またはタングステンでコーティングした材料に重点が置かれているが、実際に運転される炉ではステンレス鋼を炭化ケイ素などの別の材料に置き換える必要があるだろう。鋼製品は中性子にさらされると放射化するからだ。最初の二センチメートルの外側には四〇センチメートルの厚さの鋼鉄製の壁を備え、熱くなるために水で冷却する。この場所で中性子のエネルギーが熱に変換され、その熱を発電に利用することができる。

賛同者は、核融合発電には多くの利点があると言う。第一に、どの時点をとっても反応炉に注入される燃料はとても少量なので、何か不具合が起きると核融合反応はすぐに消える。第二に、燃料は海水から得られるので、豊富にある。そして第三に、廃棄すべき放射性の成分はほとんどない。あまりにもよいことずくめだが、それならなぜ、まだ実現していないのだろうか。

オックスフォードに近いホテルで夕食をとりながら、私は集まったヨーロッパの核融合研究者たちにこの質問を投げかけた。さまざまな答えが飛びかい、資金と政治的関与の問題だという答えが多かった。するとひとりの参加者が、核融合炉の商用化は、ビートルズの最初の大ヒットくらい遠い話かもしれないと言った。いいことなのか悪いことなのか、私にはわからなかった。ロシアの核融合物理学の先駆者のひとりが、予言するかのようにこう言っている。「われわれは核融合がもつ可能性を、必要になるまでは利用することがない」。ヨーロッパにはまだ十分な化石燃料の埋蔵量があり、二十一世紀の後半になるまで現在のレベルのエネルギー需要を維持できるだろう。だが、そのあとはどうなるのか？

核融合発電は、将来の世代にほとんど無限のエネルギー源をもたらす可能性をもっているが、科学的にも工学的にもいくつかの手強い課題が残っている。二十一世紀のはじめ、地球上で暮らす六〇億人のうち二〇億人が未電化の暮らしをしていた。エネルギーの貧困は金銭的な貧困と同じで、世界の最貧困層の人々の暮らしを改善するためには、その人々へのエネルギー供給を実現させることが不可欠になる。どの世代にもそれぞれのタブーがあり、私たちの世代が触れてはならないのは、暮らしの土台となってきた資源が尽きようとしているという事実だ。だが私たちがこの話をしないのは、単に想像できないからではないだろうか。私たちの文明は現実から目をそらしている。

以前にアメリカで開催された核融合会議で、五人の参加者がいっしょに食事をした。彼らは真の国際的集団で、いずれも五十代だ。ひとりが乾杯の声を上げた。「みんなの子どもたちが生きているあいだに核融合発電が実現しますように」。するともうひとりが応じた。「私たちの孫たちが生きているあいだに核融合発電が実現しますように」。三人目はこう言いながらグラスを上げた。「私たちの子どもたちに、電気がありますように」

19　太陽エネルギーの衰え

一六四三年、イングランド内戦が激しさを増すなか、ひとりの牧師がロンドンの下院で次のように語った。「今は激動の時代であり……その激動はあまねく広まっている。プファルツ、ボヘミア、ドイツ、カタルーニャ、ポルトガル、アイルランド、イングランド」。その後モスクワ大公国の大公は、「世界中が動揺し、人々は困っている」と伝えた。オスマン帝国、ポルトガル、シチリア島、スペイン、スウェーデン、ウクライナ、さらにはるか遠くのブラジル、インド、中国でも騒乱が起きていた。イギリスの教区牧師だったラルフ・ジョスリンは、「混乱以外の何も見つからない」と書いた。ジョスリンは謎に包まれた神の意図を探ったが、別の場所に目を向けていた人たちもいる。革命の波が押し寄せているのは星の影響かもしれないと示唆したのは、イタリアの歴史家マジョリーノ・ビサッチョーニだ。一方のイエズス会の天文学者ジョバンニ・バッティスタ・リッチョーリは、太陽黒点の数の変動が原因ではないかと考えていた。

冷たい地球

すでに見てきたように太陽で何かが起きており、当時の天文学者と哲学者たちはその事実を知っていた。望遠鏡を用いた初期の観測者たちが数多くの太陽黒点を見つけていたにもかかわらず、一六四〇年代から十八世紀のはじめまではまったくと言えるほど黒点が見えなくなってしまったことに、不安な気持ちを抱きながら注目していたのだ。パリ天文台の初代台長ジョバンニ・ドメニコ・カッシーニが一六七一年に黒点をひとつ観測すると、ロンドンの王立協会の『哲学紀要』は即座にそれを報告し、わざわざ黒点とは何かという説明まで加えている。それは直前の黒点が十年も前に消えてなくなっていたために、読者がもう黒点とは何かを忘れてしまったかもしれないと考えたからだった。一六五四年から一七一五年までのあいだに観測された黒点の数をすべて合わせても、現在の一年間に出現する数より少なかったようだ。イギリスの詩人アンドルー・マーヴェルは一六六七年に、「画家への最後の指示」と呼ばれる詩で次のように書いた。

……男は太陽に専心し
この明るい星の、未知の点を記録した
点は男の影を薄くし、喜ぶにはあまりにも近いと見るや
この惑星が耳を傾けるかのような、光学の筒をもって
それからずっと、生涯をかけ、点を吹き飛ばすのだ

一六八四年五月には初代王室天文官ジョン・フラムスティードが、「私が以前に見てから七年半がたっており、ガリレオとシャイナーの時代にはあれほど頻繁に観測できたにもかかわらず、最近では非常に稀だ」と書いている。

オーロラ――北極光――にも同じことが起きていた。一六四〇年以降、あまりにも見られなくなっていたため、のちに第二代王室天文官となるエドモンド・ハレーが一七一六年にオーロラを目にしたときには、嬉しさのあまりオーロラに関する論文を書いたほどだった。同様に、光り輝くコロナ――現在は皆既日食のときに月の周囲に見ることができる太陽の大気――も姿を消してしまった。一六四〇年代から一七〇〇年代までのアジアとヨーロッパの天文学者による記述を読むと、ぼんやりとして赤みがかった、鈍い光を放つ細い輪について書かれているだけだ。黒点とオーロラを生み出す太陽のエネルギーが衰えてしまったらしく、地球は冷え冷えとした空気に包まれた。

過去千年以上にわたる地球の気候を推測する手段はたくさんある。科学者たちは創意をこらし、プロキシ（古気候代理指標）と呼ばれるものを見つけ出した。何らかの方法で過去の気候を反映している測定値だ。こうしたプロキシには、木の年輪、石筍《せきじゅん》、ボアホール（試錐孔）、花粉数、海洋堆積物、サンゴ、氷床コア、山岳氷河堆積物など、印象的で幅広い現象が含まれている。注目に値するのは、それらのすべてが過去千年ほどのあいだに二回の世界的気候異常を経ているという点で一致していたことで、その二回とは、紀元一三〇〇年から一九〇〇年までのいわゆる小氷期と、紀元八〇〇年から一二〇〇年までの中世温暖期だ。その証拠は世界中で見つかっており、地球最大の暖水の塊であるインド太平洋暖水プールに関連する堆積物から、南米の湖底堆積物、さらにグリーンランドの海岸にある貝殻の放射性同位体分析まで、幅広い。これら二つの気候イベントは、かつて考えられていたようなヨーロッパだけのものではなく、実際には地球規模のものだった。なかでも注目に値するのは、中世の温暖な気候に促されてグリーンランドに上陸して定住したバイキングの集落が、わずか数世紀後に訪れた小氷期の寒冷化によって消滅したことだ。

こうした世界的な気候変動は、一九六〇年代までに注目されるようになった。イギリスの気候学者ヒューバート・ラムは、次のように書いている。「歴史的記録物で見つかった気候学的自然の多種多様な証拠、さらに北極からニュージーランドに至る世界各地で見つかった考古学、植物学、雪氷学的な証拠は……温暖な時代が紀元九〇〇年または一〇〇〇年ごろから一二〇〇年または一三〇〇年ごろまでの数世紀にわたって続いたことを示している。……中世温暖期と、今では一五五〇年から一七〇〇年までに絶頂期を迎えたことがわかっている小氷期は、気象学的研究の対象となり得る十分なデータによって立証することができる」

「非常に多様な証拠のなかで最も共通性のある兆しは、少なくとも一〇〇〇年から一二〇〇年までのあいだ、世界の数多くの地域での一般的な気温が……現在の気温より摂氏一度から二度高かったことで……中世の温暖期と、それに続く何世紀かにわたる小氷期とが裏づけられた」

フランスの多くの村は、それぞれの地域のブドウが熟して収穫できるようになった日付を毎年記録している。その記録によれば、十七世紀半ばからは熟す日付がそれまでより一、二週間遅れるようになった。穀物の生産量も十七世紀半ばから急減している。誰もが寒いと感じ、内心では前の世代やその前の世代より物事が悪い方向に向かっていることを知っていた。テムズ川のような感潮河川が冬季に長期間にわたって凍るようになり、有名な氷上フェアの開催が可能になった。スコットランドを訪れた旅行者たちは、グランピアン山脈やケアンゴーム山脈の主峰には一年中雪が残っていると話した。さらに、北極域から南下する冷水が急増して、アイスランドのタラ産業を壊滅させた。魚の腎臓が摂氏二度より冷たい水に耐えることができず、一六七五年から一七五〇年までタラが姿を消したせいだ。そして一六九五年には、ひとりのイヌイットがカヤックに乗ってスコットランド北東部にあるアバディーンのドン川までやってきたのが目撃されている。その年、ベネチアの運河が冬に凍結した。イギリスの聖職者ジョン・キングは、「われわれの時代は混乱を極めり、われわれの夏は夏にあらず、われわれの収穫は収穫にあらず」と書いた。

小氷期は、まさに都合の悪いタイミングでヨーロッパを襲った。中世温暖期の穏やかな気候を背景にして、ヨーロッパの人口は倍増していたらしい。結婚する人の数が増え、ほとんどはそれまでより若い年齢で結婚して、幼児死亡率が高いにもかかわらず、あるいは高いからこそ、六人から七人の子どもを産んだ。ところが十七世紀半ばになると人口の増加は止まり、一部の地域では減少に転じた。理由のひとつには作物収穫量の減少がある。パンの価格が二倍に、やがて五倍になった。一家の収入のほとんどすべてがパンを買うだけでなくなり、その結果として工業製品の需要が崩壊して、失業者が増えた。

こうして物価が上昇すると同時に収入が減ったことで、ヨーロッパの多くのカップルが結婚を遅らせざるを得なくなり、十六世紀後半には十代だった女性の平均結婚年齢は、十七世紀半ばになると二十七歳または二十八歳まで上昇して、出生率が低下した。飢餓は人々を弱らせた。イギリスの哲学者トマス・ホッブズは一六五一年に、「人々の暮らしは孤独で、貧しく、不潔で、粗野で、短い」と論じている。

太陽研究と気象予報

では、この時期の太陽では、いったい何が起きていたのだろうか。そして太陽は、小氷期と中世温暖期に対して一部または全部の責任を負っていたのだろうか。数多くの多様な意見はあるが、大半の科学者が賛同しているのは、太陽活動の低下に加え、火山活動によって大気中にまき散らされた物質が太陽放射を宇宙に跳ね返してしまったことが組み合わさって、小氷期になったのではないかという説だ。ここ五十年の地球温暖化に等しいと思われる地球規模の気候変動が、過去にも起きたことがわかった。当時はそれほど大量の化石燃料を燃やしてはおらず、こうした過去の地球温暖化や地球寒冷化の例に人類は関与しなかった。そこで、取り上げなければならない大きな疑問が生じる——現在の地球温暖化に、太陽の活動が何らかの役割を果たしているのだろうか？　一九九〇年代までに、一部の人たちはこの疑問に暫定的な答えを得られたと確信した——太陽変動が過去の気候変動の原因の一部であった可能性は十分にあるが、将来の人為的な温室効果ガスによる温暖化は、太陽の影響を上回るだろう、というものだ。

当初、科学者たちがはじめて気候変動について考えるようになった時期に注目されていたのは、太陽だった。十九世紀末までには少人数のグループが、短期的な気象循環および長期的な気候変動に、太陽の変動性がどのように関連しているかという疑問を追究していた。だが、気象データが不正確で類似性に欠けていたこと、またそうしたデータを分析するすぐれた統計手法がなかったことが原因で、気象パターンと黒点周期を関連づける試みは失敗に終わった。そのため、十九世紀末になるとほとんどの気象学者が、地球の気候は全般的に安定したものだと固く信じるようになっていた。一部の科学者は、乾燥した夏や寒い冬など、一定の気候がそれぞれの地域で十一年から数世紀の周期で定期的に繰り返すという、妥当と思われる循環を見つけ出そうとがんばっていたのだが、そうした科学者らは特異な存在として脇に追いやられ、より大きな体系を示すものとみなされることはなかった。混乱は続いた。

二十世紀にイェール大学の教授を務めた経済学者で、経済成長と地理学の研究で知られるエルズワース・ハンティントンが、アガサ・クリスティの小説を読んだことがあるかどうかはわからない。だがもし読んでいたなら、ミス・マープルの次の言葉を見つけていたのかもしれない。「偶然の一致には……どんなものでも必ず注目すべきね。もしただの偶然の一致だったら、あとからいつでも捨てられるのだから」。ハンティントンはほかの科学者たちの研究結果を利用して、太陽黒点の数が多いと世界の一部で荒天と雨天が多くなり、結果として地球は冷えるという結論に達した。そして、「現在の気候の変動と太陽変動とは、これまで考えられていたよりはるかに密接につながっている」と述べた。太陽変動によって氷期を説明できるかもしれないともつけ加えている。

一九三〇年代に太陽と気候につながりがあるという説を支持したもうひとりの科学者は、スミソニアン天体物理観測所のチャールズ・グリーリー・アボットだ。観測所の前任者だったサミュエル・ラングレーが「太陽定数」の測定プログラムを確立し、アボットは数十年にわたってその測定を遂行した。そして一九二〇年代初頭までに、太陽の明るさは変動すること、また自らの分析では何日かのあいだに大きな変動が見られたので「定数」という命名は誤りだということの証拠を得たと確信した。さらに、そうした明るさの変動を、太陽面を通過する黒点と関連づけていた。また何年かのあいだに太陽がおよそ一パーセント明るくなったように見えることに気づき、このことが地球の気候に影響を与えるにちがいないと確信した。事実、アボットは一九一三年という早い時期に、太陽黒点周期と地球の気温の周期には明白な相関関係があることがわかったと発表している。そこで闘志満々のアボットは、一般の人々にも仲間の科学者たちにも、太陽研究が気象予報を向上させるだろうと伝えたのだった。アボットおよびスミソニアン観測所の何人かの科学者は一九六〇年代までその研究を続行し、黒点の変化が気候変動の最大の原因であることを明らかにしようとしたが、ほかの科学者たちは懐疑的だった。アボットの主張する太陽定数の変動は、検出できないわけではないが、検出できるギリギリの値だったからだ。その値を見て納得するには、信念に基づく視点が必要だった。

一九二〇年代から一九三〇年代には利用できる気象データの量が増えたので、必然的に、気象予報に使えそうな一部の気候パターンと黒点周期との相関関係が見つかっていく。その一例は、一九三〇年代はじめの黒点の極小期にアフリカで日照りが続くという予報だったのだが、その予報が外れると、ある気象学者は次のように言った。「太陽黒点と気象の関係というテーマは評判を落とした。とりわけ、最も尊敬すべき先輩の一部がひどく狼狽しているのを目にしたイギリスの気象学者たちのあいだでは」。一九六〇年代には、「若い研究者にとって、太陽と気象の関係を示す何かを口にするのは変わり者の証拠だ」と言われるようにさえなった。

太陽物理学の専門家も、ほとんど同じように感じていた。「気象および気候との……つながりと言われるものは……一貫して奇抜で信頼に足りず……周期をめぐる説明は……まるであらゆる生き物が唐突にぞろぞろと姿を現す催眠術のようなものだ」と言う者もあった。そんなわけで、全般的に見て一九四〇年代までに、ほとんどの気象学者と天文学者が気象と太陽周期の関係を探求することをやめてしまった。だが実際のところ、データのどこかに、問題の核心をつく何かは隠れていたのだろうか？

一九二〇年代のあいだに何人かの科学者が地球の気候システムの単純なモデルを開発しており、それによれば、太陽放射の穏やかな変動でさえ極地の氷を変化させて、氷期の引き金となる可能性があった。イギリスを代表する気象学者ジョージ・シンプソン卿は、一連の氷期は太陽が変光星である証拠だと信じ、太陽の明るさは約十万年の周期で変化していると考えていた。一九三九年、シンプソン卿は王立気象学会の会長就任演説で、「科学者たちはいつも……気候変動を説明するにあたり……太陽放射の変化に根拠を求めることを嫌ってきた」と述べている。だが、と彼は続け、氷期を説明するとされたほかの原因はいずれも説得力に欠けているから、「地球外の原因を再考せざるを得ない」とした。

それよりかなり遅れて天文物理学者のエルンスト・エピックは、氷期に提示された多くの説明に納得のいくものはなく、そのために「われわれはつねに、最も単純かつ最も妥当と思われる仮説に立ち戻るのである。それは、われわれの太陽の炉から放出される熱は変化するというものだ」と書いた。こうして、ある種のパラダイムが確立されていった。一九五〇年代の教科書には、氷期その他の長期的な気候変動に関して、火山塵から海流の変化までさまざまな説明が並んでいたが、最後にはいつも太陽の長期的な変化がそれらしい原因として示されたのだった。米国立気象局の専門家が言ったように、「惑星地球の将来の気候を予測するという問題では、太陽の将来のエネルギー出力を予測することが頼りになるだろう」。

それでも一部の科学者たちはまだ、太陽黒点周期のわずかな変化が気象に影響を与えるという手がかりを追い続けていた。一九四九年にはH・C・ウィレット（一九〇三－九二年）が、大規模な風のパターンの長期的変動と太陽黒点の数の変化を調査し、黒点の数の変化は「こうした長期的変動のすべてを説明できるかもしれない、唯一可能な気候制御要因だ」と断言している。また、山岳氷河の前進と後退に黒点周期のシグナルを検出できたと考える科学者もいた。ウィレットは、「そうした関係の物理的根拠は非常に複雑なものにちがいなく、今のところ、理解できたとはとても言えない」と認めている。

こうしたことのすべてが、ミス・マープルを喜ばせたはずだ。では、それらは単なる偶然の一致だったのだろうか？　ウィレットは気候変動の原因を、「太陽黒点活動と同時に現れるように思われる紫外線などの太陽変動」ではないかと言っている。黒点に伴う太陽フレアという爆発現象からの紫外線放射が地球大気の上層にあるオゾン層を熱し、より下層にある大気の循環に何らかの影響を及ぼすのではないかということは、それより前から指摘されていた。彼らはいいところに気づいていたのではないだろうか。

一九五〇年代から一九六〇年代になると、はじめてロケットが地球の大気圏の上まで到達し、太陽の紫外線放射を測定することができた。すると黒点の多い年には紫外線放射量が増えることがわかったが、それが成層圏（地球大気圏の中間にある層）を突き抜けてその下まで届くことはないため、薄い成層圏内の変化がそれより下の層にまで影響するという説に、気象学者たちは懐疑的だった。

一部には、太陽が太陽風としてまき散らす荷電粒子が気象パターンに影響するのかもしれないと言う科学者もいた。彼らは、黒点活動が活発な時期には太陽風によって磁場が押し出され、深宇宙から降り注ぐ宇宙線を遮って地球を守る傾向があることも明らかにした。宇宙線は大気圏の上層を突き抜けるときに荷電粒子を生み出すことにエネルギーを消費するので、黒点が多いほうがこれらの粒子が少ないことになる。どちらの場合にも、気象への影響はあるだろう。

太陽は完璧ではなかった

一九六一年、ミンセ・スタイバーは古代の木の年輪で見つかった放射性炭素14を調べ、その量が変化していることに関心を抱いた。炭素14は、宇宙のはるか彼方からやってくる宇宙線によって大気中に生成される。そこでスタイバーは、太陽の磁場の変化が地球に達する宇宙線フラックスをどのように変化させるかに注目した。そして炭素14を専門とするハンズ・スースと協力してこれを追究し、過去千年のあいだに同位体の濃度が変化してきたことを突き止めている。一九六〇年代には何人かの科学者たちが、炭素14の変化から大氷河時代の原因に関して何か決定的な証拠が得られるのではないかと期待して、新しいデータと気象記録との相関関係を求めた。彼らが重点的に取り組んだのは、炭素14の濃度が比較的高かった時期にあたる小氷期で、それは太陽活動が低調だったことを示す。スースは、それと同じ数世紀には黒点の数が少なかったことに気づいた。要するに、太陽に出現する黒点の数が少ないほど、冬が寒いらしいと考えた。その説明には説得力があると認めた科学者がほかにも何人かはいたが、大半は認めず、過去百年のあいだに次々に登場した無数の、とても支持できるものではない相関関係のひとつにすぎないとみなしたのだった。

一九七〇年代に登場した説もまた議論の的になった。それは、アメリカ西部の各地で得られた気象データと年輪から二十二年周期で干魃が起きていることがわかり、その原因はおそらく太陽の磁気活動周期だろうというものだ。それでも科学者たちは少しずつ、地球の気候システムは海水温と風のパターンの相互作用で動く、完全に自立した周期的変動を繰り返せることを理解しはじめていた。そのパターンは数年（太平洋で発生するエルニーニョ南方振動はその一例だ）から数十年のタイムスケールで、半ば規則的に循環していた。そのことは、とりあえず太陽黒点に関連していると思われた準規則的な周期の、少なくとも一部を説明することには役立つかもしれなかった。

振り返ってみると、太陽物理学者ジャック・エディは次のように釈明していた。「われわれは一種の太陽斉一説を採用していたのだ。人間として、また科学者として、われわれはつねに太陽がほかの恒星よりすぐれたものであってほしいと願い、現実よりもすぐれたものであることを願ってしまった」

一九七五年、コロラド州ボルダーにある米国立大気研究センターのロバート・ディッキンソンは、気象に対する太陽の影響について書かれた米国気象学会の公式文書を見直していた。そして、私の印象では科学者にしてはとても珍しく、目に見える合理的なメカニズムが、例外的なひとつの可能性を除いては存在しないのだから、そうした影響はありそうもないと言った。宇宙線が大気中に持ち込んだ電荷が、もしかしたらエアロゾル粒子の合体方法に何らかの影響を与えたかもしれない。雲粒はエアロゾル粒子によって形成された核を中心にして凝縮するから、もしかしたらそのことが曇天に何らかの影響を与えたかもしれない。だがこうした考えは、ただ推論の上に推論を重ねたにすぎないと、ディッキンソンは指摘したのだ。科学者たちはそのような一連の作用についてほんのわずかなことしか知らず、「これらの考えが真実なのか（それより高い割合で）誤りなのかを立証できるように」はるかに多くの研究を重ねる必要がある、と。

ディッキンソンは明らかにアガサ・クリスティを読んではいなかった。偶然の一致について科学者がその意味を知らなくても、それは重要なことではない。偶然の一致は、現段階では十分に説明できていなくても、より深い何かを暗示している可能性を秘めている――結局のところ、それが科学というものだ。太陽の活動記録は地球上の全世界的気候変動と相関関係を示していたので、それらをつなぐ背景のメカニズムがわからないからといって、無関係なものとして忘れ去ることはできないものだった。ここでもケルヴィン卿の影がよぎる。だがディッキンソンは疑念を抱きつつも、全否定してはいなかった。このときようやく、太陽黒点の変化が気候の変化に何らかの関係をもつことが、少なくともあり得ることとして考えられるようになった。

そこで一九七六年にジャック・エディが、関連するあらゆる要素を集めて論文をまとめると、それは一躍有名になる。エディは、太陽はけっして太陽物理学者が想定しているような一定不変のものではないことに気づいたのだ。「私は太陽天文学者として、そんなことは起こり得ないと確信していた」と、エディはのちに振り返っている。だが過去のデータを徹底的に調べているうちに、ガリレオやシャイナーなどの近代の太陽観測家が残したデータは信頼のおけるものだと、少しずつ確信するようになっていく――黒点を観測した痕跡がないことは、実際に黒点がないことの証拠だった。

それは、「太陽を完璧なものと、完璧とは言えなくても一定不変のものと、一定不変とは言えなくても規則正しいものとみなす長くて勝ち目のない戦いにおける、もうひとつの敗北を意味した。ほかの恒星がそうではないのに、なぜ私たちは太陽がこれらのいずれかにちがいないと考えるのか？　それは物理科学的な疑問というより、社会的な疑問だ」と、エディは言っている。とはいえ、太陽と気象につながりがあるとする彼の発表には、いつもながらの疑いの目が向けられた。エディは自らの論拠を強気に展開し、小氷期を強調して、それを黒点のマウンダー極小期と呼んだ。彼が選んだその名前は、同じ証拠を見つけた者がほかにもいたことを強調したものだった〔訳註：太陽黒点を研究した天文学者エドワード・マウンダーの名にちなんだ名前だ〕。またエディは現代について、次のように警告している。「太陽をこれまでで最も集中的に観測してみると、その動きはいつになく規則的で温和なものに思われる」

このことから、私はバイオリンを思い起こす（両者にはつながりがある）。一部の人たちにとって、ストラディバリウスのバイオリンの音色は唯一無二のものだ。それは生き生きとして、ロウソクの光のように揺らめき震え、言葉では言い尽くせない明るさと暗さの取り合わせを感じさせる、あるいは純粋な音色をもつと、さまざまな表現で称賛される。ただし、音を聴いただけでそれがストラディバリウスのものだとすぐにわかるのはわずかな専門家のみで、ブラインドテストの結果では現代の楽器の音色のほうが高く評価されたこともある（公正を期すためにつけ足しておくと、両者のあいだには構造上の違いもあり、古い楽器が現代の奏法で演奏されると本領を発揮することができないこともあるし、そのようには作られていない――少し脱線しすぎたようだ）。ただしこうした要素があっても、名バイオリニストたちがストラディバリウスをゴールドスタンダード《標準基準》とみなすことに変わりはなく、この名器で演奏されるバイオリンコンチェルトを聴くと、また格別の感動がある。

　世界一有名なバイオリンは、一七一六年にアントニオ・ストラディバリによってクレモナで製作された「メシア」だ。今ではオックスフォードのアシュモレアン博物館にあって、ごく限られた人しか触れることは許されていない。一五〇〇万ポンド（およそ二二億円）の価値があると推定される。ストラディバリはその繊細な輪郭に魅せられたあまり、一七三七年の死まで誰にも演奏させずに用心深く守り抜いたと言われている。

　彼は生涯で一一〇〇台の楽器――バイオリン、ギター、ビオラ、チェロ――を製作したとされ、そのうち現存するものはおよそ六〇〇台だ。だが、それらの楽器がそれほど高く評価されるのはなぜだろうか？

　一般的に考えられているのは、十七世紀末から十八世紀にかけてのクレモナの職人たちが秘密の材料（非公開の技術）を用いていたというものだ。その候補としては、特殊なニスの使用、材木の化学的処理、材木の乾燥、歴史的建造物に残された非常に古い材木の使用などがあげられている。だがその答えは、太陽と黒点にあるのかもしれない。

　ストラディバリはマウンダー極小期と小氷期がはじまるころに生まれた。その時期には冬が長く夏は寒冷だったために、クレモナの楽器に個性的で豊かな音色をもたらす材木が生産されたのではないかとの推測があるのだ。バイオリン製作者はいつの時代にも、材木の選定によって楽器の音色に大きな違いが生まれることを知っていた。裏板、リブ、ネックにはカエデ、表板にはトウヒが好まれる。

ストラディバリをはじめ、当時クレモナで活躍した有名なイタリアのバイオリン製作者たちは、おそらく近隣のイタリアアルプス南部の森にあるトウヒを用いただろう。そしてストラディバリが生きたあいだに育った木々は、それまでにない独特の環境条件を経験していた。

これから太陽に起こること

少し前に興味をそそる発見が報告されている。ある研究チームが調査した結果、過去百三十年間の北半球の気温と（十年から十二年のあいだで変化した）黒点周期の長さに、驚くほど正確な相関関係が見られたというものだ。その報告書は、二十世紀後半から起きている地球規模の気温上昇は、すべて太陽活動の活発化に起因するものかもしれないとした。批評家たちはこの新しい発見を昔の疑わしい黒点理論に似ているとみなし、懸命に探せば必ず何かが見つかるものだと結論づけている。公正を期すためにつけ加えておくと、その後の研究は太陽周期の長さと地球の気温上昇とのあいだの相関関係を支持していない。

氷期－間氷期サイクルの日射量モデルは、一九一二年にセルビアの天文学者で地球物理学者ミルテイン・ミランコビッチ（一八七九－一九五八年）によって最初に提唱された。ミランコビッチは、地球に届く日射量のわずかな変化によって氷期が引き起こされ、その変化は太陽を巡る地球の軌道の形が非常にゆるやかに周期的変化を繰り返していることで生じているとした。ただし、日射量モデルは古気候データに見られる四万一千年ごとの氷河周期を説明できるものの、このモデルが予測する四十万年の周期は古気候データでは確認されていない。さらに、古気候データにある十万年の周期も説明できない。

北アイルランドのアーマー天文台の科学者たちによって集められた重要なデータからは、また別のヒントが見つかっている。彼らは類を見ない二百年分もの気候測定記録を保存しており、それは地球温暖化のおもな原因が太陽であるかもしれないことを示している。二世紀にわたって、ほぼ毎日続けられた気象観測のデータは、アイルランドのひとつの場所について入手できる最長の気候アーカイブだ。

その気象観測は、アーマー天文台が設立された数年後の一七九五年に開始された。気温、気圧、のちには降水量が、一八二五年ごろの一時期を除き、毎日測定されてきた。そのデータを解析すると、アーマーの平均気温を十年につき摂氏〇・一度単位という精度で計算することができる。そのデータが有用な理由は、天文台の環境が二百年たった今もあまり変わっていないことにある。ほかの測候所は都市化の波に呑み込まれ、長期間にわたるデータの信頼性が不確かなものになってしまった。また、二百年ものあいだにアーマー天文台の気象測定器はおよそ二〇メートルしか移動していない。

研究者たちは、アーマーの平均気温は太陽の活動周期の長さに関連しているように思われると指摘している。太陽の活動周期が長くなるとアーマーの気温は下がり、短くなると上がったことを確認したという。

さらに次の点を考えてみよう。少し前に実施された分析の結果によると、二〇〇五年ごろまでの一時期、太陽活動が過去千百年間で最も活発だったという。その研究を行なったのはスイスとドイツの科学者で、彼らによれば黒点がこの千年間で最も多く観測されている。ゲッティンゲンにある有名なマックス・プランク太陽系研究所の所長サミ・ソランキ博士は、太陽は変化した状況にあると言った。太陽は数百年前よりも明るく、この増光は比較的最近――過去百年から百五十年のあいだに――はじまったものだ。ソランキはかつて、太陽の活動が盛んなことと、二酸化炭素などの温室効果ガスのレベルが高いことは、ともに地球の気温の変化に影響するが、どちらの影響がより大きいかを判断するのは不可能だと言った。

どちらの側にも賛同者がいると言えるだろう。ほとんどの気候学者の意見では、一九六〇年ごろまでは地球の気候に対する太陽の影響が大きかったものの、その後、私たちが大気中に放出する温室効果ガスの量が増えたことで、太陽の果たす役割よりも人類の影響のほうが大きくなってしまった。太陽物理学者の多くは、まだ確信をもてないままでいる。

気候変動は現実のものだ。わずか一万年あまり前、オスロは厚さ一キロメートルの氷に覆われていた。七千年前、サハラには青々とした緑が茂っていた。人類が環境にどれだけ大きな影響を与えているにしても、太陽も地球に影響を及ぼしており、太陽の力だけで現在の温暖化を引き起こすことが可能だ。ストラディバリウスの音色に耳を傾けよう。

太陽では、たしかに何か不思議なことが起きている。二十一世紀に突入して何年かが過ぎ、第23太陽周期と名づけられた太陽周期が終息に近づいていたころ、多くの太陽天体物理学者はそうした状況が生じる要因をしっかり理解できたと確信していた。だが学者たちは意外な事実に直面した。黒点が予想した状態に戻らなかったのだ。無黒点の状態は数年ごとに起きてはいるが、このときは誰もが予想したよりはるかに長く続いた。「これは私たちがこれまで見てきたなかで最小の状態だ。今ごろはもう終わっていると思っていたが、まだ終わっていない」と、二〇〇九年にテキサス大学のマーク・ヘアルトンは言った。そして懸念の材料は黒点だけではなかった。太陽風（太陽から噴き出している粒子の流れ）も、記録が開始されて以来最も弱い状態になっていた。さらに太陽の磁気軸が異常な角度で傾いていた。NASAの太陽科学者デヴィッド・ハサウェイによれば、「これは、ほぼ一世紀のあいだ私たちが見続けてきたなかで最も穏やかな太陽」だった。第23太陽周期のあいだに、黒点がまったく見られない状態が八百五十日あり、科学者たちは最小の状態がこれだけ長かったことにも頭を悩ませた。二〇〇八年一月に次の周期がはじまったとき、太陽で観測されたのは一七五〇年の記録開始以降で最も低調な黒点活動だった。マウンダー極小期に起きたことが、私たちが生きているあいだに再び起ころうとしているのだろうか？　そんなことがあり得るのだろうか？

太陽が地球の気候を決定する最も重要な要因だったのは数十年前までで、それ以降は二酸化炭素排出レベルの上昇による温室効果がそれを圧倒するようになったと確信している科学者は多い。コンピューターのモデルによれば、地球の平均気温が過去三十年間で摂氏〇・五度上昇したうち、太陽に起因する気温の変化は一〇パーセントから二〇パーセントにすぎない。ただし、一部には五〇パーセントだと言う人たちもいた。

だが、二十一世紀の幕開けごろに様子が変わりはじめた。太陽の活動が衰えはじめてから数年がたつと、地球の気温上昇の勢いがゆるみはじめ、それから何年間かは一定を保つようになったのだ。その間も大気中の二酸化炭素レベルは上昇を続けていた。それならば、太陽活動が衰えを見せたことが原因で地球温暖化が少しずつ収まったのだろうか。もしそうでないなら、何が起きていたのだろうか?

多くの気候学者は、今世紀に入ってしばらく見られた温暖化の衰えは単なる傾向の揺らぎであって、まもなく自然に元に戻るだろうとした。海洋の熱吸収、成層圏の水蒸気変化、太陽活動に関連して生じる十年規模の気候変動と呼ばれる効果が生じているだけだとする考えだ。そして大気中に放出される温室効果ガスは増え続けているため、数年またはおよそ十年もすれば温暖化の傾向は一九九〇年代と同じ上昇に転じると予想した〔訳註：現在では実際にそのようになっている〕。

どのような状況が起きているかについては、いくつかのヒントがある。太陽活動極大期には太陽面に通常より多くの黒点が出現し、それらの黒点による明るさの低下はあるのだが、同時に太陽面に生じる輝くような白い斑点(白斑)の効果のほうが上回るため、全体の明るさは増す。ただし、十一年間の太陽周期のあいだに見られる太陽からの出力の変化は、わずか〇・一パーセントにすぎない。その幅は小さすぎて、地球に大幅な変化を生じさせることはないと考える科学者も多い。だが別の見方もある。この〇・一パーセントの変化は割合としては小さいものの、絶対エネルギーのレベルで考えれば巨大であり、地球上の一平方メートルあたり一・三ワットというかなりのエネルギーに相当する。つまり、太陽周期が極小期から極大期へと進む時期には太陽の明るさが増し、大気中の温室効果ガスが増えるのと同じ影響を気候に与えるはずだ。このように太陽が変動することで、地球上の地域的な気候に非常に大きな影響を与える場合があるという研究結果もある——実際には地球上の広大な地域に及ぶその影響力が、人為的な温室効果よりも強い可能性がある。そうなると、ルールが変わってくるかもしれない。

これから何が起きるのか、地球の気候変動に対する私たちの理解にどのような影響があるのかは、まったくわからない。太陽活動が弱まると地球が冷えるのなら、小氷期以降の太陽の活発化が、地球規模の気温上昇を引き起こした最大の要因だったことを示唆している可能性がある。もしそうならば、二酸化炭素の割合が産業革命前の一万分の三から現代の一万分の四に増えたことに対する地球大気の敏感さを、過大評価していることにもなる。あるいは、太陽が地球温暖化と競い合って、しばらくのあいだ気温上昇を食い止めているのかもしれない。

十七世紀に起きたことはきっと再び起きるはずだから、これは真剣に考えるべき事項だ。太陽から黒点が消える期間に関する近年の研究と、太陽と同じ振る舞いをしていると思われる太陽に似た別の恒星に関するデータは、太陽が寿命全体の一〇パーセントから二五パーセントの期間をこの状態で過ごすことを示している。第24太陽周期の開始が遅れたのは、通常ならば、新たな小氷期のはじまりだった可能性さえある。ただし、ひとつだけ確実なことがある。何が起きるかがほんとうにわかるのは、それが起きたときだ。

20　太陽が放出しているもの

太陽の中心温度は、およそ摂氏一五〇〇万度とされる。そこは核融合発電所で、陽子の融合によってエネルギーを生成している。この作用は直径一四〇万キロメートルほどのガスの塊の中心で起きているため、私たちには見ることができない。私たちの目に入るのは太陽の表面で起きていることだけだ。いや、そうとも限らない。太陽の内部深くを、ほぼ中心まで覗き込める手段がある。だがそのようにして実際にはじめて内部が見えたときには、科学者たちを当惑させる難問が生まれ、しばらくのあいだはそれまで何世紀もかかって蓄積した理解がすべて崩壊するほどの危機に陥った。それはすべて、ニュートリノと呼ばれる幽霊のような粒子のせいで起きたことだった。

ニュートリノは、原子より小さい驚くべき粒子だ。どんな物質ともほとんど反応しないため、厚さ数兆キロメートルの鉛の塊を（そんなものがあるとしたらの話だが）止まらずに通過することができる。それは、最も近いどんなものも到達できないが、それでもまだ何かであるもの、と言われてきた。それにもかかわらず、この微小でとらえどころのない粒子は長年にわたって太陽にまつわる大きな謎の中心にあり、その謎は私たちの恒星である太陽の理解を、実際には原子物理学そのものの理解を、傷つけてしまう恐れがあった。そしてその謎は、世界最大の水槽を用いてようやく解かれたのだった。

とらえられたニュートリノ

ニュートリノの存在を最初に提唱したのはオーストリア生まれの物理学者ヴォルフガング・パウリ(一九〇〇－五八年)で、一九三〇年に物理学者仲間への手紙に、物理学の問題の「自暴自棄の出口」と書いた。ベータ崩壊は、不安定な原子がもっと安定するために利用できる過程だが、パウリは原子核のなかの中性子(中性子と陽子が原子核を構成し、通常の原子の原子核は電子の「雲」で包まれていることを思い出してほしい)が陽子と電子に変化するときの、ベータ崩壊のひとつのかたちを理解できたと考えたのだ。陽子が核のなかにとどまり、電子が放出される。だがエネルギーの計算が合わなかった。

彼はベータ崩壊の例を観察しているとき、十分なエネルギーがなくても電子が放出されることに気づいたため、中性子の崩壊時に生まれる目に見えない別の粒子があるとする仮説を立て、それによって消えるエネルギーを説明できるとした。ためらいがちに提出されたパウリの仮説によれば、ニュートリノはベータ崩壊で失われるエネルギーとともに逃げる、とらえどころのない粒子とされている。その後一九三四年にはエンリコ・フェルミ(一九〇一－五四年)がベータ崩壊の数学的理論を示したが、その理論を発表した論文は『ネイチャー』誌への掲載を拒否されてしまった。「読者の興味を引くには現実からかけ離れすぎた推測が含まれている」という理由からだった。一九五六年、クライド・カワンとフレデリック・ライネスによって原子炉からはじめてニュートリノが検出された。

すでにハンス・ベーテと同僚たちの研究に基づいて見てきたように、四個の水素原子核が燃えて一個のヘリウム原子核になり、二個の陽電子と二個のニュートリノとともにエネルギーが放出される。つまり太陽の中心にあるエネルギー生成領域からは、どこからも見えないままのエネルギーが表面に現れるまでにおよそ十万年もの歳月がかかっているが、まるで取り囲む太陽などそこに存在しないかのように簡単に飛び出してくる粒子があるということだ。そしてもし私たちがこれらの太陽ニュートリノを検出できれば、太陽の中心部を覗き込んで、現時点での中心の状態を測定できる。私たちは太陽の中心から直接地球に到着しているニュートリノの数を計算することが可能だ。その答えは、一平方メートルあたり毎秒およそ一〇〇兆個にのぼる。私たちの体を一秒に何十億個ものニュートリノが貫通するが、何の害も及ぼさない。

一九六四年にはニュートリノを検出するための実験が提案された。一〇万ガロンの洗浄溶液（ほとんどが塩素の四塩化エチレン）を入れた巨大水槽があれば、太陽からやってくるニュートリノをとらえられるはずだ。ニュートリノが稀に塩素と衝突すると、いくつかは塩素の核と衝突してアルゴンの放射性同位体を生じさせる。あとは水槽をときどき調べてアルゴンの濃度を測定するだけでよく、そうすれば太陽からやってきて水槽を通過するニュートリノの流量を推定できるだろう。巨大なオリンピックサイズのプールに入れた洗浄溶液で、一週間あたりわずか数個の原子が生まれる予測だった。この水槽はアメリカのサウスダコタ州ホームステイク金鉱の地下一・五キロメートルに、実際に設置された。周囲の厚い岩が、観測を妨げる可能性のある宇宙線を遮断してくれる。だがもちろん、どんなに厚い岩があろうとニュートリノには無関係だ。

一九六九年になると、太陽からやってきたニュートリノの検出数は予想より少なかったと発表された。はじめは実験方法に問題があるのではないかと考えられていたが、いつまでたっても予想される数と実際に見つかった数の差が縮まらない。実際のニュートリノの数は、理論で予想された数よりはるかに少なかった。太陽内部のエネルギー生成に関する理論が間違っていたのだろうか？　あるいはニュートリノが太陽で生まれたあとで何かが起きたのだろうか？

理論に間違いがあるとは思えなかった。もしかしたら太陽中心の温度が予想より少しだけ低く、それが放出されるニュートリノの流束に影響を与えているのかもしれない。だがその考えでは、恒星の安定性や寿命に関するこれまでの知識と食い違いが生じてしまう。これに対して最も想像力に富んでいると思われる考えを提唱したのはスティーヴン・ホーキングで、太陽の中心部に小さいブラックホールがあるかもしれず、そのために観測されるニュートリノの数が予想より少ない可能性があるとした。

だがほどなくロシアで研究していた二人の科学者が、はじめての太陽ニュートリノ検出実験の結果が標準的な理論と食い違っていたのは、ニュートリノそのものの性質が原因ではないかとする考えを発表した。一九六九年のことだ。グリボフとポンテコルボは、ニュートリノは多重人格のようなもので、異なる状態（型）に変化している可能性があると考えた。二人によれば、太陽で生まれるニュートリノには異なる型のものがあった。そしてそれらは地球に向かいながら、検出されやすい状態と検出されにくい状態のあいだで絶えず入れ替わっているとした。洗浄溶液の実験では観測されやすい状態のニュートリノだけが検出されたために、流束の測定値が低くなったということだ。

それから数十年のあいだに、物理学者たちはニュートリノを検出するための地下観測装置をいくつも建設していく。この時代になると洗浄液ではなく水を使うようになり、装置の水槽の内壁に光センサーを敷き詰めて、水中を走る光を検知する。ニュートリノが水槽内の水を通過する際に、稀に光を発することがあり、それをとらえようという試みだ。一九八六年には日本の物理学者たちが、物質の安定性を測定するために設計された巨大な水槽を利用するようになる。北アルプスに抱かれた町の地下にあるこの実験装置「カミオカンデ」によって、彼らは太陽ニュートリノの検出に成功するとともに、その検出率は物理学の標準モデルと標準太陽モデルで予測されたものより低いことを確認した。

ただしニュートリノは、宇宙線の粒子が地球の大気中にある別の粒子と衝突することによっても生まれる。一九九八年には「スーパーカミオカンデ」の実験チームが、大気ニュートリノ振動を観測したと発表した。このようにして、かつて太陽に対する私たちの理解の確かさを揺るがした謎への取り組みは続いており、金鉱の地下の水槽に消毒溶液を満たすという大胆な取り組みを実行した科学者レイモンド・デイビス・ジュニアには、二〇〇二年にノーベル物理学賞が授与された。

太陽の放射線と宇宙探査

ちなみに、ニュートリノは宇宙飛行士に何の問題ももたらさないが、太陽はその他にさまざまなかたちで有害な放射線を生み出している。次のような状況を想像してみてほしい。

場面は一九七二年、月への最後の有人ミッションとして計画されていたアポロ17号の打ち上げが中止される。アポロ16号の乗組員が、月面着陸を成功させて地球に帰還しようとした際に命を落としたためだ。三人の勇敢な宇宙飛行士が帰還中に宇宙の放射線に屈し、宇宙探査機を操縦できなくなるほど具合が悪くなってしまったことに、アメリカだけでなく世界中の人々が愕然とする……さて、このようなことが実際に起きる可能性はあった。太陽では時折、とてつもなく巨大なフレアが発生するので、月やさらに遠くまで移動している宇宙飛行士を大きな危険にさらす事態はあり得ることだ。一九六九年から一九七二年までのあいだに一二人の人間を月面に送り込んだアポロ計画では、地球を巡る低高度の軌道から飛び出したあと、短時間で宇宙を横切って月に到達することが求められた。低高度の軌道にいるあいだは地球の磁場が宇宙飛行士たちを有害な太陽放射から守ってくれる。月面を目指す有人ミッションでいつも心配されるのは、太陽表面で突然の爆発が生じ、宇宙飛行士たちが地球の保護から離れているあいだに大量の宇宙線が放出される事態だ。

アポロ計画の実施前および実施中に太陽が厳重に監視されていたのは、そのような不測の事態に目を光らせるためだった。NASAの太陽粒子警報網（SPAN：Solar Particle Alert Network）が太陽フレアを監視した。宇宙飛行士が予測される範囲内の放射線量を浴びる見通しについても準備が整えられ、ヒューストンにあるアポロ管制室のコンソールに常駐する放射線環境専門家がつねに最新情報を把握した。放射線量の推定値がメディカル・オフィサーに伝えられ、このオフィサーが予想される放射線の影響をフライト・ディレクターに助言する。アポロ宇宙船には放射線モニターが搭載されており、宇宙飛行士は各自が個人用線量計を身に着けて、つねに皮膚が受けた累積放射線量を測定していた。月着陸船内と月面にも、携帯用の放射線量率計を用意した。

一九七二年八月、その年の十二月に予定されていたアポロ17号によるタウルス・リットロウ渓谷への月面着陸準備が本格化していたこの時期に、アポロ18号から20号までの最後の月面着陸計画が中止された。同じ年の四月に実施されてデカルト高地に着陸したアポロ16号のミッションは、華々しい成功に終わっている。だが、管制官が肝を冷やすような出来事が起きたために、月への飛行がどれだけ危険かということを、わかってはいたものの、あらためて実感したのだ。

一九七二年八月に発生した太陽フレアは巨大なもので、地球を保護する地磁気層の上には二万レム〔訳註：一レムは〇・〇一シーベルト〕という放射線が降り注いだ。それほどの粒子束を伴うフレアはおよそ十年に一日の割合でしか起きないと考えられているが、もしも宇宙飛行士がそのような事態に遭遇したらと考えると、なんとも恐ろしい。レムは放射線の被曝線量をあらわす標準的な単位で、「通常の」アポロ月面ミッションで宇宙飛行士が受ける放射線量の最大値は、地球を取り巻くヴァン・アレン帯と呼ばれる放射線帯を通過するときの約一レムとされる。

NASAは三十日間の被曝線量の上限を二五レムと定め、地上での放射線作業者が仕事中に受ける線量の上限は一年間で五レムだ。平均的な致死量は四五〇レムだから、一九七二年八月の太陽フレア発生時に宇宙や月面に宇宙飛行士がいて、隠れる場所を見つけられなかったとしたら、命を奪われていたことになる。だが、もしも八月のその日に月面で二人の宇宙飛行士が活動し、三人目は宇宙船で月の軌道を巡っていたとしたら、そしてほぼ二万レムという放射線を浴びたとしたら、いったい何が起きたのだろうか。

二五－一〇〇レムでは、白血病と生殖細胞損傷の可能性が高まり、生殖細胞損傷は遺伝子異常として子に伝わる可能性がある。一〇〇－二五〇レムでは、数時間のうちに吐き気と嘔吐があり、白血病の発症率が高まって寿命が短縮する。治療しなければ死に至ることがある。二五〇－七五〇レムでは、約一時間後に吐き気と嘔吐があり、急性ショック症状があらわれる。治療しなければ一か月以内に死亡する可能性が高い。がん、白内障、大幅な寿命短縮、不妊が生じる。七五〇－二〇〇〇レムでは、一時間以内に吐き気と嘔吐があり、失神したあと、一時的に意識は戻るが一週間以内に死に至る。そして二〇〇〇レムを超えると、クルーは数分で意識を失い、短時間だけ意識を取り戻したあと死亡する。一万レムの放射線を浴びたわずか一例の記録によれば、三十八時間以内に死が訪れ、失神するまでの時間もさらに短い。

つまり、もし私たちがいつか月探検や火星旅行に出かけるなら、宇宙で生き残るために、大規模な太陽フレアに対応しなければならない日が来るだろう。遮蔽が必要なほど大規模なフレアは、おそらく一年に数回は生じる。月に関しては多くの研究がなされていて、誰もが宇宙飛行士と太陽のあいだに常時できるだけ多くの質量をもった物体を配置するという原則に従うようになった。月面初の有人前哨基地は、たぶん月の極地の近くに開設する必要がある。極地付近なら日光が一年中当たらない場所があり、クレーターの極に面した側または一年中暗い極地のクレーターにシェルターを作れば保護される。月面のほかの場所に基地を建設するなら、可能な限りたくさんの月面の土を集め、基地の建物を埋めるのが最もよい方法だ。

長距離与圧月面車には、特に問題がある。最大級の太陽フレアの警告が出るのは、今のところ三時間前にすぎないから、宇宙飛行士には安全な場所を探す時間がほとんどない。こうした車両には、月面の土の下に埋められる空気注入式シェルターを装備する設計が求められる。

地球の磁気シールド（磁気圏）の外側の惑星間でそのようなフレアに遭遇した宇宙飛行士にも、何らかの特別な保護が必要だ。アポロの宇宙飛行士たちが月面着陸ミッション中に目のなかでときどき閃光が走るのが見えたと報告したため、宇宙服のヘルメットを詳しく調べたところ、高速微粒子（水素とヘリウムの原子核）が宇宙船、ヘルメット、さらには飛行士の頭まで（！）突き抜けたことを示す微細な穴が見つかった。こうした微粒子の一部は宇宙に由来し、太陽系の外からやってくるが、その他のものは太陽から生み出されていると考えられている。

火星に行くにはおそらく一年近い飛行期間が必要になる。これから設計とテストが進められるであろう新世代の原子力推進を利用したとしても、火星までの飛行時間はおそらく四か月までしか短縮されない。そのため宇宙船の内部には、できるだけ多量の金属製品で囲まれた何らかの形式の磁気嵐シェルターが必要となる。おそらくそのシェルターは宇宙船の最後尾に備えられ、太陽の方向に向きを変えられる車両がついて、太陽と宇宙飛行士のあいだをできる限り多量の物質で遮ることができるものになるはずだ。

ひとつだけ確かなことがある。宇宙飛行士は太陽系のどこを移動していても、ときどきは太陽から隠れなければならない。

21 太陽を目指す人工衛星

宇宙時代に突入する前から、天文学者たちはつねづね宇宙空間から太陽を観測したいと考えていた。太陽放射の多くの部分は地球の大気に妨げられてしまい、地上の天文台まで達していないのは明らかだったからだ。気球を使えば機器を上層大気まで引き上げることができたし、小型ロケットに載せれば望遠鏡を数分間だけ宇宙に運ぶこともできたが、科学者たちがほんとうの意味で求めていたのは、地球の軌道または太陽の軌道を巡る衛星だった。

宇宙空間からの太陽観測は、この恒星の研究に大変革をもたらしてきた。宇宙探査機が太陽に接近して（ただし、あまり近づきすぎないように注意しながら）、はるか上空を飛ぶようになった。探査機は太陽系を旅して太陽風の試料を採取し、爆風を監視し、また黒点中心を深い位置まで覗き込んでフレアが磁場を引き裂き超高温ガスをまき散らす様子を観測した。そして現在では誰もがインターネットを利用して、白色光およびX線のリアルタイム画像を目にすることができる。X線画像だけでなく、紫外線画像や、マグネトグラム、ドップラーグラムの画像もあって、そのすべてを地上の天文台および衛星から直接入手できるようになっている。さらに地球軌道を巡る数多くの衛星も地球の「宇宙天気」を監視しているので、北極と南極上空のオーロラオーバルの画像までリアルタイムで見ることが可能だ。こうして今は太陽および太陽・地球データを誰もが手に入れられる時代になった。だが、いつもそうとは限らなかった。

米ソ、人工衛星打ち上げ競争

一九五八年、前年のスプートニク1号の打ち上げからほどなくしてアメリカも初の人工衛星エクスプローラー1号の打ち上げに成功し、この衛星は地球を取り巻くヴァン・アレン帯を発見した。ソビエトの初期の衛星はアメリカが宇宙空間に投入できるどんなものよりはるかに大型だったため、アメリカ人たちはソビエトに追いつくための計画を練り上げながら、惑星および惑星間宇宙を探る宇宙探査機というアイデアの研究を開始する。だが問題はとてつもなく大きく、それまでに何千万キロメートルという距離を超えて通信を成功させた宇宙船はないし、何か月ものあいだ太陽放射線に耐えた人工衛星もない。それでも可能な選択肢はいくつかあった。金星には一九五九年六月に出発すれば約百五十日で到達でき、火星なら一九六〇年十月に出発すれば約二百五十日で到達できるはずだ。

そうしているあいだにも、ソビエト初の月探査機メチタ（ロシア語で「夢」の意味）が一九五九年一月二日に打ち上げられた。この探査機は月に激突するはずだったが、月から約六〇〇〇キロメートルの位置を通過して、初の人工惑星となっている。ただし通信は六十二時間後に六〇万キロメートルの距離で途絶えた。

真の惑星間探査機を目指すアメリカの計画は、打ち上げ可能期間がやってきては過ぎていくのに探査機の準備ができていないことの繰り返しで、窮地に陥っていた。だがついに、パイオニア5号を金星に向かう疑似軌道曲線に向けて打ち上げるミッションが決定される。この探査機が金星の軌道上に達したときには金星は別の場所に移動しており、探査機は長距離送信をテストし、惑星間環境に関するデータを送信することができるはずだ。パイオニア5号は、一九五九年八月に打ち上げられた衛星エクスプローラー6号を基盤としたものだった。搭載された二台の無線送信器は地球からの指令で作動し、地球からの増え続ける距離に対応して三つの異なる速度でデータを送信することができた。そのほかに五台の科学機器も搭載された。

パイオニア5号は一九六〇年三月十一日にケープカナベラルの発射台から打ち上げられ、太陽との距離が一億四八四〇万キロメートルから一億二〇六〇万キロメートルまでの軌道を三百十二日かけて周回する人工惑星になった。この探査機は数多くの注目すべき事実を発見しており、そのなかには地球の磁気圏が予想されていたよりはるかに幅広かったことも含まれている。その後の三月末には太陽で出現したフレアがパイオニア5号で観測され、地球上ではそれからおよそ二十分遅れての観測になった。一回のフレアのあいだに、高エネルギー陽子が猛烈な勢いで探査機をすり抜けていくのが記録されたと同時に、銀河宇宙線は著しく減少した。やがて、これは非常に重要な観測結果だったことが明らかになる。そして太陽活動の静穏期に、パイオニア5号は非常に弱い惑星間磁場の存在を発見した。

この探査機は一九六〇年四月三十日まで有用なデータの送信を続けていたが、それ以降は電池の故障によって散発的にしか連絡がとれなくなっていった。科学者たちはこの探査機の飛行速度を測定することで、太陽から地球までの距離の、当時として最も正確な推定値を得ることができた。さらに一九六〇年六月二十六日には三六〇〇万キロメートルという記録的な遠距離からの通信にも成功したが、その日を最後に通信は途絶えた。

パイオニア5号の幸先のよいスタートに続いて、パイオニア6号から9号まで（一九六五－六八年）では探査機を回転《スピン》させることで安定を確保できる実用性を証明でき、制御が単純化した。そしてこれらの探査機の測定結果によって、惑星間環境に関する私たちの知識、また太陽活動が地球に及ぼす影響に関する知識が、段違いに深まった。それに加えて、太陽風、宇宙線、太陽のプラズマおよび磁場の構造、太陽フレアの性質についての新たな情報も収集された。アポロによる月面着陸が実現したとき、NASAはこれら一連のパイオニア探査機を利用して太陽活動の最新情報を一時間ごとに管制センターに送っていた。当初、少なくとも六か月間は宇宙で作動するように設計されていたパイオニアは、驚くほど長期にわたって活動できることを証明してきた。パイオニア9号が最終的に故障したのは一九八三年で、パイオニア8号は一九九六年八月二十二日にバックアップ送信管への指令が出されたあとで正しく追跡され、それが確認された最後の通信になっている。パイオニア7号の追跡が最後に成功したのは一九九五年三月だった。だが、運用中の最も古い探査機とされるのはパイオニア6号だ。NASAの最古の現存探査機として三十五年間という軌道周回を証明し、最後に交信に成功したのはカリフォルニアのゴールドストーン深宇宙通信施設にある七〇メートルのアンテナで、二〇〇〇年十二月八日のことだった。さらに三十五年たっても、探してみればまだ通信を続けられるかもしれない。

アメリカの太陽観測衛星ＯＳＯは、太陽の研究に特化して設計された最も古い人工衛星だ。計画された理由は、初期の気象観測ロケットによって地球大気の上まで達することの重要性が示されたことにある。ＯＳＯ１号は一九六二年三月七日に、紫外線、Ｘ線、ガンマ線のスペクトルで太陽を観測するために打ち上げられた。上側のフィードバック・システムに接続された太陽センサーは、観測機器がつねに太陽の方向を向くように設計され、下側の回転部分にはその他の機器が収納されて、二秒ごとに一回転しながら太陽面と大気を詳しく観測できるようになっていた。ＯＳＯに搭載された一連の機器は数多くの観測を行なって、太陽コロナには暗い部分があることも見出している。それは、現在ではコロナホールと呼ばれており、コロナから湧き上がってくる巨大な泡と解釈された。最後に軌道投入されたＯＳＯ８号は、一九七五年六月二十一日に打ち上げられたものだ。

宇宙ステーションから太陽観測

スカイラブはアメリカ初の宇宙ステーションで、一九七三年五月十四日にアポロ計画の一環として打ち上げられ、軌道に乗った。基本的にはサターン・ロケットを改造して加圧したうえで機器類と居住空間を備えたもので、月着陸ミッションに使われなかったアポロのハードウェアを使いきることが考慮されていた。重さ九一トン、高さは三六メートル（四階建て）、直径は六・七メートルもある構造体が、高度四三五キロメートルを飛行したのだ。九か月のあいだに三つの異なるアポロ・クルーが、スカイラブの三回の有人飛行を実現した。

だが、スカイラブの有人飛行は幻に終わる可能性もあった。発射直後から一連の不調に見舞われ、ただ軌道を巡る無用の長物になるかと思われたためだ。軌道に向かって上昇中、微小隕石保護シールドが破れてゆるみ、それに伴って一方の太陽電池翼が引きちぎられてしまった。事態をさらに悪化させたのは、もう一方の太陽電池翼も展開の途中で動かなくなったことだ。スカイラブは電力も熱からの保護も失い、漂流するしかない運命かと思われた。

翌日には最初のクルーが合流する予定になっていたが、大胆な救済計画が立てられるまでは待機せざるを得なかった。やがて傘のような日よけが設計されるとクルーはそれを運び上げ、ドッキングに成功して宇宙ステーションに入った。そして宇宙遊泳しながら日よけを取りつけるとともに、引っかかっていた太陽電池翼の展開も完了させた。こうしてスカイラブは救出され、一九七三年から一九七四年までに、三人ずつのクルーが百七十一日間にわたって滞在することに成功している。この宇宙ステーションは太陽を調査するための特別な場所になった。元は月着陸船用に計画されていた四枚の太陽電池をもつアポロ望遠鏡架台（ＡＴＭ）を備えていたためで、宇宙飛行士たちはここに取りつけた一連の望遠鏡を用いて一五万枚を超える太陽の画像を得ることができた。

このミッションに特別な思いを寄せている太陽天文学者は数多くいて、なかでもスカイラブの時代にこの分野をすでに研究していた人たちはそうだ。スカイラブのミッションでは一連の卓越した画像を入手することができ、その一部はジャック・エディ編集によるＮＡＳＡ制作の一冊の本にまとめられた。撮影から長い年月が過ぎた今もまだ、私はこの本のページをめくるたびに感動に震える。太陽天文学者にとってこの本は、月面観測者にとってのルナー・オービターの月面地図と同じだ。光沢仕上げのページを広げれば、握りこぶし大の黒点や、太陽面で磁気アーケードを描くガスのループを見ることができる。目に見えない磁力によって太陽上空にはプロミネンスが現れ、周縁部の近くには奇妙な構造が林立している。

スカイラブによる数多くの発見には、コロナホールとX線輝点も含まれていた。コロナホールは、コロナを形成している高温の物質がとても希薄な、暗い領域だ。一方のX線輝点は小さくまとまった輝く点に見え、短命で、コロナホールの内部で最も簡単に見つかる。太陽面の自転速度は変化するが、そのような何回かの自転を経ても、コロナホールはまだその形を保っているように見えた。最も明るいコロナの放射は、活動領域である黒点上空から発せられる。

コロナホールは、長年にわたる謎の解決に役立つことになった。まだスカイラブが実現する以前、一九六二年に打ち上げられたマリナー2号のような宇宙探査機が太陽風のなかにある高速の流れを検出していた。そこには秒速四〇〇キロメートルではなく、秒速六〇〇キロメートル以上の流れがある。不思議なことに、そのような現象は二十七日間隔で繰り返される傾向があり、それは太陽の低緯度の自転周期と同じだ。さらに不思議なことには、十九世紀から二十世紀への変わり目のころ、地球上では一連の磁気嵐が観測され、それらは二十七日周期で繰り返す傾向があった。

スカイラブは、その現象はどちらも黒点ではなくコロナホールに関連したもので、コロナホールからは太陽風の大半が噴き出しているらしいことを明らかにした。黒点上空の磁気ループはプラズマをとらえ、それを押しとどめているように見え、それは太陽風が簡単に黒点から逃れ、コロナホールから噴き出しやすいことを意味する。太陽の両極上空には、大きくて恒久的な二つのコロナホールが見つかっている。その後の太陽極軌道探査機ユリシーズは、その領域は予想どおり、高速で動く太陽風で満たされていることを発見した。

スカイラブのアポロ望遠鏡架台も、およそ二日ごとに太陽から湧き上がる巨大なプラズマ雲を観測した。このようなコロナガスの大規模噴出が惑星間のプラズマ雲となり、その一部が地球に達すると磁気嵐を引き起こすと考えられた。問題は、そのような大規模噴出を観測できるのは太陽の外縁上部に出現したときで、その方向に移動するプラズマ雲は地球にやってこないという点だ。だがその数年後の一九八三年末、磁気圏探査機ＩＳＥＥ－３（国際太陽・地球探査機）が地球重力圏を脱出してジャコビニ・ツィナー彗星に向かうと、しばらくして地球から十分に離れた時点でそのような大規模噴出をとらえ、それが地球付近のプラズマ雲と同一であることを明らかにした。

その後、日本の太陽観測衛星「ようこう」がＸ線で太陽を観測して大きな成果を収めた。その画像はコロナホール、コロナＸ線輝点、大規模噴出をはっきりと詳細に示すものだった。さらにそうした大規模噴出を見事に記録しているのが、地球の太陽側で重力が安定したラグランジュ点Ｌ１に静止している太陽・太陽圏観測衛星ＳＯＨＯ搭載の観測機器ＬＡＳＣＯだ。ＬＡＳＣＯの画像をコンピューターで処理することによって、科学者たちは地球の方向に向かっている噴出も確認することができた。

スカイラブが一九七三年に確認して以来、コロナガス大規模噴出についての研究は大幅に進み、かつては太陽フレアが原因と考えられていた地球上の磁気嵐の多くは、現在ではそうした大規模噴出に関連するものだと考えられている。そのエネルギーは磁場およびプロミネンスの物質から生じているようだが、黒点領域が起点とは限らない。

スカイラブは目覚ましい成功を収めたものの、食料と燃料を補給できる設計になっていなかったことから、真の宇宙ステーションではなかった。実際にアメリカ人が再びそのような施設を建設したのは、それから二十年もあとのことだ。スカイラブは一九七四年二月をもって運用を終了し、一九七九年に地球の大気圏に再突入した。

探査機はどこまで太陽に接近できるか

その後、太陽に近づくよう設計された一連の探査機が登場する。二基の太陽探査機ヘリオスは、ドイツで設計されたのち、フロリダ州のケープカナベラル空軍基地からアメリカのタイタンロケットによって打ち上げられた。この探査機は太陽から五〇〇〇万キロメートル以内の軌道を巡るよう設計され、それは太陽系で最も内側にある水星の軌道（五六〇〇万キロメートル）より、さらに内側だった。その距離では熱が問題になるため、表面を特殊な鏡と太陽電池で覆い、熱を均等に分散させるために一秒ごとに一回転する設計が採用された。それでも表面の温度は摂氏数百度に達する。ヘリオス1号は一九七四年十二月十日、続くヘリオス2号は一九七六年一月十五日に打ち上げられ、これらの探査機は予想に反して過酷な環境でも損傷を受けずに稼働を続け、十年後にも地球にデータを送信することができた。これらの探査機はまだ太陽を巡る軌道上にあり、一周するのに約百九十日をかけて、それがヘリオスにとっての「一年」になっている。ヘリオスにはそれぞれ一〇台の機器が搭載され、膨大な量のデータを収集した。個人的な話をすると、私にとってそれらはあまり懐かしい思い出とは言えない。ジョドレルバンク電波天文台で新米の天文学者として働いていたときに、私はたびたびこの探査機の観測結果を徹夜で監視しなければならなかった。電波天文学では夜でも昼でも同じように作業できるから、当然、誰もが自分に都合のよい時間に仕事をしたいという願望を抱く。身近に新米の天文学者がいれば、なおさらだ。

私が観測を進めていた時期に、二人のドイツ人天文学者が午前三時三十分に大型パラボラアンテナを使ってヘリオス探査機の一方を観測する必要が生じたことがある。そこで二人は午前三時三十分にやってきて、私が使っていた検出器、タイムソース、周波数混合器のコードを次々に引き抜いてしまい、新米の私は自分の観測を一時的に中断しなければならなかった。そして二人が観測室を去ったあとには、抜かれたままのケーブルの山が残った。そのすべてを接続するのは自分ひとりだ。接続を完了しなければ観測を再開できない。読者のみなさんに申し上げておきますが、電波望遠鏡というのは、これまでに人間の手で作られた最も複雑怪奇な代物のひとつなのです。私は何度も失敗を重ねながら、悪戦苦闘の末、なんとか元通りにデータを取得できるようにした。それをやり遂げたあとには、システムを理解できたように感じたものだ。私が博士論文を提出したとき、同僚のひとりが第二章を読み、少し驚いたように言った。「きみは電波干渉計をしっかり理解しているんだね」。若い天文学者にとって、それは何よりの褒め言葉だった。

人工衛星ソーラーマックス（SMM）の太陽観測ミッションは、前例のないものだった。一九八〇年二月十四日に打ち上げられたこの堂々たる衛星は数多くの科学計器を搭載し、十一年にわたる太陽周期のうちの活動が活発な時期（この周期のピークは一九七九年だった）に太陽を研究することを目指した。太陽フレアの性質と太陽が放出する総エネルギー、「太陽定数」に関して、新たな知見を得ようとする試みだ。

だがこのプロジェクトは、一連の誤動作によって作業が中断するという思いがけない不運に見舞われてしまった。一九八〇年九月、太陽コロナの画像を生み出していたコロナグラフが故障し、その数週間後には正しい向きを保つ役割を果たしていた姿勢制御システムも故障した。安定した姿勢を保てなくなった衛星は待機モードに切り替えられ、三年ものあいだ、そのままの状態で放置されることになった。だがＮＡＳＡには目論見があった。ソーラーマックスはモジュール方式で設計されていたため、故障した部分だけを取り外して交換するのは比較的容易だったのだ。そこでＮＡＳＡは、軌道上でソーラーマックスを修理すれば、有人宇宙飛行の利点を実証するよい機会になると判断した。

私はこの救出ミッションのことを、とてもよく覚えている。スペースシャトル・チャレンジャーが衛星の横に並ぶと、宇宙飛行士のジョージ・ネルソンが動力付きのバックパック（正式には有人機動ユニット「ＭＭＵ」と呼ばれるもの）を背負い、ゆっくり回転しているソーラーマックスとシャトルのあいだを「飛んだ」。そしてドッキング用留め金に体の方向を合わせながらソーラーマックスに入り込み、ＭＭＵの前方から突き出ているドッキング用連結部をつなげようとする。ＳＦの世界を思わせる、まさに無理難題だ。このミッションの夜、見つめるみんなが緊張していて、私はテレビスタジオから放送されているドラマの一部を見ているような気がしていた。ネルソンはソーラーマックスにたどり着いたが、ドッキングはできなかった。手袋をはめた手でソーラーパネルをつかもうとしたが、パネルはよけいに回転を強めるだけだった。見通しは暗かった。だが最後にはシャトルのロボットアームの助けを借りることで、ソーラーマックスをとらえることに成功してチャレンジャーの貨物室に収容でき、それから数日間で修理が進められた。

太陽観測探査機のミッションは続く

一九八四年六月にソーラーマックスは観測を再開し、軌道周回の昼間側でコロナの画像をとらえるようになる。ＡＣＲＩＭ（太陽定数モニター）の一連の機器が、ミッション中の太陽の総エネルギー出力を高い精度で監視した。その値は、自転によって黒点が見えるようになると太陽の明るさは予想どおり減ることを示し、このときに暗くなる程度に関して重要な情報をもたらした。だが観測結果では、太陽面に見える黒点の数が増える黒点周期のピーク時には、太陽面の明るさが増すこともわかった。それは、黒点は暗くて明るさを落とすものの、その周囲は白斑で囲まれており、白斑の明るさは黒点による暗さを補って余りあるためだ。

一九八六年十二月にはコロナグラフ専用のテープレコーダーが故障し、観測は再び中断を余儀なくされる。このときは残された唯一のテープレコーダーにデータを保管することで一九八七年三月に運用が再開され、あとはミッション終了時まで大きな中断のないまま観測は続けられた。最終的には大気の抵抗によって、ソーラーマックスの軌道高度が徐々に低下していき、一九八九年十一月十七日、高度を制御できなくなって地球の大気圏に再突入した。

第21および22太陽周期の期間にはその他の衛星も運用されており、たとえば米空軍の衛星Ｐ78－1「ソルウィンド」と日本の太陽観測衛星「ひのとり」がある。一九七九年に打ち上げられたＰ78－1は、ソルウィンド・コロナグラフおよび各種Ｘ線分光器を搭載し、分光器は太陽フレアのインパルシブ期にＸ線スペクトルの幅の広がりとシフトを観測した。この衛星の運用は成功していたが、一九八五年に対衛星ミサイルの試験で破壊されてしまった。

太陽極軌道探査機ユリシーズのミッションが最初に提案されたとき、それはほぼ同じ二基の宇宙探査機を、太陽の極を周回する等しい軌道に向けて打ち上げるという壮大な計画だった。一方は太陽の北極上空、もう一方は太陽の南極上空を周回し、やがて太陽から遠く離れた軌道に沿って他方の極の上も通過する計画だ。一基はアメリカが、もう一基は欧州宇宙機関が建設する予定とされていたのだが、実現するには計画が壮大すぎたのだろう。一九八〇年代はじめにアメリカ側が予算の問題で撤退することになり、その決断が遅すぎたのか、残りの探査機も最高の機器類を搭載することができなかった。最終的には欧州機関の探査機が数年遅れで製造され、一九九〇年にカメラを搭載することなく打ち上げられた。

政治的な後退は別にして、ユリシーズは非常にすぐれたミッションであることが立証された〔訳註：設計寿命の四倍もの期間にわたる二〇〇九年まで運用され、二〇〇九年六月三十日にミッションを終了している〕。この探査機は、それまでどの探査機でも未踏の太陽緯度で太陽風のサンプリングを実施した。まず一連の機器を木星まで運び、木星の重力を利用したスイングバイによって一九九四年秋には太陽の南極上空の軌道を、一九九五年夏には太陽の北極上空の軌道を飛んでいる。ユリシーズは太陽風に関する膨大な情報を科学者にもたらし、特にそれが太陽の極大期と極小期でどれだけ変化するかを明らかにした。

最も成功した太陽観測探査機のひとつがＳＯＨＯだ。一九九五年に打ち上げられたあと、長期間にわたって運用され〔訳註：二〇二〇年に運用は四半世紀を迎えた〕、太陽と地球環境との関わりをかつてないほど詳しく理解するのに役立ってきた。その科学的な遺産は、コロナの熱構造、太陽風の加速、太陽内部の物理的性質をはじめ、太陽に関する最も難しい問題のいくつかを解明するのに役立つだろう。この探査機は天文学者たちに、はじめて長期的で連続した太陽の景観をもたらしてくれたと言っても過言ではない。

科学的データの最高峰はＳＯＨＯに譲るとして、荒れ狂い、変化し、出現したかと思うとまた消える超高温ガスの磁気ループの壮観さを実感させてくれるものは、一九九八年から二〇一〇年まで運用された太陽観測衛星ＴＲＡＣＥがとらえたすばらしい画像を置いてほかにない。太陽物理学者はこの衛星によって、太陽の光球、遷移層、コロナでの、細かい磁場と関連するプラズマ構造とのつながりを研究できるようになった。

22 宇宙の大海へ漕ぎ出す

現代の太陽天文学者には後継者の手にゆだねる計画があり、探査機があり、問題がある。多くの宇宙ミッションは構想から完了までに十年を超える長い年月がかかるからだ。科学とはそうしたものだ。大聖堂を建てるのに似ている。つまり多くの科学者たちが自分独自のレンガを加えようとして、すでにそこに置かれているレンガの上に載せると、さらに多くのレンガがそのまた上に載せられていく。

人類の時間の尺度から見た太陽の移り変わりは、すべて磁気によるもので、その発端は太陽の対流層にある変化するプラズマの流れだ。ヘールが考えていたように太陽周期は磁気周期であり、フレアと質量放出は磁場がひずみに耐えられなくなったときに起きる。コロナと太陽風の構造も太陽の磁場によって決まる。現代の太陽物理学にとって大きな謎のひとつは太陽コロナの加熱と太陽風の加速で、それは小規模な複数の磁気構造のあいだで起きる相互作用に関係があると考えられている。こうした謎に答えることが、すでに打ち上げられたものや計画中のものを含めた太陽を目指すミッションの多くで主要な任務となっている。二〇一〇年二月に打ち上げられた太陽観測衛星ＳＤＯ（ソーラー・ダイナミクス・オブザーバトリー）は、太陽大気での小規模で突然の事象を観測して、蓄えられた磁気エネルギーがどのように放出されるかを調査する目的をもっている。この感動的な観測所《オブザーバトリー》から送られてきた太陽表面の活動を記録する画像、とりわけ動画は、私にとってはこれまでで最高のものに感じられる。超高温ガスが宇宙に向かって噴き出し、そのせいで太陽のまさしく表面が波打つ様子が見えるのだ。画像はオンラインで公開されており、誰でも見ることができる。

太陽風をとらえる

「ひので（ＳＯＬＡＲ－Ｂ）」はＪＡＸＡ宇宙科学研究所のミッションで、日本、アメリカ、イギリスの協力で大きな成果をあげた太陽観測衛星「ようこう」の後を引き継いだ。可視光、紫外線、Ｘ線のそれぞれを利用する一連の観測機器を備え、太陽の磁場とコロナのあいだの相互作用を研究している。地球を巡るいわゆる太陽同期軌道に向けて二〇〇六年に打ち上げられ、観測機器がほぼ継続して太陽の光を浴びられる位置を保っている。

二〇〇六年十月に打ち上げられた太陽観測衛星ＳＴＥＲＥＯのミッションは、二機のほぼ同じ機能をもつ観測機を用いて史上初の３Ｄ立体画像を撮影し、質量放出の特質を探ることだ。太陽を独自の視点から見るために、二機の観測機はとても難しい軌道に投入されている。一方は地球より少し先行する軌道、もう一方は地球よりわずかに遅れる軌道で、一連の月スイングバイを利用して正しい位置を確保する方法がとられた。私たちの両目のあいだには少しだけ間隔があるから奥行きを感じられるのと同じように、このような配置によって二機の観測機は太陽およびコロナ質量放出の立体画像を撮影することができる。放出されたプラズマの一部は地球に衝突することもある。このミッションは大きな成功を収めてきた。
これに続くものとして、欧州宇宙機関の太陽観測衛星ソーラー・オービターがある〔訳註：当初は二〇一八年に打ち上げが予定されていたが、計画が遅れて二〇二〇年二月に打ち上げられた〕。この衛星は内太陽圏と太陽風の詳細な測定を行なうとともに、地球からの観測が難しい太陽の極地方についても詳しく調べていく。

それに先立つ二〇一八年にはパーカー・ソーラー・プローブ（旧称：ソーラー・プローブ・プラス）が打ち上げられ、太陽表面から五九〇万キロメートルの距離（太陽に最も近い惑星——金星——までの距離のおよそ一八分の一）まで到達する。このミッションは太陽に近い過酷な環境で実施され、計画されている軌道での太陽光の強度は地球周回軌道での強度の五二〇倍に達するため、衛星の太陽側には炭素繊維強化炭素複合材で作られた耐熱シールドを設置して、そうした環境に耐えられる設計になっている。探査機のシステムおよび科学機器はシールドの影になる部分にあり、そこには直射日光がまったく届かない。太陽を巡る軌道上での探査機の最高速度は秒速二〇〇キロメートルに達する見込みで、実現すれば最速の人工物の記録を塗り替えることになり、現在の最速記録をもつ太陽探査機ヘリオス2号のほぼ三倍の速さだ。

だが太陽は、風を利用する船乗りのように光を利用する新しいタイプのミッションにも力を与えてくれる。想像してみよう。一機の宇宙探査機が、火星の軌道の少しだけ外側でひとつの小惑星に近づいていく。探査機は夜の側から近づきながら、凹凸の激しい岩でできた幅八キロメートルの世界を走査し、表面の地形と化学的性質に関するデータを地球に送る。だがこの探査機は、このような科学的ミッションを遂行するだけでなく、別の役割も果たす予定だ。小惑星の測量と走査が終わると探査機の一部が本体から分離し、ゴツゴツした小さな世界の表面に降りていく。そこでは岩に錨をおろして、機体をしっかり固定する必要がある。重力がわずかしかないからだ。そのまま、小惑星の軌道が太陽に近づくまで待機する。

一年後、厳しい太陽の光が小惑星の太陽側を焦がすようになる。今や小惑星の乗客となった探査機は、耐熱シールドで保護されながら、冬眠から覚めたかのように動き出す。小惑星の自転のしかるべき時期を待ち、太陽の影に入ったときを見計らって上方に伸びはじめる。その時点では、まだ影のなかだ。それから、まるで蝶が飛び立とうとして羽を広げるかのように薄い金属板を広げていく。やがてその板は直径数キロメートルにまで拡大し、強い太陽光線を浴びるようになる。今やどの恒星よりも明るく輝くようになった金属板は、ピンと伸びきって膨らんでいく。広がるにつれて太陽からの圧力がこの金属板の帆を満たし、ついに飛行がはじまる。人が軽く息を吹きかけるとタンポポの綿毛が空中に飛び立つように、探査機は太陽の周辺を離れ、外惑星の方向へと向かうのだ。こうして太陽は、私たちが太陽系外縁部を、そしてさらにその先を探検する手段を与えてくれる。

光は照らされた物体にわずかな圧力をかけるという事実に注目してほしい。ロシアの宇宙開発のパイオニアであるフリードリッヒ・ザンデルとコンスタンティン・ツィオルコフスキーは一九二四年に、宇宙の真空状態では大きくて薄い反射素材が推進剤を必要としない推進装置になり得ることに注目した。太陽の光が文字どおり推し進める力をもつのだ。高反射性の帆があれば、太陽からの放射エネルギーの流束が一平方キロメートルあたり約九ニュートンの力を生み出し（一ニュートンは、一キログラムの質量をもつ物体に一メートル毎秒毎秒（m／s^2）の加速度を生じさせる力）、それは絶え間ない力なので、かなりのものになる。

一九七三年にＮＡＳＡは、後方に科学機器を牽引して運ぶ太陽帆探査機でハレー彗星をとらえる研究を後援し、ジェット推進研究所（ＪＰＬ）のチームが数多くの太陽帆を設計した。ＪＰＬ推奨の帆は中央マストとブームをもち、それらが広がって、厚さ二ミクロンのアルミニウムでコーティングされた八五〇平方メートルに及ぶプラスチック製シートを支えるものだった。シートの片側では光を反射し、もう一方の側を黒くすることによって、力の不均衡を生み出して操縦に利用する。重さは五トン、高度なテクノロジーはほとんど必要なく、彗星をとらえるには一九八五年中に打ち上げる必要があった。

ところがその後、ハレー彗星をとらえる計画には太陽電気推進（ＳＥＰ）システムと呼ばれる異なる推進形式が採用された。残念ながらこれらの研究は両方とも学術的すぎるとみなされて、プロジェクトは議会で却下されている。それでも一九七九年には、ＪＰＬの科学者たちも数多く参加していた天文ファンのＮＰＯ「世界宇宙財団」がこのアイデアを復活させ、一九八一年に世界初の太陽帆（実物の二分の一に縮小した試作品）が展示された。そしてその二年後には実物大の試作品も完成した。

太陽帆で進む宇宙船

二〇〇五年六月、バレンツ海の海底で、ロシアの原子力潜水艦が旧ソビエトの武器庫に残されていた一発のミサイルを発射した。初の太陽帆、コスモス１号の打ち上げだ。その打ち上げは、史上初の国際的民間宇宙ミッションの集大成だった。

　太陽光の力を推力に変えるミクロン単位の薄さの大きな金属シート「太陽帆」で進む宇宙船は、非常に便利な宇宙探査機になるだろう。スペースシャトルから四平方キロメートルの広さの帆を広げれば、シャトル一機分の積み荷を火星まで運び、さらに地球まで戻ってくることができる。通常のロケットエンジンを利用すればもっと早く到着できるが、積み荷の二倍から三倍の燃料が必要になる。二十二世紀前半に人間が常駐する火星基地が生まれたなら、このような太陽帆「サンジャマー（アーサー・クラークが作品で使用した太陽帆の名前）」が火星入植者にとっての橋頭堡でありライフラインとなる可能性がある。

　太陽帆はもっと遠くまで行ける。宇宙探査機ボイジャー2号は現在では太陽系を離れ、地球から最も近い恒星までの四・三光年（およそ四〇兆キロメートル）を旅するのに八万年程度かかる計算だ。ただし現在のところは、正しい方向に向かっていない。これまでに考えられた太陽帆はこれを約一万五千年程度まで短縮できるだろう――それでも私たちひとり一人の人生の長さと比べれば、ほぼ永遠と言っていい。ただし一部の科学者は、サンジャマーにレーザーやマイクロ波を照射することで推進を助けられるだろうと考えている。

　研究によれば、重さ一トンの宇宙線を牽引する直径三・六キロメートルの太陽帆を、地球周回軌道から照射する六五〇億ワットのレーザーで動かすことができる。それほど膨大なエネルギーを得ることはまだ不可能だが、今後数百年以内には開発できるかもしれない。レーザー光は、最初は細いビーム状でも、宇宙という膨大な距離を進むうちに広がり、拡散する傾向があるだろう。これに備え、幅が一〇〇〇キロメートルもある超大型のフレネルレンズを土星と天王星のあいだの定点に置けば、遠ざかっていく探査機にレーザー光を集めるのに利用できるはずだ。そうした方法で三年にわたって加速してやれば、光速の一〇パーセントの速度を達成できるから、探査機は地球から最も近い恒星系であるケンタウルス座α星に四十年とちょっとで到達できる計算だ。さらに、超高強度のメッシュ素材で太陽帆を作り、それにマイクロ波を照射することもできる。

こうしたアイデアはとても魅力的だが、どれもまだ推論の域を出ない。恒星に向けて送り出す初の探査機の推進には、別のテクノロジーのほうが向いているのかもしれない。だが、薄くて軽い夢の繊維でできた帆に太陽光を受けながら、惑星を結ぶ通商路を行き来する未来の宇宙の船乗りを思い浮かべるのは、夢物語とも言い切れないだろう。

およそ四百年前、ケプラーは彗星を観測し、その尾が太陽からのかすかな風によって曲がるのを見たことから、適切な形の帆を用いれば船は同じように宇宙を航海することができるかもしれないと考えた。現在では、太陽の光が実際に彗星の尾をなびかせる力を生み、光を反射する大きな帆は宇宙探査機を推進する実質的な手段となり得ることが、広く知られている。NASAは、超薄型の帆に太陽の光を反射させて進む星間探査機開発の道を探ってきた。幅およそ五〇〇メートルの繊細な太陽帆が、宇宙空間で展開する。太陽の光による絶え間ない圧力が探査機の加速を促し、やがて従来のロケットで達成できる速度の約五倍の速さになる——しかも燃料はまったくいらない！ そのような探査機があれば、星間空間を目指して最も遠くまで達しているボイジャー1号が二〇一八年の時点で四十一年かかって進んだ距離を、八年で進むことになる。

テニスンは「ロックスリー・ホール」で、このことをすばらしい言葉で表現した。

未来を考え、人間の目が届く限りの遠くを見渡せば
世界の光景が目に入り、そこにはあらゆる不思議が満ちる

天には通商があふれ、大商船隊が魔法の帆を上げれば
紫色の薄明かりの水先案内人が、高価な積み荷とともに落下する

私たちの太陽はこれから何十億年かのちに少しずつ膨らみはじめると、現在の黄金に輝く星から赤色巨星へと姿を変え、その途中で地球を呑み込んでしまうだろう。それからしばらく今よりはるかに明るくなるので、少しのあいだサンジャマーの効率は向上する。ただしそれほど遠い未来には、人類は――あるいは私たちの後を継いでいるものが何であれ――死を目前にした星の光を利用して地球を抜け出し、宇宙の大海へと漕ぎ出していることだろう。かつて、誰もが忘れている遠い昔、今やあとにしようとしている新しい世界を探検しようと、人々が追い風をいっぱい帆にはらませながら前進したときのように。

23　太陽の中心を探る

水星の洞穴の下に隠れて太陽を巡りながら、エクスペディション・サンダイバーは歴史上で最も重大な旅へと向かう準備を整える——太陽の、灼熱の烈火へと向かう旅だ。これはデイヴィッド・ブリンが一九八〇年に発表した小説『サンダイバー』の一節で、太陽へのミッションを描くすばらしい作品ではあるが、このような旅は今もまだ空想の域を出ていない。たぶんいつの日か、私たちも無人探査機を送り込み、太陽表面にかかる巨大なプラズマのアーチ目指して急降下しながら試料を採取するとともに、プラズマの密度、温度、動き、磁場の組織的な測定を行なうことだろう。そうすればきっと多くの疑問を解明できるにちがいない。たとえ最小規模の観測であっても、コロナはどのように熱せられるのか、太陽風はどのように加速するのかなど、数多くの未解決の謎を解明できるものと太陽科学者は確信している。

太陽の内部へ

そこで今のところは、これまで調べてきたすべての情報、知っているすべての科学者の話、議論してきたすべての観測結果を手に、想像の世界で太陽の内部を旅してみることにしよう。実際に中心まで進むことはできないし、少なくとも太陽核まで行けるようなテクノロジーを思い浮かべることもできない。何しろその温度は一五〇〇万度を超え、熱すぎて原子が存在すること自体が不可能なのだ。太陽の質量の一〇パーセントにあたる中心部分の太陽核では、すべてがプラズマとなり、猛烈なスピードで飛び交う陽子、電子、中性子、ヘリウムの原子核が、水の一五〇倍、地球の中心の約一〇倍の密度で閉じ込められている。それぞれの粒子は秒速一〇〇キロメートルで駆け巡っているが、密度が高いためにあまり遠くまでは行けず、一秒間に何回も衝突する。

こうした混沌のなかで二個の陽子が互いに近づくと、一瞬の閃光とともに融合して水素の同位体である重水素になり、加えて陽電子（電子の反粒子）とニュートリノが生まれる。これが陽子－陽子連鎖反応のはじまりだ。次に重水素が別の水素原子と融合してヘリウム3が作られると同時に、高エネルギーの放射線であるガンマ線が放出される。最後に二個のヘリウム3の原子核が融合してヘリウム4および二個の陽子になる。こうして水素がヘリウムとエネルギーに変化する。

新たに生まれたヘリウムの原子核は、それを構成している陽子の元々の重さよりも軽く、その差が高エネルギー陽子とニュートリノというかたちでエネルギーに変換された。太陽は二のあとに三七個のゼロが続いた数のニュートリノを生み出し、それが一瞬で拡散する。それはとてつもなく強力な反応だが、もしも太陽核にある特定の一個の陽子をじっと見ているなら、それが実際に融合する場面に出会うまでには十億年単位の長い尺度で待たなければならないかもしれない――一個の陽子の融合に出会う可能性はそれほど小さいが、全体では膨大な数の陽子がある。太陽核の外に取り出したなら、この物質は虫ピンの頭ほどのわずかな量でも、一六〇キロメートルの距離から人を殺せるほどの威力をもつ。こうして太陽のエネルギーは中心部で作られ、水爆に換算すると毎秒一五〇億個の爆発が起きているのと同じで、一秒間に四〇〇万トンの質量がエネルギーに変換されている。これまで数十億年にわたってこうして燃え続け、今後もまだ数十億年にわたって燃え続けるだろう。ただし、光子は徐々に密集したプラズマを抜けて外に向かっていく。そうしているうちにやがて温度が低くなりすぎて陽子－陽子連鎖反応を維持できない位置に到達する。核の外側の部分の温度はおよそ摂氏九〇〇万度。こうして、エネルギー生成の領域から放射層へと移動してきた。

この放射層は変化のない層で、奥にある核で作られたエネルギーが外に流れ出てきた部分にあたる。この領域では変化がいっさいなく、物理学者が静力学平衡と呼ぶ状態が保たれている。この深さでのプラズマは水と同じくらいの密度で、膨大な量の熱を含んではいるが、周囲すべてを同じ温度のプラズマで囲まれているために、温度が上がることも下がることもない。放射によってエネルギー輸送が行なわれるだけの状態になっている。外側に向かうにつれて温度がほんのわずかずつ下がり、そのために外に進むエネルギーの流れがある。エネルギーの流れの速さは、太陽核で作られているものによって決まる。エネルギーが逃げていかなければ太陽は不安定になって爆発してしまうから、太陽は各層のあいだで温度の低下をうまく調整しており、ちょうど必要な量のエネルギーを通過させられるだけの流れを生み出している。

光子はよろめきながらゆっくりと外に向かい、方向の定まらない動きをする。科学者はこれをランダムウォークと呼ぶ。こうしてわずかずつ外側に進むが、光子が放射層を抜けるまでには二十万年もの歳月がかかることになる。もしも太陽核の炉が明日に動きを止めたとしても、私たちは太陽の出力の変化に数十万年後まで気づくことはない――ただしニュートリノの流量が減ったことはすぐにわかるはずだ。こうしたランダムな動きによって、太陽核から高エネルギー・ガンマ線として出てきた光子は、光の粒子に変わる。放射エネルギーの全体量に変化はないが、質が変化し、光子のエネルギーは少しずつ減少していく。太陽内部での音波振動の伝わり方の研究によって、放射層は全体でひとつの固体として回転していることがわかり、その事実は太陽周期に対して重要な意味をもっている。不思議なことに、太陽核もそれを囲む放射層よりわずかにゆっくり回転しているかもしれないという、かすかな証拠も見つかっている。

太陽の中心から外に向かうにつれてゆっくりと温度が下がっており、五〇万キロメートル進んだ外側では摂氏二〇〇万度で、プラズマの密度は発泡スチロールくらいだと考えられる。そろそろ太陽の根源的な境界と変化に近づいてきた。これから突入するのは対流層だ。だがその前に、放射層と対流層のあいだにある界面層にぶつかる。この薄い層は、近年になって少しずつ詳細が解明されるにつれ、ますます興味深いものになっている。放射層がひとつの固体の塊として回転しているのに対し、対流層全体には太陽表面に見られる差動回転のパターンが行きわたっているため、放射層と対流層はそのあいだにある界面層でつねに擦れ合っているわけだ。ここでは電荷を帯びた気体の動きと回転、対流、剪断力（逆方向に引く力）の相互作用が磁場を生み出し、それが太陽周期を生む原因とみなされている。界面層全体にわたる流体流速の変動（剪断流動）が力の磁場を広げ、より強いものにする。さらに、この層全体の化学組成が急激に変化するようにも見える。

太陽の表面と波動

対流層は厚さが二〇万キロメートルあり、ほとんど太陽表面まで達している。ここに対流層があるのは、プラズマの不透明度が増すからだ。エネルギーの運び手である光子が急に、あまり遠くまで進むことができなくなり、エネルギーの流れが妨げられる。すでに見てきたように太陽はエネルギーを逃がす必要があるため、なんとかしなければならない。そこで調整を施し、エネルギーを放射というかたちで先に運ぶのではなく、質量移動という方法に委ねることになる。つまり、対流を開始する。そのためにここは、プラズマが幅一〇万キロメートルもの巨大な流れを作る領域で、一秒間に数センチメートルずつ表面に向かって上昇していく。そして表面に達すると、温度が下がったプラズマの流れは内側に向かい、今度はもっと幅が狭まった噴流となって秒速数メートルまでスピードを上げる。

表面から数千キロメートルの場所に達すると、再び変化が起き、高温の噴流がバラバラに砕けて、もっと小さい無数の対流セルになると、再び太陽面に向かって泡のように湧き上がっていく。対流層の最上部には階層構造の網目模様が見られる。直径がおよそ三万五〇〇〇キロメートルもあるスーパーグラニュール（超粒状斑）は、大型のグラニュール（粒状斑）で、太陽面のドップラー偏移の測定によって最も鮮明に測定できる。見ている私たちに向かって移動している物質からの光は青く、私たちから遠ざかっている物質からの光は赤く変わるからだ。こうした特質が太陽全体を覆い、網目模様は絶えず変化している。個々のスーパーグラニュールが持続するのは一日か二日で、移動速度は秒速およそ〇・五キロメートルに達する。スーパーグラニュールのなかに観測される流動は、対流層で生まれた磁束管（磁気「チューブ」）をセルの端まで運び、彩層ネットワーク構造と呼ばれる網目模様を生み出している。その最大の部分が幅の広いスーパーグラニュールにあたり、厚さは数千キロメートルしかなく、一日ほど持続しては消滅して再び作られるという繰り返しが絶え間なく続いている。

さらに表面に近づいたところにあるメソグラニュールは、内径が約五〇〇〇キロメートル、持続するのはわずか数時間だ。グラニュールは小さい粒状の構造をもち、直径は約一〇〇〇キロメートルで、太陽表面の黒点以外の部分すべてを覆っている。これらは対流セルの最上部にあたり、明るく見える部分では高熱のプラズマが内部から上昇してきており、それが表面に広がって冷えると、暗く見える線に沿って内部へと沈んでいく。個々のグラニュールの持続時間はわずか二十分ほどだ。この粒々は絶え間なく進化しており、新しく生まれるグラニュールが古いものを押しのけて、ブクブクと泡立つ密集を生み出している。グラニュール内部の流れは音速を超える秒速七キロメートル以上に達することがあり、その衝撃波とその他のノイズによって太陽表面に波を起こしている。

日震学は一九六〇年代はじめ、カリフォルニア工科大学の物理学者ロバート・レイトンが太陽表面で五分ごとに起きる振動を発見したことではじまった。レイトンは一五メートルの太陽塔望遠鏡を利用して、何年も前にジョージ・ヘールが特定の原子から放射されるスペクトル線に対する太陽磁場の影響を調べたときの提言に従った。黒点が磁気現象であると判断した際にヘールが利用したゼーマン効果は、スペクトル線を赤と青の構成要素に分割し、それぞれが観測者から遠ざかる動きと観測者に向かう動きを示す。レイトンは同僚のロバート・ノイズとジョージ・サイモンとともに、スペクトロヘリオグラフを用いて太陽光のカルシウム原子からの赤と青のスペクトル線で何枚かの画像を作成した。そしてそのデータを解析しながら、おかしなことに気づいた。太陽表面に見える構造が、大きいものも小さいものも含めて二百九十六秒（およそ五分）の周期で振動しており、その速度は秒速五〇〇メートルだった。この振動はすぐに日震として知られるようになり、日震学が誕生した。その後の研究から、こうした振動は太陽内部の密度が異なる部分のあいだに閉じ込められた音波によるものだとわかり、のちに検出された別の振動とともにそれらを利用すれば太陽の内側を精査することができ、見えていない裏側で何が起きているかをはっきり描くこともできた。さらに、実際の太陽の対流層は、それまで正しいとされていた太陽内部の構造よりはるかに深いことも明らかになった。

太陽には検出できる振動が数多くあり、それらの振動の広がり方を調べることで太陽の内側について研究することができる。地球上で地震の衝撃波を利用して地球の内部構造を研究できるのと同じだ。今ではＧＯＮＧ（Global Oscillation Network Group）ネットワークが生まれており、世界各地に設置された一連の望遠鏡で太陽を途切れることなく観測し、一か所での観測では夜に遮られてしまう長時間の振動も検出できるようになっている。また、南極では可能になる長時間の連続した観測によって、多くの振動がはじめて見つかった。

太陽の細部に迫る

それでも、おそらく太陽表面で起きる波をこれまでにない方法で利用しているのは、太陽を透視する天文学者たちだろう。フランスとアメリカの研究チームは、太陽の裏側で起きている活動を自転によって地球から見えてくる前に検知する二つの異なる方法を用いて、太陽が何を隠し持っているかをあらかじめ予測することができる。探査機ＳＯＨＯに搭載されたマイケルソン・ドップラー・イメージャー（ＭＤＩ）という装置は太陽表面の音波を記録して、地球からは見えない裏側の活動領域を見つける。その成果により、太陽の自転につれて激しい活動領域が突然見えるようになって驚くという事態を避けられるようになった。

ＭＤＩは、太陽の裏側にある黒点が原因で生じる音波の変化を検知し、その変化を分析することによって見えない黒点の大きさと位置を予測する。すでに見てきたように太陽の自転周期はおよそ四週間なのに対し、活動領域はわずか数日のうちに出現して拡大することがあるので、この予測は重要だ。実用的な目的から、天文学者は太陽を透明化した。太陽の裏側に関する最新の長期予想は、有人宇宙飛行の計画を立てる際に、とりわけ有用であることが立証されるだろう。宇宙飛行士が、太陽フレアによって発生する危険な放射線にさらされるかもしれないからだ。

太陽の核から出発した私たちも、ようやく光球へと到達した。光球は地球から見える太陽の表層部分ではあるものの、太陽はガスの塊なので、その表面は型にはまった固体ではない。光球は実際には厚さ約一〇〇キロメートルの層で、残りの部分と比較すればとても薄い。太陽面の中央あたりには、周囲よりいくぶん高温で明るく輝いている領域があるが、外縁部に見えるのは上層の、より温度の低い領域から出ている光だ。これで、太陽を観測すると中心部から周縁に向かうほど暗く見える「周縁減光」と呼ばれる現象を説明できる。私たちが見ている「表面」の温度は、およそ摂氏六〇〇〇度だ。

これまでに、太陽について多くを理解する鍵は磁場であることを見てきた。放射層と対流層のあいだにある界面層では、電荷を帯びたガスの複雑な動きによって磁場が生まれている。これらの磁場が上昇する磁束管を形成し、そのループが表面に浮上する。高い磁場をもつ領域では、エネルギーの外向きの流れが妨げられる一方、温度がもっと低い領域ではループが光球に、多くの場合はペアで出現する。それが黒点だ。

想像上の宇宙船が勇敢にも太陽大気に近づき、黒点の上を飛ぶとしたら、乗客は壮大な光景を目にできるだろう。近づくにつれてグラニュールが変化する様子がよく見える――少しだけ明るさが増し、目に見えない力が働いているかのようにわずかに歪み、さらに円形に近かったグラニュールが押されて細くなり、渦を巻く。小規模な惑星ほどの大きさをした暗黒の塊が少しずつ見えはじめ、外側の領域（半暗部）に到達すると、奇妙な明暗の細い筋が放射状に外に向かっているのに気づくだろう。明るい部分と暗い部分はつねに変化しているが、必ずしも交互に規則正しく並んでいるわけではない。黒点本体の真っ暗な領域（暗部）まで進むと、そこには静かな対流があり、中心にほかより少し明るい物質が集まった地帯が見える。黒点のちょうど中央部で点々と輝く明るい光は、まるで踊っているかのようだ。見上げれば、高温ガスの巨大なアーチが目に入り、私たちはまもなくそこを訪ねていく。

黒点を観測することで、太陽はおよそ二十七日かけて軸を中心に一回転していること、そしてその回転軸は地球の軌道に対して約七度傾いていることがわかる。そのために地球からは毎年九月に太陽の北極のほうがよく見え、三月には南極のほうがよく見える。ただし太陽の表面全体が固定した状態で回転しているわけではなく、赤道部分の回転（およそ二十四日で一周）のほうが、極地域の回転（三十日以上かけて一周）より速くなっている。黒点が持続するのは通常は二、三日だが、とても大きい黒点の場合は数週間消えないこともある。黒点のもつ磁力は、地球の磁力の数千倍も強い。また多くの場合、黒点は二個で一組になって現れ、一方は正またはN極の磁場をもつのに対し、もう一方は負またはＳ極の磁場をもつ。それは黒点の起源を示す重要なヒントだ。すでに見てきたように磁場が下方からのエネルギーの流れを妨げるために、黒点は周囲より暗く見えている。ただしそれは対比の効果にすぎず、黒点だけが見えるとするなら、アーク灯〔訳註：二つの炭素の電極に圧力をかけ、その間に起こる放電の光を利用する電灯〕より明るく輝いているはずだ。磁場は暗部で最も強く、半暗部ではそれよりも弱い。

これまでに撮影された太陽表面の最も詳細な写真は、カナリア諸島ラ・パルマ島にあるスウェーデンの新しい太陽望遠鏡（口径一メートル）によるもの〔訳註：現在ではカナリア諸島テネリフェ島にあるドイツの望遠鏡がそれをしのぐ〕で、新たな太陽の特性と、これまでわからなかった黒点の細部を示している。その黒点の画像で目を引くのは、明るく輝くフィラメントに囲まれて暗黒の中心部が存在することだ。これは予期せぬ発見で、天文学者はその意味をまだはっきり解明してはいないが、太陽大気での基本的なプロセスが大規模に起きているものだと考えている。

望遠鏡で詳細な画像を得るには、鏡筒を真空状態にし、大気の揺らぎによるぼやけを打ち消すために一秒に一〇〇〇回もビーム中の鏡を調整しなければならない。こうして黒点の周辺を見た研究者は、細長いフィラメントが集まっているような半暗部の様子を目の当たりにした。これまでの太陽望遠鏡ではわからなかったものだ。さらに太陽の内部を通過する音波を分析することによって、黒点内部の３Ｄ画像も見られるようになっている。

そのようにして得た画像では、高温で電荷を帯びたガスが太陽面の下部に達する巨大な渦へと集まっていく高速の流れを見ることができる。黒点は静止しているのではなく、時速およそ四八〇〇キロメートルの猛スピードで太陽の内部に向かう、非常に強力なプラズマの下降する流れによってできているらしい。黒点内部の地図を作成するために、科学者たちは探査機ＳＯＨＯのＭＤＩを利用して、一九九八年六月十八日に見えたひとつの大きな黒点を分析した。その日に太陽表面で発生した音波の速度を測定することで、その下方およそ一万六〇〇〇キロメートルまでの領域の３Ｄマップを手に入れることができたのだ。分析によれば、温度が低い表面では音波の速度がおよそ一〇パーセント低下し、この比較的ゆっくりした速度で太陽の内側へと移動をはじめる。ところが音波が表面から約四八〇〇キロメートルの深さに達すると、速度が大幅に増す。このことから、黒点の根の部分は周囲より温度が高いことがわかり、黒点の温度が低いのは深さ約四八〇〇キロメートルまでということになる――表面から中心までの距離が約六九万二〇〇〇キロメートルあることを考えれば、かなり浅い。このときの観測によって明らかになった驚くべき事実のひとつは、黒点がごく浅い部分の活動だということだった。

謎に満ちたコロナ

外縁部で最も見えやすいが表面のあらゆる部分に存在するのが、白斑だ。白斑はやはり磁気を帯びた領域だが、磁場が黒点よりはるかに細い磁束管に集中している。太陽表面に黒点があると全体的に暗く見える傾向があるのに対し、白斑があると明るく見える。実際には、太陽の活動周期に沿って黒点が増加すると白斑も増えるので、黒点の数が最大のときのほうが最小のときより、太陽は少しだけ（約〇・一パーセント）明るく見えている。

光球の外側には彩層がある。ここは、中心核から離れるにつれて温度が摂氏六〇〇〇度から約二万度まで上昇するという不規則な層だ。このような高温では水素が赤みがかった色で輝き、それは外縁から外へと巻き上がるプロミネンス（皆既日食のときに見えることが多い）で顕著に現れて、見る者を魅了する。特定の成分の色で見ると、磁場の彩層ネットワーク構造と呼べるもの、黒点周辺の明るい領域、暗いフィラメント、およびプロミネンスを確認できる。ネットワークがスーパーグラニュールの輪郭を描いているのは、スーパーグラニュール内部には流体運動によって集中する磁力線の束があるためだ。

黒点の周辺にはプラージュ（羊斑）――プラージュはフランス語で「海辺」を意味する語――と呼ばれる明るい領域があり、やはり水素の赤い光で最もよく見える。これらも磁場の集中と関連していて、明らかにネットワークの一部をなしている。さらにフィラメントと呼ばれる領域も壮大で、いくぶん温度の低い密集した物質の巨大な雲が、磁力によって太陽面の上に浮かんだ状態になっている。プロミネンスとフィラメントは、実質的には同じものだ。そしてスピキュールと呼ばれる針状の小さな噴流が、彩層ネットワーク全体に見える。スピキュールの持続時間はわずか数分だが、表面からコロナに向けて秒速二〇－三〇キロメートルという速さで物質が噴出している。

さらに上に向かうと、高温のコロナとそれより温度の低い彩層との境界には、「遷移層」と呼ばれる太陽大気の薄くて不規則な層がある。この薄い層の内部では温度が急激に変わり、摂氏二万度から一〇〇万度まで変化する。この領域の多くは、実際には宇宙からしか観測できない。遷移層の研究には、SOHO、TRACEなどの太陽観測衛星に搭載された機器を用いて宇宙からとらえた情報が必須で、今もまだこの領域の構造と力学に関するデータがさかんに集められている。

最後に見るのは、太陽の外層大気であるコロナだ。すでに述べたように、コロナは皆既日食のときに太陽を囲む白い光として見ることができるほか、日食以外ではコロナグラフを用いて観測できるが、非常に高温であることがわかったのは一九四〇年ごろになってからだった。コロナ内部では、ストリーマー（先端が尖っているコロナ）、プルーム、ループをはじめとした多様な特色が見られる。ここでは温度が摂氏一〇〇万度を超えており、水素からもヘリウムからも電子がすっかり奪われた状態だ。炭素、窒素、酸素といったわずかしかない元素も裸の核になっている。鉄やカルシウムのようなもっと重い微量元素は、これほどの高熱のなかでもいくつかの電子を保持することができる。こうして高度に電離した元素からの放射スペクトルに輝線が生じることは、初期の天文学者にとっては大きな謎とされていた。

上層のコロナから生まれる太陽風は、時速およそ四〇〇キロメートルという高速であらゆる方向に噴き出している。コロナの温度が非常に高いために、太陽の重力ではそれを押しとどめておけないからだ。私たちはこうした現象が起きる理由を理解しているものの、コロナのガスがどこでどのようにして加速してこれほどの高速になるのか、詳しいことはわかっていない。この疑問はコロナの加熱に関連するもので、摂氏六〇〇〇度という温度の表面の上部にあるコロナが、どのようにして一〇〇万度もの高温になるのか、まだ謎に包まれている。コロナを詳しく観測すると、太陽の北極と南極から噴き出している長くて細い羽毛状の流れ「極域プルーム」が見えるだろう。このような構造は太陽表面にある小さな磁場と関係している。

黒点の周囲および活動領域にはコロナルループが見つかる。この構造は、太陽表面の二つの磁場を結ぶ閉じた磁力線に関係しており、多くのコロナルループは数日から一週間にわたって続く。ただし太陽フレアに関連したループもあり、その場合の持続期間ははるかに短い。こうしたループには周辺より密度の高い物質が含まれていて、その３Ｄ構造および力学に関しては、活発な研究が繰り広げられている。

スカイラブがはじめて発見したコロナホールは、コロナが暗く見える領域だ。コロナホールからは高速の太陽風が噴き出していることが知られている。ただし太陽風は一定したものではない。つねに太陽から外に向かって噴き出しているものの、速度は変化し、ときには磁気雲を伴う。太陽風の速度は、コロナホールの上空では秒速八〇〇キロメートルと高く、ストリーマーの上空では秒速三〇〇メートルと低い。このような高速と低速の太陽風の流れは相互に作用しながら、太陽の回転に伴って交互に地球に届いては地球の磁場を乱し、ときには磁気嵐を起こす。

太陽風が巨大な芝生スプリンクラーのように太陽表面から渦を巻いて噴き出す現象は、共回転相互作用領域と呼ばれ、太陽風のなかで異なる速度で動く物質の流れが衝突しながら相互作用を繰り広げているものだ。太陽の自転につれて、こうした多様な流れが太陽風に渦巻きのパターンを生み出す。だが、ゆっくり動く流れを速く動く流れが追いかけると、速く動くほうの物質がゆっくり動く物質に追いつき、突っ込んでいく。その結果、衝撃波が生まれて物質が加速し、超高速で動くようになる。不思議なことに、太陽風の組成は太陽の表面と同じではなく、太陽の活動と特色に関連した変化を示している。

だがそろそろ、コロナから下に戻ってみることにしよう。太陽フレアが発生しようとしているからだ。

捨てられる磁場

黒点領域の上空には、磁束管がアーチ状にかかっている。光球の下から磁場の渦が現れると、希薄で高温のコロナガスに満たされて、輪郭が明るく輝く。渦は巻き上がるが、立ち上がっている場所では蛇行する動きが見える。この差動運動によって、強く緊迫した磁場が生まれる。渦は歪み、増幅し、ついには崩れて、また少ないエネルギーで維持できるシンプルな形状に戻っていく。だが一度生まれたエネルギーには行き先が必要となり、周囲のガスを激しく爆発的に熱することになる。プラズマは超高温になり、衝撃波が発生し、加速した電子ビームがあらゆる方向に飛び出す。それらが太陽表面に衝突すればホットスポットが生じ、フレアを輝かせる。電子も螺旋を描いて磁場を抜けて電波を発し、周波数を一定に保つか減少させながら磁力線に沿って進み、エネルギーを放出する。

フレアはわずか数分のうちに物質を摂氏数百万度に熱し、TNT火薬に換算して一〇億メガトンに相当するエネルギーを放出する。フレアは黒点近くで、通常は正の磁場と負の磁場のあいだの磁気中性線に沿って発生する。そしてガンマ線とX線、陽子と電子を生み出す。最大のフレアはXクラスで、MクラスのフレアはXクラスの一〇分の一のエネルギー、そしてCクラスのフレアはMクラスの一〇分の一のX線を生む。太陽にフレアが発生すると、それから数時間にわたって太陽表面の上空に一連のループを見ることができる。

詳しく観察していると、これらのループの最上部では太陽の超高温のコロナから出た物質が「凝縮」し、それからループの足元に落下して磁場が表面へと戻っていく様子が見える。これらのループでは磁気が封じ込められるため、物質は摂氏一〇〇万度のコロナからわずかに孤立し、はるかに低い温度まで冷えることがある。

太陽ではつねに大規模な質量放出を開始する準備が整っている。質量放出は、磁場でつながった巨大なガスの泡が、数時間にわたって次々に太陽から宇宙空間へと放出される現象だ。太陽のコロナは何千年も前から皆既日食のあいだに観測されていたが、コロナ質量放出の存在が明らかになったのは宇宙時代になってからだった。このダイナミックな事象は、一九七一年から一九七三年まで実施された七機目の太陽観測衛星ＯＳＯの観測によって証明され、もちろんスカイラブでも観測された。だが見た目には混沌としたこの放出現象には、実際には隠れた秩序があり、重要な役割を果たしている。コロナ質量放出は太陽フレアとプロミネンスに関連づけられることが多いが、単独でも発生することがある。放出の頻度は太陽周期に伴って変化し、極小期には一週間に一回ほどの放出が観測される。一方、極大期に近づくと、観測される放出は平均して一日に二回から三回になる。

探査機ＳＯＨＯが長年にわたって質量放出を観測した結果からは、太陽が古くなった磁場を少しずつ、まず一方の極と赤道から、次にもう一方の極から、捨てていることがわかる。ある意味、太陽はヘビが脱皮するように古い磁場を脱ぎ捨てている。古い磁場をすっかり取り除くには、一回で極地域から一〇億トンのガスを運び去るコロナ質量放出を、一〇〇〇回以上繰り返す必要がある。だが、それが終わると、太陽の磁場は反転するだろう。私たちはいよいよ太陽を立ち去って、その燃えたぎる表面をあとにする。背に太陽風を受けながら、惑星の世界に向かうのだ。それでも太陽の中心から端までを制覇しようという私たちの旅は、まだまだ終わらない。

太陽系の中心にあるこの恒星について、人類は何世紀にもわたって多くのことを学んできた。まずその動きを測定し、次にその光を分析し、さらに表面を観測し、ついには音波とニュートリノを利用してその内部にあるものまで分析してしまった。あり余るほどの事実を発見し、それでもまだ、わかっていないことはあまりにも多い。

これまで見てきたとおり、太陽周期は循環する太陽の磁場が引き起こす磁気周期だと考えられている。それに対して地球の磁場は、この惑星の核の外側部分にある溶けた鉄の動きによって、比較的単純に説明できるものだ。鉄の流れが電気回路を形成し、その周囲に磁場が生まれている——その磁場は地球内部にとどまらず、遠く宇宙まで広がっている。そのような地球の磁場は時折消滅するか、少なくとも非常に弱くなり、その後、磁極が反転して再び強まる。このことは、地磁気の反転をはさんで形成された堆積層を調べることで明らかになってきた。地球の磁場がこうして反転する原因はまだわかっていないが、それほど遠くない時期に反転が起きるのではないかと考えられている。何百万年ものあいだ反転しないこともあれば、百万年のあいだに四、五回反転することもある。ただし私たちは、現在の地球の磁場は二千年前から弱まってきているという事実を知っている。

一世紀半ほど前に磁場の監視が始まって以来、科学者たちは地磁気が一〇パーセント弱まったことを確認しており、このまま進めば千五百年から二千年で磁場が消滅するだろう。なかでもブラジル沿岸の沖に磁場が目立って弱い地域があって、南大西洋磁気異常帯と呼ばれている。地球の地下深くにある外核付近の異常な動きが磁場に影響している可能性もあり、磁場がほかの場所より三〇パーセント も弱い。そのためにこの付近では上空の放射線帯から降り注ぐ放射線の量が多くなり、通過する人工衛星や宇宙船の電子機器で頻繁に誤動作が生じている。ハッブル望遠鏡まで影響を受けてきた。

過去に起きた磁場反転の前には、必ず磁場が弱まる現象が出現してきたようだが、磁場が弱まったからといって必ずしもその後に反転が起きたわけではない。地球を取り囲んで守っている目に見えない磁場の強さが戻ることもある。それでも今から一万年ほどあとのいつかには、地球の磁場が再び消滅し、地磁気の反転が起きるだろう。

一部の科学者は、反転の前に地球の磁場が弱まっていくにつれて深宇宙から地表に届く宇宙線の量が増えるから、その結果として環境放射線の量が増加し、地球上の生き物の突然変異率が高まり、その結果として進化に拍車がかかるかもしれないと論じている。とても興味深い考えだが、それならば地球を守る磁場が失われても、太陽はまだ私たちを守ってくれるらしい。

少しずつ拡大を続ける大洋の中央部から、海底堆積物を採取して磁気特性を調べたところ、過去七千六百万年のあいだに一七一回の地磁気反転が起きた痕跡が見つかっている。次の反転は必ずやってくるだろうが、たとえ方位磁石が北も南も指さない状態になったとしても、これまで生物は何度も生き残ってきたのだから、私たちもきっと生き残れるだろうと想像すれば、少しはほっとできるかもしれない。

さて、次に、太陽の十一年という活動周期がどこからくるのかを見ていくことにしよう。

24 太陽ダイナモ

天文学者たちの考えによれば、黒点のパターン、太陽フレアのループの形状、太陽風、謎めいた黒点周期、絶え間ないプラズマ雲の放出は、すべて「ダイナモ」が太陽内部で生成する磁気エネルギーによって制御されている。

ダイナモは、力学的エネルギーを磁気エネルギーまたは電気エネルギーに変換する。私たちの身の回りを見れば、たくさんの例が見つかるだろう。たとえば自転車の車輪に取りつけられたダイナモは車輪に接触することで駆動し、小さな車輪の回転力を電気エネルギーに変換しており、その内部では磁石の動きが電流を生み出してランプを点灯させる。また水力発電所では、ダムにたまった水を落下させて重力エネルギーを運動エネルギーに変換してから、自転車のダイナモと同じように発電機を動かして電流を生み出す。

すでに見てきたように太陽内部はプラズマと呼ばれる状態になっているため、そこでは電荷をもつ無数の粒子が自由に飛び交っている。このような状態を、科学者は磁場がプラズマに「凍りついている」と表現する。プラズマの動きに磁場が連動するからだ。磁性をもつプラズマは既存の磁場を変形させ、それによって電流が生じて二次的な磁場が生まれ、それがまたプラズマの動きによって歪められ、新しい電流を生み、といった具合に、運動、磁場、電気の相互作用が続く。これが太陽のリズムの心臓部になる。

磁場は輪ゴムに似て、張力と圧力をもつ連続した力線でできている。磁場も輪ゴムと同じように、伸ばされ、ひねられ、折り返されることによって強まる。そしてそのような動きは、自転と対流によって太陽内部で生じているプラズマ流から生み出されている。

歪む磁場

リチャード・キャリントンが観測して見事に記録した太陽表面の回転は、極地方より赤道付近のほうが速く、その状態は太陽表面から対流層の基部まで続いていることが探査機ＳＯＨＯの観測によって明らかになった。それより下の部分では一様に回転しており、中心部分の回転の速さは表面の中緯度の速さと同じだ。太陽理論家は、このために隣り合った層のあいだに剪断力が生じている領域があり、そこでは輪ゴムを伸ばしたときのように、プラズマの複雑な歪みによって磁場が引きずられ、伸ばされ、圧縮されると考えている。そうした歪みは多くの場所で起きる可能性があり、高緯度での太陽核とそれを囲む層の境界、低緯度での太陽核とそれを囲む層の境界、対流層の内部、さらにそのような剪断力が働いている層の内部でも生じる。太陽の磁場が歪み、増幅されている場所は、とても多いということだ。

太陽で生まれた磁場は、差動回転によって引き伸ばされ、太陽の周囲に巻きついていく。このような磁場を生み出す効果は、オメガ効果と呼ばれている。太陽の差動回転は南北方向の磁力線を伴っており、その磁力線はおよそ八か月かかって一回、太陽の周囲を包み込む。さらに、太陽の自転によってこうした磁力線にねじれが生じる現象が起こり、その結果として別の磁場が生まれる。この機構はアルファ効果と呼ばれている。太陽ダイナモの初期のモデルでは、熱を太陽表面に運んでいる非常に大規模な対流に対して太陽の自転が影響を与えることで、磁力線のねじれが生じているものと考えられていた。だがそのように仮定した場合、予想されるねじれは非常に大きく、磁気周期はわずか二年しか続かない計算になってしまう。そこでその後のダイナモモデルでは、太陽表面に向かって上昇する磁束管に対して太陽の自転の力が加わることで、ひねりが生じるとみなすようになった。アルファ効果によって生じるねじれにより、黒点周期では一回ごとに磁場が反転する。その反転はジョージ・エラリー・ヘールによってはじめて観測された。こうして太陽の磁場は、ねじれ、歪み、複雑な形状になるが、やがてまた自力で単純な形状に戻っていく。この循環が無限に繰り返されており、それが太陽周期だ。

太陽ダイナモの初期のモデルでは、ダイナモが対流層全体にわたって機能しているものと考えられたが、まもなく対流層内の磁場は短期間で表面に浮上して、アルファ効果またはオメガ効果を経験することがわかった。そこで、太陽の磁場は放射層と対流層のあいだにある界面層――剪断力が働いている層――で生まれているとみなされるようになる。

黒点周期は対流層の底部に働いている剪断力によって生じているという証拠は、さらに探査機ＳＯＨＯによる観測でも明らかになっている。スタンフォード大学の科学者チームは、この領域のうちで太陽表面から深さ約二一万七〇〇〇キロメートルを中心とした厚さ六万一〇〇〇キロメートルの層に探査の対象を狭めて観測を進めた。この領域には、回転速度の変化によって生じている、予想どおりに高いレベルの乱流と剪断流動が存在する。

探査機ＳＯＨＯによる観測が開始される前の地上からの定常波観測では、この領域の剪断層は非常に広大で、ダイナモが存在し得ない対流層と大きく重なり合っているという結果が出ていた。このことから、ダイナモ理論をまったく信じていなかった人たちもいる。だがＳＯＨＯの観測結果は、剪断層がもっとくっきりした形をもち、対流層にまで広がっていないことを明らかにして、この問題を解決した。さらに観測結果から、この領域では音波が予想されたより大きく加速することもわかり、ダイナモに関連して乱流と混合が生じていることを示していた。

赤道から極域に向かう表面上のプラズマのゆっくりした動きは、今では太陽ダイナモの重要な構成要素だと考えられている。以前は、赤道に向かう流れは磁力を伴う波のようなプロセスだとみなされていた。だが新たに見つかった証拠では、この流れは巨大な循環システムによって生み出されており、太陽表面から二〇万キロメートルの深さにある圧縮されたガスは、時速およそ五キロメートルというゆっくり歩くほどの速度で太陽の極地方から赤道へと移動している。やがてそのガスは赤道付近で浮上すると、表面の層で極地方に向かって戻っていく。極地方への流れでは圧縮の度合いが弱まり、時速およそ三〇－六〇キロメートルと、速度も高まる。

太陽周期の理論的なモデル化が進むと、地球より大きいこうした巨大な太陽表層の流れが重要視されるようになってきた。子午面循環と呼ばれるこの循環システムの速度は、太陽周期ごとにわずかに変化する。十一年という平均の長さより短い太陽周期では循環速度が高く、平均より長い太陽周期では循環速度が低い。このことは、この循環が体内時計のような働きをして、太陽周期の長さを決めていることを暗示する。

何年もの時間をかけて太陽の赤道と極域のあいだを循環するプラズマの巨大な川が、太陽周期の理解と予測の鍵を握っているようだ。磁束輸送ダイナモモデルとして知られるコンピューターモデルは、太陽周期の十一年という長さに加え、周期の終わりに近づくと太陽磁場の北極と南極が入れ替わるという神秘的な事象も説明できる。そのモデルは、およそ十七年から二十二年という周期で赤道と極域のあいだを移動しているプラズマの子午面流パターンに焦点を当てている。

この循環は、出現する黒点の数と大きさでわかるような、その後の周期の強さに影響を与えているように見える。ただし直後の周期ではなく、周期二回分、つまり二十二年という時間差があるのだ。

流れが速いと、太陽の極域に磁場が集中する。このような通常より強い磁場が、次に下に向かって太陽内部へと流れると、そこでさらに圧縮されて増幅され、その強力な磁場が何年もあとになって黒点を生み出す。

この流れは、それより前の二回の黒点周期で生まれた黒点の、磁気的「痕跡」を運ぶと考えられている。実際、衰えていった黒点の磁束がどのように太陽にリサイクルされるかは、重要な研究領域となってきた。このような過去の太陽周期を分析することによって、やがては将来の二つの太陽周期にわたり、つまり二十二年先までの、黒点活動を予測できるようになるかもしれない。

黒点のプロセスは、対流層内の極度に集中した磁力線が熱の流れを抑制することからはじまるようだ。それによって、それらの磁力線が表面に浮上する場所の温度がわずかに低くなる。磁力線は緯度の低い位置で表面に浮上して、双極性の黒点群を形成する。そうした黒点は崩壊すると、移動するプラズマにひとつの磁気特性を刻み込む。そのプラズマは極地域に近づくにつれて沈み込み、再び赤道に向かって戻りはじめる。ますます集中していく磁場は、赤道に近づくにつれて太陽内部の回転によって引き伸ばされ、ねじれ、周囲のプラズマより不安定な状態になっていく。そのせいで、やがて輪のような形状の磁力線が生まれて立ち上がり、太陽表面を突き破って、新しい黒点を生み出す。

この考え方によって多くの事象を説明できる。プラズマが赤道に向かって移動することから、この理論では太陽周期の早い時期には黒点が中緯度で最も多く出現し、赤道に近づくにつれてますますよく見られるようになる点を説明できる。太陽周期が進むにつれて黒点の活動がますます盛んになっていくのは、太陽表面下の密度の高いプラズマによって磁場の痕跡で継続的な剪断が生じるために、黒点を生み出す磁場がだんだんに強くなっていくからだ。

さそり座18番星

こうした太陽周期は、太陽に似た恒星の理解をも深めてくれるかもしれない。そうした恒星の自転速度が高ければ高いほど攪乱の度合いが強くなり、そのダイナモは盛んに活動して、黒点の移動速度が高まるとともに、より大きく、より活動的な黒点になる。大きい黒点、巨大なフレア、短期間の太陽周期をもつ恒星を観測するのは、きっとすばらしいことだろう。そのような恒星がその周囲を巡る惑星で暮らす何らかのかたちの生命に、どんな影響を与えるのだろうかと思いを巡らせてしまう。

ここから重要な疑問が浮かぶ。私たちは、別の恒星で起きている太陽周期のような周期を見つけることができるのだろうか？　同様の、だがタイプの異なる恒星で起きている活動周期を検知できたときにはじめて、私たちの太陽を恒星という視点で考えられるようになるのだろうか？　私たちの太陽の周期は例外的なものなのだろうか、速いのだろうか、遅いのだろうか、ほかの恒星にもマウンダー極小期のようなものがあるのだろうか？　実際のところ、私たちは太陽に似た別の恒星を観測し、太陽と同じようなマウンダー極小期の起きる頻度について何らかのヒントを得ることはできるのだろうか？

恒星の活動周期に関する研究を大きく発展させたのは、カリフォルニア州のオーリン・ウィルソンだ。ウィルソンはカリフォルニア大学バークレー校とカリフォルニア工科大学で学んで博士号を取得したのち、ウィルソン山天文台で研究の第一歩を踏み出すと、恒星の彩層と恒星の活動周期に関するスペクトル研究を行なった。そして一九六六年三月からは、「太陽周期に似た恒星周期の探求を開始する目的」で一三九個の恒星の観測を続けた。表面活動の活発化を示すイオン化カルシウムのスペクトル線を調べたところ、ほかの恒星にも一定の活動周期があり、その一部でマウンダー極小期に似た活動の極小期が存在することがわかったという。彼の研究とその追跡研究から、太陽に似た恒星では全体の約一〇パーセントの時間がマウンダー極小期にあたると判断された。あるいは、そう考えられた。

だがその後の研究では、活動の極小期をもつ太陽に似ていると考えられるほとんどすべての恒星は、実際には太陽よりはるかに明るく、太陽とは大きく異なっているため、太陽に似た恒星のマウンダー極小期の正確な例にはあたらないということがわかっている。この発見から、それらの恒星を用いて太陽の活動と将来の極小期を推測しようとするすべての研究に疑問が投げかけられることになった。マウンダー極小期をもつとされた恒星の大半は主系列より上に位置している——すなわち、進化した恒星、または鉄やニッケルのような金属が豊富な恒星という点で、太陽にはまったく似ていない星だ。今のところ、明確にマウンダー極小期にある太陽型恒星を見つけた天文学者はいない。

オーリン・ウィルソンと、それを引き継いだサリー・バリウナによる研究のほかにも、別の恒星で太陽周期に似た周期を検出しようという観測計画は存在する。一九八四年に開始されたローウェル・プログラムは三五個の恒星を対象にした測光探査で、太陽型恒星の輝度の変化を理解することを目的としたが、その後はアリゾナ州の〇・八m自動測光望遠鏡を用いて三五〇個の太陽型恒星を毎晩観測するという、高精度の調査に移行している。散開星団M67のG型矮星の長期的観測も継続中だ。

さらに、太陽型恒星の観測は宇宙からも行なわれている。はじまりは一九七八年に打ち上げられた衛星ニンバス7号およびソーラー・マキシマム・ミッションで、恒星に関するデータの収集はその後もほかの衛星によって続けられてきた。二〇〇三年一月二十五日に打ち上げられた太陽放射線・気候実験衛星SORCEは太陽放射を詳細に調査することを目的とし、入射するX線、紫外線、可視光線、近赤外線、全太陽放射の測定を行なった。SORCEで得られたデータは地球の大気と気候に対する太陽放射の影響を説明して予測するために、なくてはならないものになっている。

具体的な情報を得るためには、太陽と似ている恒星ではなく、太陽と瓜《うり》二つの恒星を見つける必要がある。私たちの太陽は、宇宙に数十億とある恒星の平均的なものではあっても、それは思ったほど簡単なことではない。望遠鏡を通してそのような一個の恒星を見つけるとなると、話は別なのだ。太陽にそっくりの恒星を求めて数多くの系統的な探査が続けられ、なかにはすぐれた探査方法もある。そのようにして見つかったさそり座18番星は、「太陽の双子」と呼べるほどよく似ている恒星だ。

25　太陽の隣人

数ある恒星のなかで私たちの太陽の正当な立場を確認するために、まずは近隣に目を向けてみることにしよう。太陽の最も近い隣人は、互いを巡る三個の恒星系だ。そのうち最も明るく輝くのはケンタウルス座アルファ（α）星Aで、黄色く輝く私たちの太陽にとてもよく似ている。ケンタウルス座α星Bはそれより少し小さく、わずかに暗い光が橙色を帯びているのは表面温度が少し低いからで、太陽が摂氏五八〇〇度あるのに対して約四八〇〇度しかない。恒星の色からは表面温度がわかり、最も低いものは赤く、それより温度が高いものは順に橙、黄色、青白い光に輝いて見える。

ケンタウルス座α星の中心をなす二個の恒星は、互いをおよそ八十年かけて公転している。互いのあいだは遠く離れ、太陽と地球の距離のおよそ二〇倍もあり、それは太陽と天王星のあいだの距離と同じくらいだ。この恒星系の三つ目の星はケンタウルス座α星Cで、地球から最も近いことからプロキシマ・ケンタウリとも呼ばれる。この星は薄暗くて赤く（したがって温度が低く）、小さい恒星の仲間の代表的なものだ。中心の二個の恒星からはるか遠くの位置にあり、そのあいだは太陽と冥王星の距離の三〇〇倍ほども離れている。もしも太陽に、ケンタウルス座α星Cのような伴星が同じ距離だけ離れてあるとすれば、夜空に光るごく普通の星のひとつになるだろう。望遠鏡を使わなくても見えるが、特に目立つこともなく、何百個ものほかの星よりもずっと薄暗いはずだ。

赤色矮星、バーナード星

太陽系に近いもうひとつの恒星にバーナード星がある。およそ一世紀前に活躍した天文学者エドワード・エマーソン・バーナードにちなんで名づけられた星で、バーナードは歴代天文学者のなかでも屈指の鋭い目をもっていたと言われている。バーナード星はへびつかい座の方向にあり、地球からわずか六光年しか離れていない地味で小さな星だ。北半球から望遠鏡で観測できる最も近い恒星なのだが、研究している天文学者はほとんどいない。プロキシマ・ケンタウリにとてもよく似ており、赤色矮星と呼ばれる、銀河系では最もありふれた種類の恒星になる。

赤色矮星は、太陽のおよそ一〇パーセントから三〇パーセントの質量をもち、ゆっくりした一定速度で核燃料を消費しながら、百億年単位の長い寿命を保つ。だがけっして退屈な星などではなく、赤色矮星の研究は私たちの太陽を考察して理解するのに大いに役立つのだ。太陽の外層は対流層だが、赤色矮星の対流層は太陽のものよりはるかに活発で深部まで達している。なかには内部全体が対流層になっているものもある。その結果として強い磁場が生まれ、そのような磁場が上昇して不気味に赤い恒星の表面を超えると、劇的な爆発が起きる。

これら赤色矮星で起きる恒星フレアは、太陽フレアよりずっとエネルギッシュなものだ。はじめて検知されたのは、恒星が急に燃え上がり、数分間にわたって燃え続けたように見えたためで、それがフレア星と呼ばれたのも当然のことだろう。フレアからの電波も、このような巨大恒星フレアから検知されている。これを一九五九年にはじめて観測したのはバーナード・ラヴェル卿で、ジョドレルバンクに新設された大型の電波望遠鏡を用いた。それから何年もたったのち、若い大学院生が夜中に同じ電波望遠鏡を制御しながら長い時間を過ごし、新しい技法を用いて近傍宇宙にあるいくつかの赤色矮星で恒星フレアを検知した。この研究について書いた私の論文は、ジョドレルバンク天文台の図書室に残されている。

私たちが観測した恒星のなかに、不可解なものがあった。ある年に見たときには数多くのフレアを検出したのに、数年後に見るとまったく静かになっていたのだ。私は自分のノートに、「これは、太陽の十一年周期のような恒星の活動周期なのか?」と書き込んだのを覚えている。おそらくそうだろう。

バーナード星は宇宙を高速で移動しており、空を横切る見かけの動きは知られている天体のなかで最速のもののひとつだが、とても小さいので星座の形に影響を与えることはない。夜空に見える星座はいつも同じ形をしており、人間の一生のうちには、あるいはその二倍の年月では、どう見ても変わらない。だが星々の位置は、太陽やその他の恒星が銀河系の中心を軸として移動するにつれ、何世紀ものあいだにゆっくりと変化しており、銀河系は二億年以上かけて一回転している。とてもゆっくりした進み方で、一万年前の星座は今でも見分けがつくが、百万年前の夜空を見た場合は天文ファンでもまごつくだろう。バーナード星は百七十五年ごとにおよそ〇・五度(月の見かけの大きさと同じ)の速さで空を移動する。実際には地球に近づいてきており、西暦一万一八〇〇年ごろに地球から四光年以下の（プロキシマ・ケンタウリより近い）場所を通過するはずだ。

一部の天文学者たちは長年にわたり、バーナード星には周囲を巡る惑星があると考えていた。観測結果から考察すると、この星は空を一直線に移動するのではなく、わずかによろめきながら進んでいるように思われた。このような揺れには、大きな一個または複数の惑星の重力が影響している可能性がある。だが、その揺れは観測できるかできないかギリギリという小さいものなので、データに問題がある。過去十年あまりのあいだに、太陽系近傍の多くの恒星には共通点があり、宇宙には惑星があふれるほど存在しているにちがいないことがわかってきた。

地球の近くにはもうひとつ、テレビシリーズ「スター・トレック」で有名になった赤色矮星がある。ウォルフ359で、地球の「同化」を狙うボーグ（個人の存在しない集合社会）の侵略軍と惑星連邦との目を見張るような戦いの舞台となった。ウォルフ359はしし座のすぐ近くに見え、太陽近傍では最も暗い恒星、実際にはこれまで知られている恒星のなかで最も暗いもののひとつに数えられる。もしも太陽をウォルフ359で置き換えるとすると、地球上には日光と呼べるようなものは届かないだろう。その光は満月の光の一〇倍でしかない。

近くの赤色矮星はまだある。おおぐま座のラランド21185もそのひとつだ。また、連星系を形成するくじら座UV星は、プロキシマ・ケンタウリとウォルフ359をはじめとした典型的なフレア星に含まれる。くじら座UV星の連星は、地球と太陽のあいだのおよそ六倍だけ離れており、約二十五年の周期で互いを巡っている。質量は合わせても太陽のおよそ三〇パーセントにすぎない。

太陽近傍で最も明るい星はおおいぬ座のシリウスで、シリウスは実際には連星だ。シリウスAは太陽の約二倍の質量をもって青白く光り、表面温度は摂氏一万度に達する。もう一方のシリウスBは地球から最も近い白色矮星の例で、遠い昔に核燃料を使いきった恒星の、密度の高い残骸だ。体積は地球と同じくらいしかないが、質量は太陽と同じほどあり、物質が高度に圧縮されているのでカップ一杯でジャンボジェット機と同じだけの質量に相当する。その表面に立って体重を測るとするなら、地球での体重の一〇〇倍になるだろう。こうしてまったく異なる二個の恒星が約五十年かけて互いのまわりを回り、互いの距離は地球と太陽のあいだの約二〇倍にあたる。地球から一〇光年以内にあることで知られる最後の恒星はロス１５４で、これも赤色矮星だ。

一七八三年に元音楽家で天文学者のウィリアム・ハーシェルが、太陽運動の発見につながる観測結果を発表した。ハーシェルは、私たちの暮らす地球を含んだ太陽系がヘルクレス座ラムダ星（別名：マシム。アラビア語で手首を意味している）の方向に向かって、周囲の恒星のあいだを移動していると断定し、この方向を「太陽向点」と呼んだのだ。そして夜空で最も明るく輝く星、シリウスが、太陽向点の反対側の「太陽背点」にあたる。

太陽向点は、天の川銀河を作り上げている天体が銀河の中心を巡って回転するなかで、太陽が動いていく方向をあらわしている。天の川銀河では数千億個の恒星が渦を巻くように移動しており、中心に近いものは速く動く一方、中心からおよそ二万四〇〇〇光年外側にある太陽の移動速度は、秒速約二二〇キロメートルだ。そのため、太陽系が銀河系内の軌道を一周するには二億三千万年ほどかかり、これまでに銀河系を約一八周してきた計算になる。だが、太陽系は銀河系内を周回すると同時に上下にも移動し、振動するかたちで銀河面の上と下を行き来している。振動の周期はおよそ七千万年で、太陽系は銀河系の中央平面をおよそ三千五百万年ごとに横切っており、これを地球上の大絶滅の間隔と対比させる人たちもいる。たしかに、太陽系が銀河面に近づいている数十万年のあいだは地球に降り注ぐ宇宙線が増えるから、それが地球上での雲の量と気候に影響を及ぼすのかもしれない。

銀河系にはいくつかの渦状腕があり、私たちの太陽は今のところ、オリオン腕と呼ばれる、主要な四つの腕に比べると短い腕（ローカル腕）に位置している。オリオン腕は、最も近い二つの主要な渦状腕――いて腕とペルセウス腕――のあいだにある。およそ一億年ごとに主要な渦状腕を通過することになり、通過にはおよそ一千万年かかる。通過中は「近地球」超新星が現れる確率が高まり、超新星が放つ強烈な放射線は、何十光年も離れた位置からでも地球の気候を変えてしまう可能性がある。

星の寿命とスペクトル分類

こう考えてくると、私たちの太陽は銀河系の中心を巡る軌道を共有するごく近くの恒星のなかで、二番目に明るい星だ。だがこれまでのようにごくわずかな部分だけを選んでいたのでは、宇宙全体のなかでの太陽系の正確な位置を把握することはできないだろう。天の川銀河のもう少し広い範囲まで視野を広げれば、さらに明るい恒星も、さらに大きい恒星もある。そうした星々のなかで太陽がどこに位置するかを理解するには、星の一生について考える必要があり、それにはすばらしい図を利用することができる。

星空を見上げたことのある人なら、星によって色が異なることをよく知っているだろう。シリウスの白い光とオリオン座のベテルギウスの赤い光とは、見事な対照をなしている。分光器が発明されてから、恒星のスペクトル観測が可能になり、スペクトル分類が行なわれるようになった。現在使用されている分類法はアニー・ジャンプ・キャノン（一八六三－一九四一年）によって確立されたもので、キャノンは「Oh, Be A Fine Girl-Kiss Me!」の語呂合わせとともに人々の記憶に刻まれた人物だ。どの世代の天文学者たちも、これでスペクトル型のO（青）、B（青白）、A（白）、F（黄白）、G（黄）、K（橙）、M（赤）を覚えるのが習慣になっている。

アニーは、デラウェア州で造船業を営む上院議員ウィルソン・キャノンとその二人目の妻メアリー・ジャンプとのあいだに、三人姉妹の長女として生まれた。母のメアリーは星座を見るのを日課として楽しみ、アニーもその母から星座を教わって、夜空への愛を心に刻んだ。大学では物理学と天文学を学んだが、一八八四年に卒業するとデラウェアに戻って、十年を故郷で過ごしている。

一八九六年、アニーはのちに「ピッカリングの女性たち」と呼ばれるグループの一員として、ハーバード大学天文台の天文台長エドワード・ピッカリングに雇われた。天文学者が必要とする毎日の計算を担い、解析するのがその仕事だ。ピッカリングは常々、「はじめの一歩は事実を蓄積することだ」と話し、最終的に恒星をスペクトルの状態に従って分類することを目指していた。その分析は一八八六年にネティ・ファーラーの手で開始されたが、ファーラーはわずか数か月で結婚のために仕事を離れている。その後を継いだのはウィリアミーナ・フレミングで、一万個の恒星のスペクトルを丹念に調べ、二二の区分をもつ分類体系を確立した。この仕事はさらにアントニア・モーリーに受け継がれたが、モーリーが考え出した分類法は扱いにくいものだったようだ。

そこでその仕事はアニー・キャノンの手に委ねられることになり、アニーはとりわけ南半球の明るい恒星のスペクトルに注目した。そして前任者のフレミングとモーリーの考え方を融合し、O、B、A、F、G、K、Mというスペクトル型を用いる方法を完成させたのだった。だがセシリア・ペインの場合と同じく、アニーは四十年以上も仕事を続けながら、女性であるがゆえに科学の世界でなかなか認められることはなかった。オックスフォード大学の名誉博士号をはじめ多くの栄誉を手にしているが、ハーバード大学に正式に採用されたのは一九三八年で、退職のわずか二年前にすぎない。

W型の恒星は白または青みがかった色で、表面温度は四万ケルビン度を超える。O型の恒星は白でわずかに青が強く、B型も同様だ。A型はまた白で、F型とG型はもっと黄色に近くなる。K型は橙、M型は赤い。シリウスはA型、赤色矮星はM型、ケンタウルス座α星BはK型、私たちの太陽はG型の恒星に分類される。

二十世紀初頭になると、天文学者アイナー・ヘルツシュプルングとヘンリー・ノリス・ラッセルの研究によって恒星の理解は次の段階に進み、今ではヘルツシュプルング－ラッセル（H－R）図と呼ばれる分布図が確立された。H－R図では、恒星に備わっている明るさ（絶対等級と呼ばれるもの）を縦軸、表面温度（またはスペクトル型）を横軸にとっていて、この図を用いる成果は目覚ましいものだ。

ほとんどの恒星は、H－R図で主系列星と呼ばれる狭い範囲に含まれており、そこには太陽質量の約〇・〇八倍から一〇〇倍までの恒星が含まれている。ただし、大半のものは太陽と同じ程度か、それより小さい。太陽質量の一〇倍を超える質量をもつ恒星は稀だ。密度の範囲はもっと幅広い。ベテルギウスのような赤色巨星では、ほとんどの場合、私たちが吸っている空気より密度が低いのに対して、白色矮星を構成している物質は角砂糖の大きさでも地球上の重さにして一トンを超えている。

主系列星は、H－R図の左上隅に位置する明るく輝く高温の恒星から、右下隅に位置する温度が低くて暗い恒星まで続いている。そのほかに白色矮星が左下隅にわずかに散らばり、明るくて大きい赤色巨星が、主系列星の斜めの線の中央近くとつながる水平の帯をなす。赤色巨星の上には、また別にまばらな水平の帯があり、そこに位置するのは超巨星だ。主系列の右下隅の恒星は赤色矮星で、主系列と巨星のあいだに位置する恒星は準巨星と呼ばれている。H－R図の重要性は、恒星がバラバラに散らばることなく一定の領域に集まっている点にあり、この図をはじめて完成させた人たちは、恒星の構造と進化に一定の法則があることをはっきり理解したのだった。

超巨星から超新星へ

恒星の寿命は質量によって異なり、質量が大きいほど短い。一生の終わり方はいくつかあるが、その原因は必ず水素の不足だ。

スペクトル型がMからAまでの主系列に属する恒星は、寿命の最終段階に入るとゆっくり膨張し、赤色巨星になっていく。中心核の核燃料が不足することで自分自身を支えられなくなり、はじめは自らの重さで収縮をはじめる。だが収縮するにつれて温度が上がり、まもなく中心核の外側の層が高圧のもとで加熱されるために、核融合によって水素がヘリウムに変化する。その層で水素が十分に供給されているあいだは（水素が不足した中心核とは異なって）水素を燃やす層となり、実際には最盛期に中心核で燃やしていたよりも速いペースで水素をヘリウムに変換していく。

こうして追加されたエネルギーと、水素を燃やす層の外向きの圧力によって、外層の収縮は食い止められ、実際には逆に膨張していって赤色巨星になる。だがその状態で数百万年が過ぎたあと、新しくできた水素を燃やす層でも燃料がなくなり、再び自重による収縮がはじまる。

このあとは手短に説明すると、極度に圧縮された中心核が復活し、ほんの短い時間だけヘリウムの核融合によって炭素を生み出す反応が進む。だがヘリウムの核融合によって作られるエネルギーは水素の核融合よりはるかに少なく、また中心核は恒星の奥深くに埋もれているため、このヘリウムフラッシュ（暴走的なヘリウム燃焼）を外から見ることはできないだろう。まもなくこの恒星の質量は半分まで減るとともに、外層のガスは膨張しながら周辺の星間空間へと流出していく。

ガスが失われたあとに残った中心核は興味をそそる天体で、シリウスBがその一例になる。恒星と同じ質量をもちながら、大きさは惑星と同じくらいに小さい。内部にはもう自分自身の熱源がなく、その実態は徐々に熱を失っていく燃え殻だ。このような白色矮星は冷えていくばかりになる。こうした恒星の燃え殻の最終的な質量が、チャンドラセカール限界質量と呼ばれるおよそ一・四太陽質量を超えると、その白色矮星の構造は不安定になり、重力収縮を起こして、はるかに重く、密度の高い状態に変化する。全体がひとつの都市ほどの大きさにまで圧縮された質量をもつ中性子星の誕生だ。

白色矮星の表面積は小さく、熱容量は大きいため、徐々に冷えていくには膨大な時間がかかり、その長さは現在推定されている宇宙の年齢さえ超える可能性がある。はるか遠い未来のいつの日か、とてつもない大きさにまで膨張して天体がまばらになった宇宙の大半は、白色矮星の島が浮かぶだけの空間になるかもしれない。そうした白色矮星は冷えきった穏やかな天体で、その暗黒の世界が、星のない暗闇に閉ざされた宇宙空間を永遠に漂うばかりなのだろうか。だが、もっと重い恒星は白色矮星にはならない。

Ｂ型の主系列星は、主系列を離れると、それより軽い恒星と同じようにわずかに崩壊したあと、水素を燃やす層を形成して赤色巨星になり、水素が枯渇すると再び収縮し、ヘリウムが燃焼する段階ではより明るく輝く。だが、より軽い恒星と異なるのは、ヘリウムを燃やして炭素を生み出す段階が終着駅ではない点だ。ヘリウムという燃料を使い果たしたあとの崩壊によって、資源がなくなっていた水素を燃やす層が再燃すると、それをヘリウムを燃やす層に変え、中心核の上にできた古い層のさらに上に、水素を燃やす新たな層を作り出す。中心核には十分な熱があって、炭素とヘリウムが融合して酸素を生み出していく。

そうした恒星で炭素が枯渇すると、また再編成が生じて酸素の融合でネオンが生じ、ヘリウムが燃焼していた古い層は炭素が燃焼する層になる。水素が燃えていたかつての最も外側の層は、今度はヘリウムが燃える新しい層になると、さらにその外側には別の薄い、水素を燃やす層が生まれる。次のネオンの融合でマグネシウムが生まれ、マグネシウムの融合でケイ素が生まれるというようにして周期表を進んでいくと、やがてクロムが融合して鉄になる。

だが、こうして次々に重い元素が生まれていく核融合は絶望的なものだ。その恒星に未来はなく、それぞれの融合で生まれるエネルギーはその前の段階で生まれたエネルギーよりも少ないため、核燃料が急速に使い尽くされてしまう。このような最終段階に達すると、恒星の直径は太陽の数百倍にまで膨れ上がることがあり、美しいベテルギウスのような赤色超巨星になる。

中心核の融合で鉄が生まれはじめると、恒星は熱を失って冷えていき、それまで中心核が生み出していた外向きに支える力が消えてしまう。やがて中心核が目にもとまらぬ速さで崩壊し、表面重力が地球の一兆倍もあるような中性子星が誕生する。だがそれが終着駅ではない。その恒星は崩壊しながら多量の重力エネルギーを放出し、外側の層が高温プラズマの状態になる。その層の温度は極度に高いため、構成するイオンの融合によって鉄だけでなく、銅、ストロンチウム、銀、金、鉛、さらにウラニウムまでが作られることになる。このような、とてつもなく高温で、とてつもなく明るく輝く外層は、新しく形成された重元素を伴って周囲の空間へと乱暴に放出されていき、宇宙一珍しくて壮観な光景のひとつを生み出すことになる――超新星だ。望遠鏡を通して見ると、超新星は拡大していく星雲に似ている。だがそれは、かつては明るく輝いていた巨大な恒星の残骸にすぎない。

スペクトル型がOのような超重量級の恒星の終わりは、中程度の質量をもつ恒星の最終段階に似た状態からはじまる。中心核のまわりに生じたエネルギーを生み出すいくつもの層によって膨張し、次々に重い元素が融合されて最後に鉄になる。この場合も壊滅的な崩壊が起きるが、その結果は中性子星ではない。中性子星の質量には上限があり、恒星の核がその限界を超えると支えられる既知の力は存在せず、そこにはブラックホールが誕生する。

太陽からそれほど遠くない位置に、みずへび座ベータ星と呼ばれる恒星があり、そこまでの距離はわずか二四・四光年だ。南半球ではよく見え、はっきり見える星では天の南極に最も近い位置にある。南半球の空は、この天の南極を中心に巡っている。みずへび座ベータ星は黄色がかった橙色に輝き、質量は太陽のおよそ一・一倍、直径は太陽のおよそ一・五倍ある。太陽よりも明るく、三・五倍の光度をもっている。この恒星が興味深いのは、私たちの太陽の未来を教えてくれるからだ。生まれてから六十七億年ほどたっており、太陽に似た恒星だが中心核の水素燃焼段階は終わりつつあり、主系列から離れていっている。

その表面には、太陽よりはるかに多くのリチウムが存在する。リチウムはこの星の中心核で作られたもので、今では対流層がより深くまで達する年齢になったために、もっと若い恒星では隠れたままになっているリチウムその他の元素が掘り起こされて、表面に達しているのだ。今ではゆっくりと死につつある恒星だと言える。彩層とコロナのあいだにある遷移層はほとんど消えかかっており、コロナを失う途上にあるようだ。この星の観測から、四十五日という近い軌道で巡る亜恒星の仲間が存在するかもしれず、それは巨大ガス惑星の可能性がある。

もしこの恒星から、地球と同じくらいの距離に地球と同じような惑星があるなら、高熱に焼かれて生き物は暮らせない状態だろう。みずへび座ベータ星を巡る惑星の場合、地球と太陽のあいだの一・九倍の距離にあるならば温暖で、水が蒸発せずに残るはずだ。これから見ていくように、太陽に似た恒星の進化を生き抜く方法がいくつかある。もしもみずへび座ベータ星の恒星系に住人がいたとしたなら、すでに住み処を離れ、みずへび座ベータ星から九・三光年離れたくじゃく座デルタ星のような別の星に移住しているだろう。ただし、そこでひと息つけたとしても、くじゃく座デルタ星もやはり太陽より古いので、一時の猶予にすぎない。

こうしたことを考えていると、おもしろいＳＦ小説『秘密国家ＩＣＥ』を思い出す。天文学者の故フレッド・ホイルが一九五九年に書いたもので、赤色巨星に変わりつつある恒星の難を逃れ、地球にやってくる宇宙人の物語だ。

26 地球以外の星で生存する方法

アステカ民族は、「地球が疲れきって……地球の種《たね》がなくなる」ときを予言していた。シェリーは詩「理想美を讃える歌」に、「目には見えない『力』のおそるべき影が／目に見えないまま　私たちのあいだを漂い／気まぐれな翼で　定めないこの世界を訪れる」と書いた。彼らはいったい何を予感していたのだろうか？

私たちの太陽が誕生してから四十六億年がたち、すでに中心核にある水素燃料の半分を燃やしてきた。人類の見通せる限りの世代では、太陽に基本的な変化は起きないから安全だ。これから数億年のあいだ、太陽は安定して燃え続ける。だがいつの日か、変化が起きるときはやってくる。いつかは地球上の完璧な日が最後を迎え、太陽は生命を育むことをやめてしまうだろう。アイザック・アシモフの有名なSF小説『ファウンデーション』シリーズでは、人類は広く銀河系で暮らしており、故郷の惑星と恒星の記憶はもううっすらとしか残っていない。緑にあふれた地球の姿は消え失せ、太陽が与えたものは太陽が奪っていく。人類、あるいはその未来を受け継いだ者たちが生き残ろうとするならば、膨張し続ける太陽に対処しなければならない。そして驚くことに、解決策はもうこの手にあるようだ。

地球の行く末

私たちにどんな未来が待っているかを知るには、恒星に目を向ける必要がある。天文学者がNGC 7027と呼ぶ天体は寿命の最終段階に突入した恒星で、壮観な断末魔の叫びを上げながら惑星状星雲(ガス雲)と呼ばれる状態に進化しているところだ。惑星状という名は誤解を生むかもしれないが、実際には惑星と関係があるわけではなく、初期の望遠鏡を通して見たときに(明るい緑色に輝いてはいたが)惑星のように見えることが多かったためにつけられた名だ。今では、緑色の光は中心にある恒星を取り囲むガス中の酸素の原子が、非常に高温であることを示すものだとわかっている。

NGC 7027になった恒星には、いったい何が起きたのだろうか? 核燃料をほとんど使い尽くしたあと、この星には重大な変化が起きており、そのすべてを解明できているわけではない。まず脈動をはじめ、その脈動が恒星の放つ光の圧力と結合して大気の外層を吹き払ったことで、星を取り囲む厚くて拡大する外層ができた。それは非常に大きかったから、もしも太陽で同じことが起きれば、放出されたガスと塵は冥王星の何倍もの距離にまで広がることだろう。この期間に恒星は高い割合で物質を失っていき、太陽の質量の数倍ある恒星でも、一万年以内に太陽の合計質量と同じくらいの物質をそぎ落とすことになる。

NGC 7027や、これに似た天体を観測すると、星周外層のガスはほとんどが単純分子でできていることがわかる。たとえば、分子状水素と一酸化炭素が、シアン化物、塩化ナトリウム、そして場合によっては水蒸気などのガスと混じり合ったものだ。複雑な炭化水素分子も星周外層に含まれていることが知られている。ここで重要になるのは、周辺に解き放たれる物質に生命の起源として不可欠な元素が含まれている点で、たとえば炭素、窒素、酸素など、死にゆく恒星の中心核で水素とヘリウムの核融合によって生み出された元素になる。

色彩豊かな外層が形成されて星間空間に放出される一方で、中心にある恒星でも変化が生じていく。表面が摂氏二〇万度を超える高温に熱せられ、驚異的な量の高エネルギー放射線が放出されるのだ。まず紫外線放射の増加によって外層のなかにあった分子がバラバラになり、構成要素である原子はイオン化される。ただしこの段階は短く、おそらく千年以内だろう。つまり、私たちはNGC 7027を非常に重要な時期にとらえたのであり、まさにこの転換の真っ最中ということになる。NGC 7027の色とりどりの外層に含まれている分子は、破壊されている途中だ。NGC 7027という天体が現在の状態を保てるのは、銀河の時間の尺度で言うと、ほんの一瞬にすぎない。私たちの太陽も同じ運命をたどることになるだろう。

太陽は一生の大半を主系列星として平和に過ごし、百二十億年に及ぶ寿命のうちの百十億年のあいだ、この位置で多かれ少なかれ穏やかな年月を送っていく。ただしそれは変化がまったくないということではなく、たしかに変化は起き、そうした変化は地球と人類に大きな影響を及ぼす。太陽にこれから起きると考えられることには、推測に基づくものもあれば、そのような段階に入っている類似した恒星の観測に基づくものもある。さらに、太陽が年をとっていき、限りある核燃料をゆっくりと使い果たしていくにつれて何が起きるかについての、高度なコンピューター・シミュレーションから得られた情報も多い。

これから数十億年のあいだに太陽の表面温度は上昇し、その結果として明るさも増していき、今後十一億年間でおよそ一〇パーセント高まる。一部には、太陽の明るさが増すにつれて地球大気中の水蒸気量も増大し、急速に地球の暴走温室効果を引き起こす可能性があり、地球は金星と同じようになると確信している人たちもいる。

太陽に似ていてもっと若い恒星では、黒点が優位を占めていると考えられるが、私たちの太陽では白斑と呼ばれる明るい領域――光球よりも明るく観測される領域――が優位を占めており、太陽が年齢を重ねるにつれてさらにその傾向が強まっていく（と確信されている）。白斑は可視光よりも紫外線をはるかに多く放射し、それによって地球の大気にはより多くのオゾンが生成される。

太陽の明るさが増すにつれて氷床が溶け、海水面が上昇するだろう。地球の温暖化が進めば降雨と蒸発の発生率が高まり、全体として水の循環が強化されるとともに、風も強くなっていき、そのすべてが地球の浸食作用を早める。ある計算によれば、九億年後には大気中の二酸化炭素の量が大幅に減少して、植物の生息が難しくなるという結果が出たという。もし地球上に植物がなくなれば、私たちは重大な生命の危機に直面する。十億年後までには紫外線の放射が成層圏を破壊し、海水は蒸発してしまう。地球は太陽が死を迎えるずっと前に、荒涼とした、人類の住めない場所になるかもしれない。

太陽型の恒星で核燃料が不足しはじめると、従来の直径の数百倍という大きさにまで拡大して、周囲を巡っていた惑星をすべて呑み込んでしまうと考えられていた。膨張は、恒星の奥深くで進行する重大な変化に対する外層の反応だ。恒星の発電所である中心核は水素燃料が尽きたあとに著しく収縮し、そのとき太陽型の恒星は二段階で膨張する。最初の段階の膨張は、中心核の圧縮によって恒星の安定時に保っていた温度より高温に達し、ヘリウムの核融合反応がはじまることでいったん止まる。少なくともこの見せかけの安定が再び保たれているあいだは、止まったままだ。そうしている間に恒星の中心核の圧縮度が下がり、外側の層の膨張も解消されていく。

だが、恒星が自らを維持するために消費するヘリウム燃料も長くは続かず、どんどん燃やすことで備えは急激に減少する。こうして中心核がヘリウム燃料を再び使い果たすとき、核はまた収縮を余儀なくされて、外層は二回目の膨張をはじめる。その結果、恒星は超巨星となり、元の姿よりはるかに大きく、はるかに明るく輝く。

二段階目に達した恒星の構造は、さらに複雑だ。中心核のヘリウムは枯渇し、この星のエネルギーの大半は、核の灰でできた密度の高い中心核の周囲にある水素燃焼層から生まれている。中心核の密度も質量もますます大きくなるにつれ、水素燃焼層で高まった温度と圧力がエネルギー出力を上げていく。こうして最後に向かっていくと、星はもうそれほど明るく輝かなくなる。

では、どんどん明るさを増す太陽に、地球はどのように抵抗するのだろうか？　私たちの知る限りでは、過去には太陽からの出力の変化に応じて地球が適応を果たし、地表で十億年以上もほぼ一定した状態が持続したことで、生命の誕生が可能になった。過去の地球では、大気中の二酸化炭素が現在よりも多くて温室効果が激しかったが、明るく輝く太陽に対応して温室効果が適切な水準まで下がり、地球の環境は比較的安定していったようだ。一部の人たちはこれを「ガイア仮説」と呼ぶ——地球は自己調整システムをもつ生命体で、生物が存在できる条件を自ら維持しているという考えだ。私個人としては、過去に少しずつ一定限度のあいだに収まってきたもののけっして一直線には進まなかった自己調整の過程を、ガイアの考えは擬人化して、深読みしすぎているように思える。ただし、ガイア仮説の立場について誰がどう思ったとしても、この考えが未来に私たちを救うことはない。これから起きようとしている変化は地球が対応できる力の範囲を超えており、生物は自然適応する生物圏に守ってもらうことはできないだろう。生物は独力でなんとかしなければならない。

太陽の運命は確定的だ。およそ七十五億年後に太陽の明るさはピークに達し、現在の数千倍になる。その後、水素の燃焼層に燃料を供給する外層の質量が足りなくなると、NGC 7027のようにいちばん外側の層が吹き飛んで、あとには白色矮星が残り、ほぼ永遠に冷えていくばかりだ。こうした激変に直面すれば、地球は膨張する太陽の熱で焼かれ、呑み込まれてしまうことは避けられない。

詳細な計算によれば、太陽の晩年では質量が減る一方、大きさは半径一億六八〇〇万キロメートルまで拡大して、それは太陽から一億五〇〇〇万キロメートル離れた現在の地球の公転軌道を大きく上回っている。こうして膨張しながら少しずつ近づいてくる太陽の外層が到達すれば、どの惑星も長くは存続できない――公転運動が妨害されて軌道が乱れ、内側に落下して崩壊する運命だ。このために水星と金星は絶望的だと言える。太陽が質量を失うにつれ、必然的に引力も減っていき、金星の公転軌道は一億八〇〇万キロメートルから一億三四〇〇万キロメートルへと広がるが、それでは助かるには十分ではない。太陽の光球に呑み込まれたとたん、抵抗力が生じて軌道は瞬く間に乱れ、長くても数千年のうちには太陽の中心に落ちていく。そうして落下しながら砕け、十億年以上も前に自身を生み出した星の表面に散らばっていくのだ。

地球脱出

これが地球の運命だと考えられていたが、その後の計算では太陽が約七十五億年後に死を迎えても地球は呑み込まれないかもしれないことが示され、地球には猶予期間が与えられた。新たな計算は、実際には地球上で暮らせる期間を二億年も延長した。だがやっぱり最終的に、この惑星の表面は暑くなりすぎるので生物は生き残れない。地球に住む者たちは代わりの住み処を見つけなければならないだろう。新たな計算によれば、赤色巨星の引力が弱まるにつれて地球の公転軌道は外層大気をわずかに超えた位置まで遠のく。注目すべき点は、太陽の質量が減少するにつれて、地球の軌道半径が伸びることだ。質量が小さければ地球を軌道上に引きつけておく力も弱まるからで、最新の推定値によれば軌道半径が一億八五〇〇万キロメートルまでになる。かつてはこうして地球が太陽に呑み込まれずにすむと考えられていたが、それは太陽と地球のあいだの巨大な潮汐《ちょうせき》相互作用を考慮に入れなかったからだ。潮汐相互作用は短期間で地球から軌道エネルギーを奪い、太陽へと引きつけて、破壊に導く。

地球が死を迎える直前には水星に似た様子になり、破壊され、焼かれ、干からびた傷だらけの残骸をさらし、かつては海洋だった部分も海底がむき出しになる。そのとき、地球の空の七〇パーセントは赤みを帯びた太陽に覆われる。地球は太陽半径のわずか一〇パーセントの距離しか離れていない軌道で、そのまわりを巡っているからだ。

すっかり姿を変えた太陽系のもっと外側では、火星の軌道が広がって、破壊を免れるだろう。木星、土星、天王星、海王星も同じだ。太陽が終末期の激変を通して放出する惑星状星雲の物質が、周囲の惑星に影響を与えることはほとんどない。赤色巨星の外側の層は非常に希薄で、地球上の基準で見ると、まったくの真空と言ってよい状態だからだ。

このすべては、はるか遠い未来の話で、実際に起きるころになれば人類は、あるいはそれがどんなものになっているとしても、とうの昔に地球を離れているか、死に絶えていることだろう。おそらく私たちの未来の世界に生命はなく、そうでないとしても、おそらく人類の姿は消えており、進化は新たな道筋と目的とを見つけているにちがいない。脅威を感じさせながら侵略してくる太陽は、じわじわと、この惑星から奇妙で知性のない生き物を駆逐してしまうだろう。だがもしかしたら、私たちの仲間が変化したか、死に絶えたか、あるいはこの地を離れたかしたあとで進化する、人類ではない新しい知的生命体が、その様子を見ているかもしれない。

誰か、または何かが、地球がいつごろ住めない星になるかにきちんと注意を払っていたとして——私たちは居住可能な範囲が外に広がっていくのをうまく利用し、太陽が明るさを増すにつれて、暑すぎも寒すぎもしない快適な惑星に順番に移り住みながら、太陽系の外に向かって移動していくことは可能だろうか？　いや、それはできない。まず、火星が人間にとって十分に温暖になる前に、私たちは地球を離れなければならないだろう。惑星に順番に移り住む方法をとるには、単に惑星と惑星の間隔が離れすぎているからだ。

太陽の温度がだんだんに上昇し、火星が居住可能になるのは六十一億年後から六十二億年後までのわずか一億年間だが、地球の変化を考えると、およそ五十七億年後までには地球を離れていなければならないはずだ。悲しいことに、地球が灼熱地獄になるころ、火星はまだ凍りついた世界のままで、その氷が溶けて居住可能な温暖な惑星になるまで待つ時間はない。

火星が少しのあいだだけ温暖になり、地表下の氷が溶けて厚い大気の層をもつ水の世界になった十億年後、居住可能区間の波はそれまで氷に閉ざされていたエウロパ（木星の衛星）にまで達しているだろう。現在、エウロパの表面は凍りついたままで、おそらくその氷殻の下には海がある。そこでは生命が進化しているのだろうか？　エウロパは今や注目の的で、さまざまに考察されており、やがて探査機が到達するだろう〔訳註：エウロペ・クリッパーが二〇二四年に打ち上げられる予定〕。だが、もしすでに、あるいは将来、そこに生命が存在するとしても、明るさを増す太陽は氷殻を溶かし、全面海で覆われた月に変えてしまう。人類がそこで暮らすなら、巨大な水上都市または海底都市を建設するのかもしれない。エウロパは人類大移動の前哨基地になり得るのか？　ここでも答えはノーだ。エウロパに住めるとしてもほんの短期間で、一億年にも満たないし、さらに火星に住めなくなってからエウロパに住めるようになるまでの十億年間、私たちはどこに行けばいいのだろうか。

太陽系を外に向かえば、つねに同じ問題が起きる。巨大ガス惑星である木星と土星のいくつかの衛星も、地球が高温で住めなくなった場合に移住できる場所になり得るが、タイミングが合わない。重なり合う時期が生じないのだ。エウロパの環境が厳しくなったあと、土星の最大の衛星であるタイタンで暮らせるようになるまでに五千万年も待たなければならないし、そこに住めるのもつかの間だ。天王星の衛星オベロンにも数百万年は暮らせるが、海王星の衛星トリトンと冥王星では暮らせそうもない。

それでもまだ、地球を救うためにできることがあるかもしれない。地球を安全な場所に運ぶのはどうだろうか？　これは思ったほど突飛な解決策ではなく、結局のところ、私たちの遠い子孫が手に入れるかもしれない力とエネルギーについて考えるだけでいい。驚くことに現在の開発段階を見ても、人類はまもなく地球を新たな軌道に移す力をもつだろう。人類が地球上で暮らせる時間を二倍以上に増やす作戦だ。

この方法では、すでに宇宙探査機を外惑星に送り込むために採用されている、よく知られた重力パチンコの技術を利用する。大型の小惑星を使えば、穏やかな地球の気候を維持するために地球を移動することができるのだ。そうすれば惑星を移動できない場合より長く、人類は生き延びられる。事実、この方法によって私たちの子孫は太陽系を再設計し、新しい地球から新しい地球へと次々に移り住めるような軌道に衛星と惑星を動かすことが可能になる。

必要なものは直径一〇〇キロメートルほどの大型の小惑星で、これが地球のすぐ近くを通過すると軌道エネルギーが地球に移り、その軌道がわずかに広がる。小惑星は次に外に向かって飛び、木星に出合うとさらにエネルギーを手に入れて、次に地球の近くを通過しながらそのエネルギーを分け与える。この技術の魅力は、私たちに十分な時間がある点だろう。まず数百万年かけて、適切な小惑星を選ぶとともに、その巨大な岩を地球の方向に向かわせるために必要な技術を開発できる。単純な計算によると、明るさを増す太陽の光を避けられるペースで地球が太陽を巡る軌道を広げるには、六千年ごと、あるいは二百四十世代ごとに一回ずつ、小惑星が近くを通過する必要がある。

地球の軌道を少しずつ外に移すために、ほかの惑星の軌道にも調整を加える必要があるかもしれない。太陽系の安定性に関する最近の計算によれば、もし地球がなくなると、金星と水星が比較的短期間のうちに安定を失うようだ。だがそれは細心の注意を求められる手順になる。もし直径一〇〇キロメートルの小惑星が地球に衝突するようなことがあれば、それによって地球上の生命はすべて消え去ってしまうからだ。

こうしたことがすべて起きたあとで、太陽は白色矮星になる。白色矮星が放出したガス球が周辺に流れ出ると、やがて集まって新しい雲を形成し、次世代の恒星を誕生させる材料になる。いつの日か、太陽の散乱した外層からやがてまた別の恒星が生まれ、暮らし、死んでいきながら、また別の暖かい小さな惑星に恵みをもたらすことだろう。

私たちの暮らす銀河系には数多くの白色矮星がある。もしかしたらアシモフが予見したように、私たちはその銀河系のあちこちに移り住み、生まれ故郷の星とのつながりをなくし、もうそれがどこにあるのかさえわからなくなるときがくるかもしれない。銀河系にある恒星は、いつかは消滅への道を歩みはじめ、消えていく。恒星が爆発する割合は減り、ますます多くの白色矮星がゆっくりと宇宙空間に散らばって、永遠の暗闇のなかで終わりのない孤独な旅に出る。私たちの太陽もそのひとつだ。それが、私たちの星がたどる運命になる。

27 さまよい続ける探査機

二〇〇三年秋、激しい太陽嵐が地球を襲うと、その嵐は太陽系の端まで達し、地球だけでなく別の惑星をも混乱に巻き込んだ。この年の十月から十一月にかけての三週間に、史上最大のものも含めて一二回以上の嵐が太陽面から噴出し、宇宙に爆風と粒子が流れ出している。これらの嵐によって地球上ではほとんど被害が生じなかった。おもな理由としては、激しい嵐の大半が地球の方向に直接向かわなかったこと、そして私たちが効果的な予防策の実施に慣れてきていることをあげられるだろう。その一方で実に見事なオーロラが出現し、多くは緯度の低い地域でも見られた。放射線の影響から、北極回りの飛行経路を飛んでいた航空機の一部は経路の変更を余儀なくされ、一部の人工衛星では通信障害が起きた。さらに、国際宇宙ステーションに搭乗していた宇宙飛行士たちは、機内で放射線防護対策を施した区画に一時的に避難しなければならなかった。

爆発的な太陽嵐から放出された数十億トンものプラズマが、太陽風として最速を記録した時速一〇〇〇万キロメートルもの猛スピードで宇宙空間を突進した。そのブラスト波は数多くの惑星間探査機に搭載されたソーラー・システムのセンサーを通して拡大され、ひどい雑音が記録された。

一回のブラスト波で、火星を周回していた火星探査機オデッセイに搭載されていた放射線モニターが損傷した。それでもこのモニターはブラスト波が広がる様子を、また火星の薄い大気を破ってその一部をはぎ取る様子を記録することができた。科学者たちによればその結果から、過去三十五億年のあいだに火星が大気と水の大半をどのようにして失ってきたかを、ある程度説明できたという。太陽で稀に発生する激しい嵐は、人間の時間の尺度ではめったに起きないものに感じられるが、何十億年という歳月のあいだにはその影響が積み重なり、火星を地球に似た星から現在の荒涼とした世界へと変えてしまったのかもしれない。火星には、かつてはもっと豊かな大気があって、雨と流れる水を地表で支えることができていた可能性がある。

ブラスト波は火星を越えて外惑星へと向かい、木星周辺の磁場を乱すとともに、一週間にわたる電波放射を開始した。それは、太陽を周回しながら太陽風を監視していた太陽極軌道探査機ユリシーズによって検知されている。衝撃波の前面も土星に到着して同様の事象を引き起こし、この惑星に近づいていた土星探査機カッシーニによって検知された。

ブラスト波はさらに遠くまで伝わりながら融合して、太陽系の縁を目指して進んでいった。そしてブラスト波が生まれてから六か月後には、当時は太陽から一一〇億キロメートルの位置にあった宇宙探査機ボイジャー2号にまで達し、さらにその数週間後には当時太陽から一一四五億キロメートルという遠方にあったボイジャー1号にも届いた。ボイジャー1号は一九七七年九月に打ち上げられ、ボイジャー2号は一九七七年八月に、1号より少しゆるやかな軌跡で太陽系外縁部に向けて打ち上げられたものだ。この二機は、これまでで最も壮大な探検の旅に出た探査機で、ボイジャー1号と2号は一九七九年に木星に達し、ボイジャー1号が一九八〇年に土星に達すると、ボイジャー2号もその翌年に土星に到達している。ボイジャー1号は土星までで惑星の探査を完了し、星間観測に移行したが、ボイジャー2号はさらに進み、一九八六年に天王星、一九八九年に海王星に接近した。だがそれで惑星探査ミッションを終了すると、こちらも星間観測ミッションに専念するようになった。

二〇〇四年末までには二〇〇三年秋のフレアで発生したブラスト波が太陽系の縁、およそ五〇億キロメートルの遠方まで達し、そこで太陽圏界面《ヘリオポーズ》にぶつかった。太陽圏界面は太陽の影響が及ぶ限界で、そこからは星間空間になる。太陽圏《ヘリオスフィア》は太陽風によって宇宙空間に作り出されている泡で、実質的には太陽圏の内部にあるすべての物質が太陽そのものから生じたものだ。科学者の予想では、ブラスト波が太陽圏界面にぶつかると界面が一時的に六億四五〇〇万キロメートルほど外側に押し出されるものの、一年か二年で元の位置に戻るらしい。太陽圏界面が、太陽の中心から出発した私たちの旅の終着点になる。ここは太陽が支配する帝国のいちばん端で、これまでに五機の宇宙探査機が太陽系を完全に離れる旅に出かけたが、太陽圏界面を超えた探査機は一機しかない。二〇一三年のボイジャー1号のデータから、科学者たちはこの探査機が二〇一二年八月に太陽圏界面を超えたとみなしている。ここでは太陽風が星間物質のガスとぶつかり、弱まっているにちがいない。太陽風はまず末端衝撃波面《ターミネーションショック》にぶつかって減速し、亜音速波《サブソニック》になる。それからさらに減速して、周辺の星間物質の流れに沿って向きを変え、太陽と反対側に彗星のような尾を形成する。

これまでに人類が宇宙空間に向けて打ち上げてきたすべての物体のなかで、太陽系を離れたものは五つのみで、パイオニア10号と11号、ボイジャー1号と2号、二〇一五年夏に冥王星を通過した探査機ニュー・ホライズンズになる。パイオニアとボイジャーの機体には、それを作った生き物からのメッセージが搭載されている。パイオニア探査機の銘板とボイジャー探査機のゴールデンレコードで、それらは最小限の情報をもとにして読めるように作られており、解読に必要となるのは銀河系、物理学、二進数の知識だけだ。それを見つけるかもしれない宇宙人がいるとすれば、これだけの知識をもっているはずだと想定するのは理にかなっている。ボイジャーのレコードには画像と音が収められているのに対して、パイオニアの銘板はもっと単純だ。どちらにもパルサーを用いた地図が含まれている。

天の川銀河にはたくさんのパルサーがある。パルサーは高速自転する中性子星で、まるで宇宙の灯台のように規則正しく明滅する星だ。この地図には一四個のパルサーの位置とそれぞれの時間周期が描かれており、パルサーの周期はだんだん遅くなるので、地図を見た宇宙人が探査機の打ち上げ場所と打ち上げ時期を判別するのに役立つだろう。ボイジャーのレコードカバーには超高純度ウラン238も使われていて、宇宙人がこれを放射能時計として利用すれば、探査機の年齢も判別できる。地図の正確さは時とともに薄れていくが、もし誰かが探査機を見つけたなら、地図を用いることで探査機が打ち上げられた星を数百個の恒星の範囲にまで絞れるはずだと予想されている。

ボイジャーのレコードに収められた一一五枚の画像には、科学で用いる目盛り、惑星、人間、DNA、地球など、私たち自身の描写と宇宙の見え方から選ばれたさまざまなものが含まれている。太陽スペクトルの画像はその一例で、特徴的なフラウンホーファー線の入った紫から赤までの光の帯だ。さらに、太陽、鳥と夕日、森、一枚の葉の画像もある。

ボイジャーの二機は通信機能が失われたずっとあとになっても、太陽系から離れて大急ぎで進み続けるだろう。そして太陽が膨張して赤色巨星になったずっとあとになっても、宇宙探査機ボイジャーはまだ星々のあいだを進んでいるだろう。もしかしたらこの宇宙から人類そのものの姿が消えたずっとあとになっても、まださまよい続けるかもしれない。もしも別の知性がそれを見つけるようなことがあれば、はるか昔にそれを作った生き物の画像、もうはるか遠い場所になってしまったその生き物が生まれた星の画像を、どう思うのだろうか。

ボイジャーは、私たちがこの宇宙に残す最後の痕跡、そして人類がどんなものだったかと判断される基準になるかもしれない。人類が死に絶えるとすれば、あるいは私たちが故郷である太陽系を永遠に離れないとすれば、ボイジャーに積まれたスペクトルと夕日が、私たちの太陽の姿を残す唯一の写真になるかもしれない。それは、ほぼ永遠の未来にはそうなることが運命づけられている白色矮星と、同じ恒星の姿なのだ。

おわりに

神の目

翼をもつ目を描いた宗教的シンボルは、世界の多くの文化で見ることができる。古代エジプトのホルスの目が広く知られているが、中央アメリカのマヤとアステカ、ペルーのナスカにも（これらはほんの一例だが）同様のシンボルが見つかり、ときに「神の目」と呼ばれる。

エドワード・モーンダーは、こうした古代エジプトの有翼の太陽円盤、またアッシリアや古代メソポタミア文明の有翼日輪は、皆既日食で見える太陽コロナのハローから発想を得た図柄だと確信していた。古代ギリシャ神話のフェニックスを生み出したのも、太陽コロナに浮かぶこの「太陽の鳥」かもしれない。太陽神ホルスと、太陽を呑み込むヘビの神セト（またはアポプ）とのあいだの壮大な戦いを描いたエジプト神話もある。

神の目は近代になっても登場する。一七一五年五月三日、エドモンド・ハレーはイングランド南部で皆既日食を見ると、太陽コロナについて次のように書いた。「太陽が完全に隠れた数秒後、月を囲んで輝く輪が見えた。その幅は月の直径の一〇分の一ほどだ。青白く、あるいは真珠色に輝く。わずかに虹《イリス》の色合いが見え、月と同心円を描いている」
神の目を模した石器時代の工芸品も多い。シリア東部のテル・ブラックにある女神イナンナを祭る寺院では、たくさんの目をもつ女性像が何百個も発掘され、類似した神像は現代のイラクにあるウルでも見つかっている。アッシリアの女神マリは、その目で男たちの魂を探した。シュメールの宗教では、エアまたはエンキは神聖なる目の神と言われたものだ。アポロは目で象徴され、太陽はゼウスの目として知られた。ヘブライ人は太陽を目であらわし、目の特性をもっていて、すべてが見える、すべてを知っていると考えた。聖書にはエン・シェメシュという町が登場し、これは「太陽の目」を意味している。そしてもちろんシェークスピアは、太陽の目は世界の何もかもを見通せると書いた。

本書では太陽の物語を、神話に登場する姿からガスと塵の雲のなかでの誕生まで、さらに白色矮星としての死も含めて、詳しく綴ってきた。太陽はやがて、内惑星の黒焦げの残骸と外惑星の凍りついたガスに囲まれながら永遠に冷えていく運命だ。こうした太陽をめぐる探検と理解のなかで、私たち人間は神話から科学へと歩みを進め、太陽のもつ気分と複雑さのすべてを、しっかり把握しようとしてきた。

だが、太陽の物語はもうひとつの恒星の物語でもある。それはこの地球からわずか四五・七光年しか離れていない場所にあり、さそり座の北の端、左のはさみのすぐそばに見える星だ。太陽より少しだけ大きく、少しだけ明るい。四十二億歳だから太陽より少しだけ若く、温度もわずか摂氏一二度だけ高い。自転周期は二十三日で太陽より少しだけ速く、九年から十一年という黒点周期をもっているようだ。それはさそり座18番星で、宇宙にある太陽の双子星としては最も近くに存在している。これらの星の物語は、広い宇宙の全体に散らばった無数の似通った恒星の物語と同じものだ。私たちの太陽の一生と時間は、宇宙の物語について多くのことを教えてくれる。

アーサー・エディントンはかつて、人間は原子と恒星の尺度のちょうど中間に位置していると指摘した――ひとりの人間は一のあとに二七個のゼロが続いた数の原子でできており、一のあとに二八個のゼロを続けるとひとつの恒星ができあがる。さらにエディントンは、人間の寿命は励起した状態の原子と太陽の寿命のちょうど中間だとも指摘した。そしてこの概算をもっとよく説明するために、次のように続けている――より正確な値を求めるには、原子と恒星の質量と寿命のちょうど中間の印を、カバとチョウにする必要がある！　また、私たちはみな、わずかな星の材料が偶然に冷えたもの、星になれなかった星のかけらだとも書いている。

誰もが知っているように、太陽はきょうも沈む。太陽はきょうも「インティワタナ」と呼ばれる石をひと巡りした。この石はマチュピチュの遺跡で見つかった古代の日時計で、インティワタナは太陽をつなぎとめる場所を意味している。インカの人々は、ほとんどの人々と同じように、太陽と地球の運命はつながっていること、そして遅かれ早かれ何者かがその無限の循環の邪魔をすることを知っていた。彼らはそれが神だと思っていたが、私たちは科学だと知っている。だが科学は、人類の運命は必ずしも太陽の運命とつながっていないことも教えてくれる。人は太陽の光に照らされて生まれてきたとはいえ、運命を共にしない道を選ぶこともできる。いつの日か、私たちは太陽のもとを去り、最後の夕日を見ながら、さよならを言わなければならないだろう。私たちの前に続く果てしない時間の彼方から眺めてみれば、遠い未来の夕日は、きょうの夕日と同じ約束をしてくれないことがわかる。

十九世紀、フランスのブルターニュ地方にある港町サン・マロの船乗りたちは、あたりの空気と海にいつにない静寂が漂う日暮れどきに耳をすませば、かすかなシューッという音が聞こえると言った。真っ赤に焼けた鉄を水につけるようなその音は、太陽が海に沈む音だ。

訳者あとがき

驚くほどのスピードで変化を続ける現代に生きる私たちが、忙しい日々の生活のなかで毎日規則正しく昇ってくる太陽のことを考える機会はどれだけあるだろうか。たしかに、太陽光発電の効率が気になるとき、紫外線を防ごうと日焼け止めクリームを塗るとき、洗濯物を外に干すかどうかを考えるとき……いくつも思いつくかもしれない。だが、太陽光を利用することや健康への影響にばかりに目を向けて、太陽のほんとうの姿、そしてその大切さを忘れて過ごしているように思う。これは訳者本人の正直な気持ちで、本書を訳したことをきっかけにして大いに反省させられた。

古代の人々は違った。ほとんどの文明が太陽を「神」としてあがめており、古代エジプトやギリシャの太陽神については、ラーやアポロの姿を美術の教科書や歴史の資料集で目にした覚えのある人も多いだろう。もちろん日本の天岩戸の神話は、誰もが一度は耳にしたことのある話だ。今より自然の近くで暮らしていた大昔の人々は、太陽がなければ生きていけないことを、日々実感していたのだろう。本書は、生命の根源である太陽のすべてを私たちに教えてくれる一冊となっている。

著者は本書の二七にのぼる章で、この宇宙に太陽が誕生したときの様子から、その太陽を神としてあがめる一方で根気よく観測して遺跡を残した古代人の活躍、人間の暮らしに欠かせない暦が整えられてきた興味深い歴史、数々の天文機器の発明による天文学の発展と黒点周期の発見、すぐれた天文学者たちの言葉を失うほど根気強い観測、さまざまな観測衛星の活躍と近代的な観測手法から明らかになった太陽の真の姿、そしてやがてやって来る太陽の死までを、無数の情報をちりばめながら語っている。比較的短くて読みやすい各章の話をたどるうちに、私たちの日常がどれだけ太陽の活動に影響されているかに驚かされる。同時に、科学の力で詳細が明らかになってきた太陽表面のダイナミックな活動の姿には、感動するばかりだ。

「星のゆりかご」から太陽が生まれた経緯は、星々の美しい輝きを思わせて華やかな想像を呼び起こすが、七十五億年後には太陽という恒星の明るさがピークに達して地球を呑み込むことが確実と知れば、心穏やかではいられない。もっとも人間の寿命は長くて百年余り、七十五億年後の世界をはっきり知るのは不可能だ。とりあえず人間が悠久の時と表現できる時間の範囲では、今のまま太陽が毎朝昇ってくることを喜んで、人類が他の惑星に移住する手段や、地球の軌道を動かしてしまうという壮大なアイデアまでを楽しんでいただきたいと思う。

本書には次の一節がある。「太陽は地球上の生命の源であり、複雑な食物網に最初のエネルギーを注入する存在だ。太古の地球上の分子が太陽のエネルギーを利用して原始的生命となり、太陽が地球に与えるエネルギーを利用するさまざまな方法を見つけたことで、スタートに弾みをつけることができた。ある意味、古い神話や伝説は正しい――私たちはみな太陽の子だ」。こうして太陽の恵みを受けてこの世に存在できている読者のみなさんには、おなじみの話もはじめて耳にする話もあるにちがいないが、読後にはきっと、青空を見上げるときの心のもちようが変わることだろう。

本書は、デイビッド・ホワイトハウス著、“The Sun: A Biography”を翻訳したものだ。ホワイトハウスは、同じく築地書館から二年前に出版された『月の科学と人間の歴史——ラスコー洞窟、知的生命体の発見騒動から火星行きの基地化まで』（原題“The Moon: A Biography”）の著者でもあり、これらの二冊は対になって、私たちの暮らしに欠かすことのできない大切な二つの天体の姿を詳しく、わかりやすく教えてくれている。

著者はイギリス在住のジャーナリストで、サイエンスライターとして活躍し、マンチェスター・ビクトリア大学で天文物理学の博士号を取得した後にジョドレルバンク天文台やＮＡＳＡで働いた経験ももっているから、太陽と月の科学を一般の読者に向けてわかりやすく解説するには最適な人物と言えるだろう。本書には、著者が当時六歳の息子と裏庭に望遠鏡を持ち出して、接眼レンズの後方に置いた白い紙に太陽を投影させる場面が登場する。焦点を合わせるにつれて紙の上に浮かび上がってきた黒点を見ながら交わした、「これが黒点？」「黒点だ、ひとつだけで地球より大きいんだよ」「すごいなあ」という会話が、なんとも微笑ましい。

読者のみなさんもきっと、紙に反射させて黒点を見られるなら、友人や家族といっしょにやってみたいと思うのではないだろうか。実は訳者も『月の科学と人間の歴史』を訳し終えたあと、月のクレーターまで見える程度の入門用天体望遠鏡を買ったので（クレーターの姿をこの目ではっきり見たくなり、買わずにはいられなかった）、今度は太陽の黒点観測に挑戦してみたいと思っている。ただし、ここでもう一度、本書にある著者の言葉を繰り返しておこう。

「何度言っても言い足りないほど繰り返すが、どんなことがあっても肉眼で、または光学機器を通して、太陽を直接見てはいけない」

正しい太陽観測の方法を調べたうえで、地球上の生命を育んでいる偉大なる太陽の姿と黒点の日々の移り変わりを楽しんでいただければと思う。

最後になったが、本書を訳す貴重な機会を与えてくださった築地書館社長の土井二郎さん、また今回も翻訳作業が大幅に遅れた訳者を根気強く支えてくださった編集・制作部の北村緑さんに、この場をお借りして、心から感謝の気持ちを伝えさせていただきたい。

二〇二二年二月

西田 美緒子

【か行】

索引

著者紹介：
デイビッド・ホワイトハウス〈David Whitehouse〉
イギリスの科学ライター。かつてはジョドレルバンク天文台およびロンドン大学マラード宇宙科学研究所に在籍し、NASAのミッションにも参加経験がある。その後、BBC放送の科学担当記者となり、テレビ番組やラジオ番組に出演するかたわら、イギリスの雑誌や新聞に定期的に寄稿。王立天文学会会員。2006年には科学とメディアへの貢献をたたえて、小惑星（4036）が「ホワイトハウス」と名付けられた。著書に、『地底 地球深部探求の歴史』『月の科学と人間の歴史』（以上、築地書館）などがある。

訳者紹介：
西田美緒子〈にしだ　みおこ〉
翻訳家。津田塾大学英文学科卒業。訳書に、『FBI捜査官が教える「しぐさ」の心理学』『世界一素朴な質問、宇宙一美しい答え』『動物になって生きてみた』（以上、河出書房新社）、『細菌が世界を支配する』『プリンストン大学教授が教える“数字”に強くなるレッスン14』（以上、白揚社）、『心を操る寄生生物』『猫はこうして地球を征服した』（以上、インターシフト）、『第6の大絶滅は起こるのか』『月の科学と人間の歴史』（以上、築地書館）ほか多数。

太陽の支配
神の追放、ゆがむ磁場からうつ病まで

2022年4月11日　初版発行

著者	デイビッド・ホワイトハウス
訳者	西田美緒子
発行者	土井二郎
発行所	築地書館株式会社 〒104-0045 東京都中央区築地7-4-4-201 TEL.03-3542-3731　FAX.03-3541-5799 http://www.tsukiji-shokan.co.jp/ 振替 00110-5-19057
印刷製本	中央精版印刷株式会社
装丁	コバヤシタケシ

ISBN978-4-8067-1632-7

● 築地書館の本 ●

月の科学と人間の歴史

ラスコー洞窟、知的生命体の発見騒動から
火星行きの基地化まで

デイビッド・ホワイトハウス【著】 西田美緒子【訳】
3,400 円＋税

天文学への造詣の深い著者が、先史時代から現代まで、神話から科学研究までの、人間と月との関係を描いた異色の月大全。

第６の大絶滅は起こるのか

生物大絶滅の科学と人類の未来

ピーター・ブラネン【著】 西田美緒子【訳】
3,200 円＋税

気鋭の科学ジャーナリストが地質学・古生物学・宇宙学・地球物理学などの科学者に直接会い、自らも調査・発掘に加わり、大量絶滅時の地球環境の変化を生き生きと描く。

岩石と文明　上・下

25 の岩石に秘められた地球の歴史

ドナルド・R・プロセロ【著】 佐野弘好【訳】
各 2,400 円＋税

地球科学を築いた発見の数々と、その発見をもたらした岩石や地質現象を 25 章にわたり描く。どんな岩石にも物語があり、地球の歴史を読み解く貴重な証拠に満ちている。主な岩石・有名な露頭・重要な地質現象に焦点をあてて解説する。